U0317993

本书研究获

国家"863"计划基金项目"基于行为心理动力学模型的群体行为分析与事件态势感知技术"（编号：2014AA015103）

国家自然科学基金项目"基于屏幕视觉热区的网络用户偏好提取及交互式个性化推荐研究"（编号：71571084）

国家自然科学基金项目"基于用户偏好感知的SaaS服务选择优化研究"（编号：71271099）

的支持

知识管理与知识服务研究　　　王伟军　主编

基于屏幕视觉热区的
用户偏好提取及个性化推荐

刘凯　著

科学出版社
北京

内 容 简 介

个性化推荐成为当前学术界和实业界的研究热点,然而用户偏好提取的粒度和精度却成为制约个性化推荐效果的主要问题之一。本书在用户为中心的理论视角下,通过心理学眼动实验发现并证实了屏幕视觉热区的存在,从而将用户行为、偏好提取及分析单元细化至用户注视过的信息层面。借助屏幕视觉热区,本书研究了用户实时注视的短文本关键词提取方法,以及利用提取的关键词构建长期、短期、即时的用户偏好复合模型,并最终提供具有推荐解释功能的交互收敛式个性化推荐服务。

本书适用于高等院校管理科学、信息科学、计算机科学和心理学相关专业的师生阅读,也可供自然科学、工程技术乃至电子商务领域的开发人员参考。

图书在版编目(CIP)数据

基于屏幕视觉热区的用户偏好提取及个性化推荐 / 刘凯著 . —北京:科学出版社,2016.2

(知识管理与知识服务研究/王伟军主编)

ISBN 978-7-03-047305-9

Ⅰ.①基… Ⅱ.①刘… Ⅲ.①互联网络–数据处理–算法分析 Ⅳ.①TP274

中国版本图书馆 CIP 数据核字 (2016) 第 020164 号

责任编辑:林 剑 / 责任校对:张凤琴
责任印制:徐晓晨 / 封面设计:耕者工作室

科 学 出 版 社 出版

北京东黄城根北街 16 号

邮政编码:100717

http://www.sciencep.com

北京中石油彩色印刷有限责任公司 印刷

科学出版社发行 各地新华书店经销

*

2016 年 2 月第 一 版 开本:720×1000 B5
2016 年 2 月第一次印刷 印张:15 3/4
字数:320 000

定价:110.00 元

(如有印装质量问题,我社负责调换)

总　　序

　　知识，作为社会经济活动的基本要素，已成为社会经济发展的基本资源和根本动力，人类因此进入知识经济和知识社会的新时代。但是，新的知识环境在促进社会发展和人类进步的同时，也让我们置身于知识生态的重重矛盾之中：一方面知识存量激增，并呈爆炸性增长；另一方面知识稀缺严重，人们生活在知识的海洋中，却难以获得所需要的知识。一方面知识产生速度加快，新知识源源不断；另一方面知识老化加速，知识更新周期缩短。一方面知识广泛传播，互联网络提供了知识传播的新途径，跨越了知识扩散的时空障碍；另一方面数字鸿沟日趋明显，城乡差距、地区差异、人群差别影响知识的扩散。因此，如何有效地管理和开发利用知识资源，更好地满足人们日益增长和迫切的知识需求，是人类自我完善和自我发展的需要，更是推动知识创新与知识经济发展的前提和基础，是社会全面协调和科学发展的关键。

　　知识管理与知识服务诞生于知识经济逐渐兴起、信息技术飞速发展、商业竞争日益加剧的环境中，广泛融合了信息科学、管理学、图书情报学等多学科理论与方法，形成了以"知识"为核心和研究对象的一个新的跨学科研究领域。从管理学视角，知识管理是将组织可获得的各种来源的信息转化为知识，并将知识与人联系起来的过程，强调对显性知识和隐性知识的管理与共享，利用集体的智慧提高组织的应变和创新能力；而知识服务是知识管理领域的演变进化，是随知识管理发展而延伸的概念，是新兴的服务科学、管理和工程学科（SSME）的重要分支。从图书情报视角，知识管理是信息管理的进一步发展，知识服务是信息服务的深化与拓展，知识服务的功能应建立在信息管理和知识管理的基础之上，以满足用户的知识需求和实现知识增值为目标。因此，知识管理是知识服务的基础，知识服务是知识管理的延伸，也是知识管理实现知识创新目标的有效途径。知识管理与知识服务也逐渐成为图书情报学、管理学和信息科学等多学科关注的重要领域和研究热点。

华中师范大学信息管理系及其相关院所的部分教师，长期以来围绕"信息—信息资源—知识的组织与管理、服务与开发利用"等方面，展开积极的探索，从人、环境、信息及其交互关系的视角，运用图书情报学、心理学、管理学、信息科学等多学科的理论和研究方法，开展知识管理与知识服务基础理论、知识组织与检索、知识管理评价与优化、知识管理与知识服务系统及其关键技术、知识转移与知识创新等方面的研究。先后承担或参与了国家"863"计划、国家"十一五"科技攻关计划、教育部高等学校学科创新引智计划、教育部新世纪优秀人才支持计划、国家自然科学基金和国家社会科学基金等多个国家级项目和省部级课题，取得了一系列的研究成果，产生了一定的社会和学术影响，并有多位教师入选教育部新世纪优秀人才支持计划。通过这些重要项目的引领和驱动，华中师范大学逐渐显现出知识管理与知识服务方面的研究特色与发展潜力，基本形成了以信息管理系部分教师为主体的充满激情和活力的研究队伍。为了进一步凝聚学科发展方向，提升学科发展的核心竞争力，学校特成立知识管理与知识服务研究中心，定位于跨学科、创新性的研究平台，以更好地团结和组织相关研究人员开展跨学科联合攻关，服务于国家战略和区域经济与社会发展。

知识管理与知识服务研究中心的一项重要工作就是搭建一个开放式的学术交流平台，经常性地开展学术讲座、专题研讨和学术沙龙等活动，并及时精选研究团队中有价值的研究成果予以发展。现在将首次呈现在读者面前的《知识管理与知识服务研究》丛书共有 10 部著作:《Web 2.0 信息资源管理》（王伟军等），《XML 文档全文检索的理论和方法》（夏立新），《网格知识管理与服务》（李进华），《基于 Web 挖掘的个性化信息推荐》（易明），《供应链中的知识转移与知识协同》（李延晖），《区域产业集群中的知识转移研究》（段钊），《知识交流中的版权保护与利益平衡研究》（刘可静），《数字图书馆评价方法》（吴建华），《知识流程服务外包》（王伟军、卢新元等），《IT 外包服务中的知识转移风险研究》（卢新元）。这些著作都是从国家级项目的研究成果或博士学位论文中精选出来，经过进一步补充与完善而写成的学术专著。

以上选题涉猎虽广，但都聚焦于"知识"或"知识流"这一核心，置之于新一代互联网环境，关注知识的组织、交流与共享、转移与创新、评价与服务，分别立足于宏观基础、中观产业和微观组织层面展开相关研究。例如，宏观层面的基于 Web 2.0 的信息资源与知识管理变革、网格知识管理与服务的实现、知识交流中的知识产权保护与利益平衡研究；中观产业层面的区域产业集群中的知识转移与知识创新、供应链中的知识转移与知识协同、知识流程服务外包研究；微观组织或具体应用层面的 XML 文档全文检索的理论与方法、基于 Web 挖掘的个性化信息服务、数字图书馆评价方法等。从中我们不难发现，这些研究都是针对现实中具体的理论与应用问题展开的积极探索，具有很强的跨学科性，显著的创新性和前沿性。

　　知识管理与知识服务仍是一个新兴的跨学科领域，需要我们大胆地探索。丛书是开放性的学术平台，今后还会不断推出优秀的研究成果，旨在促进我国知识管理与知识服务的理论创新与应用研究，形成有中国特色的知识管理与知识服务理论和方法体系，指导我国知识管理与知识服务的应用实践，为促进我国知识经济的发展和创新型国家建设做出积极的贡献。

　　本套丛书的出版得到了华中师范大学研究生处、社科处、科技与产业处和信息管理系的大力支持，也得到了科学出版社的鼎力相助，在此表示衷心的感谢！

王伟军

武汉桂子山

2009 年 3 月 28 日

前　　言

千禧之年，革故鼎新，信息技术浪潮席卷全世界。时至今日，人类社会已经随之发生了三次深刻变革：起初，中央处理器（CPU）、图形处理器（GPU）计算性能的大幅提升拉开信息化的帷幕，摩尔定律令人叹为观止，数字自然界应运而生。随后，网络技术推动社交网络迅速蹿红，人类的社会关系映射到数字自然界中并进行更为复杂的延展。时下，存储技术的突飞猛进宣告了大数据时代的到来，海量数据存储实现效率与效益兼顾，令数字自然界生机盎然。从 PC 机到平板电脑，从固定电话到智能手机，从闭路电视到虚拟现实头盔，人们无时无刻不被数据浸润着，物理自然与人类社会已经悄然融入数字自然界之中。数据将像土地、石油和资本一样，成为经济运行中的根本性资源。然而，人类认知水平和认知能力的提高却极为有限，远不及技术发展和数据膨胀的速度，不断增长的数据与有限的认知能力之间形成尖锐矛盾，信息过载问题越来越受到关注和重视。

作为继搜索引擎之后兴起的新星，个性化推荐系统通过向用户提供更具针对性的服务，从而有效缓解了信息过载问题的影响。从被动等待用户输入检索词，到主动了解用户需求，个性化推荐系统在解决用户信息过载问题上具有与生俱来的巨大优势，被人们广为认可。但是，也必须清醒地看到当前个性化推荐系统仍然存在着准确性不高、实时性差、个性化程度低、用户互动性弱等诸多不足，尤其是广泛使用的协同过滤算法先天具有冷启动、数据稀疏性等问题。如果无法有效地解决这些问题，个性化推荐也就无从获得更大的提升。因此，本书以用户为中心，着眼于解决用户信息过载这一本质性问题，通过解决个性化推荐系统现存顽疾而实现推荐系统中用户个性化更为精准识别的突破，进而采用更加实时和互动性的算法为用户进行准确而多样的推荐。本书首先介绍了研究背景、主要概念、研究目的、研究内容等问题。其次，较为细致地分析了个性化推荐系统的研究现状。按照认知论、方法论和矛盾论的逻辑线索对个性化推荐系统的研究现状进行了梳理，介绍了个性化推荐系统满意化研究及外围相关研究的进展，并指出个性化推荐系统面对的五大根本矛盾。再次，提出用户为中心的个性化推荐系统理论体系，主要包括个性化推荐系统的历史背景及相关理论、目的、类型、本质、特征维度及其发展瓶颈。在此基础上，利用眼动实验证明屏幕视觉热区的存在，在双中线降噪的网页自动分类算法及短文本关键词实时提取方法的基础上，构建了较为完整的基于屏幕视觉热区的用户偏好提取方法。接下来，以提取屏幕视觉热区的用户偏好数据为基础，以商品自组织层次聚类方法和基于兴趣的用户会话切分算法为方法，构建融合即时、短期和长期偏好的用户偏好复合模型。继而，基于评价介入理论构筑分析体系，利用话语标记理论构建语料库，探索了个性化推荐系统中的推荐解释项目及风格。最后，以用户即时偏好为基础，以加权的用户短期和长期偏好以及其他情境因子为约束条件，设计具有推荐解释功能的、人机实时互动的个性化推荐方法，通过不断叠加约束条件而迅速收敛到用户满意的结果范围。

本书的创新之处主要体现在：

理论上，明确指出个性化推荐系统的本质不是算法而是认知助手，构建了推荐内容（what）、推荐策略（how）和推荐时机（when）的"WHW"个性化推荐系统理论体系，以及综合即时偏好、短期偏好和长期偏好的用户复合偏好模型。

方法上，首先，借助心理学实验发现了屏幕视觉热区，并据此从用户实时浏览行为中提取用户即时偏好，在基于双中线法消除噪声的网页自动分类算法和短文本关键词实时提取方法的基础上，实现了用户偏好的实时提取；其次，通过基于属性的商品自组织层次聚类方法和用户会话切分算法，从海量即时偏好数据中提炼用户短期和长期偏好；再次，引入功能语言学中的评价介入理论构筑分析体系，利用话语标记理论构建语料库，确定在线商品评分修正方案及推荐解释风格；最后，以用户历史行为、偏好复合模型、即时交互行为为约束条件，开发原型系统测试并验证交互收敛式个性化推荐方法，与传统推荐方法相比本书提出的方法不仅具有更高的精确性和用户满意度，还能有效解决推荐算法实时性差、未登录用户偏好提取难等问题。

特别的，本书方法具有显著的应用价值，是各类中小型电子商务网站（或中小型新闻、论坛网站等）建设高精度、高性能个性化推荐系统的福音。通常现有个性化推荐算法的应用门槛颇高：不仅需要足够的软硬件资源投入，还要有丰富的注册用户以及用户标记数据作为支撑。然而，绝大多数的中小型网站都处于起步或发展阶段，往往并不具备开展传统个性化推荐所需要的高性能计算资源、丰富的用户数量和数据等门槛条件。本书的推荐方法不仅对大型电子商务网站非常有效，对于各类中小型电子商务网站而言则更为适合。不论是基于屏幕视觉热区的偏好获取方法，还是交互收敛式个性化推荐方法，都属于计算资源消耗低但效果明显，且能满足实时性要求。对于数量浩繁、种类各异的中小型网站来说，书中提出的原创思想、观点、解决方案等都是其实施个性化推荐的理想选择。

　　本书只是在"人"的视角下对个性化推荐系统理论和方法的突破性尝试，加之作者水平有限，书中难免有不足之处，恳请读者批评指正。意见请发表在作者的技术博客（lk. cublog. cn）或新浪微博（@ 五-岳-之-巅）上，亦可直接通过 E-mail（ccnulk@ gmail. com）进行联系，真诚欢迎和期待更多同行的加入和交流。

刘　凯

2015 年 11 月

目　　录

1 绪　　论

1.1　研　究　背　景

1.1.1　挑战：世界范围内网络用户信息过载问题严重

就在此刻，远在大洋彼岸的互联网实时数据统计网站 Internet Lives Stats 展示了如下惊人的即时数据。一方面，仅仅 1 秒内，新增 7894 条 Tweet 信息、1414 张 Instagram 图片、1549 篇 Tumblr 博客、1568 次 Skype 通话，产生 46 027 次 Google 搜索、90 368 次 YouTube 视频观看，并发送 2 343 302 封电子邮件，同时消耗 23 950 GB 网络流量。另一方面，此时全世界网民数量共计 2 994 642 899 人，虽然基数巨大但增幅却明显减缓，如表 1-1 所示。从 1994 年的年均增长率 79.7% 到 2004 年的 16.9%，再到 2014 年的不足 8%，而人口增长率却在轻微递减，说明在人口增长率维持基本稳定的情况下新增网民数量已经向临界值靠拢，网民总数也将处于稳定状态。

表 1-1　世界网络用户人口统计表

年份	网民总人数/人	网民增长率/%	世界人口总数/人	人口增长率/%	渗透率/%
2014	2 925 249 355	7.9	7 243 784 121	1.14	40.4
2013	2 712 239 573	8.0	7 162 119 430	1.16	37.9
2012	2 511 615 523	10.5	7 080 072 420	1.17	35.5
2011	2 272 463 038	11.7	6 997 998 760	1.18	32.5
2010	2 034 259 368	16.1	6 916 183 480	1.19	29.4
2009	1 752 333 178	12.2	6 834 721 930	1.20	25.6
2008	1 562 067 594	13.8	6 753 649 230	1.21	23.1
2007	1 373 040 542	18.6	6 673 105 940	1.21	20.6
2006	1 157 500 065	12.4	6 593 227 980	1.21	17.6

续表

年份	网民总人数/人	网民增长率/%	世界人口总数/人	人口增长率/%	渗透率/%
2005	1 029 717 906	13.1	6 514 094 610	1.22	15.8
2004	910 060 180	16.9	6 435 705 600	1.22	14.1
2003	778 555 680	17.5	6 357 991 750	1.23	12.2
2002	662 663 600	32.4	6 280 853 820	1.24	10.6
2001	500 609 240	21.1	6 204 147 030	1.25	8.1
2000	413 425 190	47.2	6 127 700 430	1.26	6.7

资料来源：Internet Live Stats（国际电信联盟及美国人口统计局数据的合并）

因此，网络数据量的迅猛增长与网络用户数量的基本稳定，使得每位网络用户要面对数量更多、类型更复杂且生成速度越来越快的海量数据，从而必然导致个体用户的平均信息负荷急剧升高，信息过载问题由此产生。

从全球来看，世界网民半数位于亚洲，如图1-1所示。亚洲占全球网民人数的48.4%，其中中国以22.0%高居榜首，印度和日本则分别以8.3%和3.7%紧随其后。尽管中国和日本是IT领域潜力巨大的消费市场，但其分别为4%和8%的年新用户增长量却对发展模式发出了预警：用户规模很难在短期内有量级的突破，依托人口红利维持快速发展的信息服务模式即将成为历史，充分了解用户、提升服务精度和效率才是未来之选，也是必由之路。总之，一条由量向质的转变之门已经打开，除了适应与接受外我们别无选择。

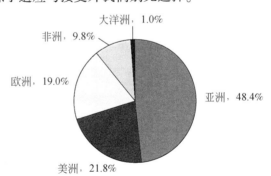

图1-1 世界网民人数洲际分布图

资料来源：Internet Live Stats，2013-07-01

1.1.2 机遇：大数据分析——点"数"成金

大数据概念虽新，可"大数据"却早已存在。虽然海量的数据规模是最近几年内才形成，但大数据的概念却早已在科学界和医学界中萌芽。科学家们对大数据集进行研究和分析后得出一个结论——数据多多益善。也就是说，数据越多，分析越深入，所得的结论就越全面。于是，研究者们开始在分析过程中引入相关数据集、非结构化数据、归档数据和实时数据，而这反过来又催生出我们今日所说的"大数据"。在商业领域中，大数据暗藏商机。据 IBM 公司称，全球每天产生 2500 拍字节的数据，当今世界 90%的数据都是近些年产生的。这些数据来源广泛，有的来自收集气候信息的传感器，有的来自社交媒体网站，还有的是网络上传的数字照片和视频、电子商务交易记录甚至手机 GPS 信号等。这些都是大数据的"催化剂"，所有的数据都蕴含内在价值，可以利用数据挖掘、机器学习和可视化等技术将内在价值进行提炼并为用户提供更具个性的推荐服务。

餐饮业中的健康餐饮分析推荐系统具有在线健康餐饮分析的功能，通过记录用户的饮食行为数据，推荐可以改善健康状况的食品，同时降低发生疾病的风险；家具制造企业利用眼动追踪设备捕获用户对商品的生理感知数据，借助数据挖掘技术建立家具商品风格分类数据库，随后将风格统一的商品推荐给潜在用户，用户可以在虚拟的立体环境中感受商品，从而促进家具的网络销售；新闻行业中，《纽约时报》利用大数据工具进行文本分析和 Web 挖掘，迪士尼公司则分析了旗下所有店铺、主题公园和网站的数据，试图发现数据间的关联性，进而理解用户行为；在传统农业中，科学家对匈牙利 1960~2000 年农田施肥实验数据进行深入挖掘，设计出精准施肥推荐系统，能够实现在不同土壤中降低氮磷钾损失率而达到产量和单位面积收益的最大化。这样的例子不胜枚举，大数据的应用已经相当广泛，在电子商务、金融业、制造业、医药保健业及政府机关中都能见到它的身影。

但是也必须看到，在大数据时代，信息过载问题变得更为棘手、更为严峻。经过多年努力，人们提出并实践了从搜索引擎到推荐系统再到个性化推荐系统的多种方案，个性化推荐系统的发展成果彰显了其实际应用价值，并逐渐成为缓解信息过载问题的生力军和有效武器而得到了实业界和学术界的双重垂青。虽然个性化推荐系统前进的步伐势不可挡，但不可否认其自身也存在着诸多不足和顽疾。本书便是针对当前个性化推荐系统存在的若干根本问题进行反思与突破，力图在构建个性化推荐理论体系的基础上，提出一整套新颖而高效的实时个性化推荐方法来有效解决这些问题，从而为网上信息服务质量和速度乃至用户综合体验的提升作出理论性和应用性两个层面的贡献。

1.2 研究范围及相关概念

1.2.1 研究范围界定

个性化推荐系统发展至今已然形成了一个成熟而庞大的体系。理论上，对个性化推荐系统的研究必定涉及多学科的交叉与融合，在实践中又涉及诸多应用领域，不同领域有着不同的知识结构并对应着不同的学科基础。因此，为了使本书的研究既具有理论深度又做到言之有物和切实可行，则必须对研究范围进行限定，不能泛泛谈之、流于形式。

理论上，个性化推荐系统主要的研究问题多局限于用户偏好获取手段、推荐具体算法上，鲜有文章以整体视角对其涉及的各个理论问题进行梳理与整合。本书将从以下几个方面进行个性化推荐的理论构筑：个性化推荐系统产生的历史背景及各个主要的发展阶段、理论来源、本质、目标、分类、结构以及个性化推荐系统在信息处理和心理学两种视角下的系统功能。

方法上，本书的研究涉及推荐系统进行推荐的主要过程（但有不同侧重）：用户数据采集（显性数据和隐性数据）、用户偏好建模、选取推荐算法、生成推荐结果、推荐反馈五个基本步骤。首先，数据采集步骤中来源数据的质和量是后续推荐结果准确性和多样性的基础，但这一步也是极易被忽视或忽略的，于是如何发现和挖掘出更为适当的数据源便是本书所要解决的一个重要问题；其次，利用丰富的用户数据构建出合适的偏好模型，通过引入即时偏好改进现有的长期、短期用户偏好模型，以求实现更为动态更加实时的用户兴趣表达；最后，对个性化推荐算法进行革新，通过与用户的互动充分挖掘用户实时意图而提出一种精确度更高的实时推荐算法，实现推荐结果准确性和多样性的兼顾。

实践中，个性化推荐的算法验证及实施效果必须融入特定的场景才有意义，本书选择的是电子商务情境，如未做特别说明，所有构想和验证的都是基于电子商务情境下的个性化推荐。但是，需要说明的是，本书构建的理论体系和一系列新颖的方法不仅适用于推荐产品和服务的电子商务网站，也同样适用于门户、新闻以及各类社区站点的主题推荐、话题推荐、文章推荐等。

1.2.2 相关概念界定

1. 推荐系统

推荐系统（recommender system，RS）指的是主要用于电子商务网站或其他在线服务的一类软件，帮助在线顾客快速发现最为相关的商品项目或信息条目，如今已广泛应用在图书、电影、音乐、旅社、餐馆及新闻等领域中。推荐系统概念在英文中有多种表达方式，即 recommender system、advisory system 或 recommendation system，而基于语义的推荐系统是其中非常重要的一个分支，称为 semantic-based recommender system，与此类似的概念还有 social recommender system、tag-based recommendation 和 web 2.0 recommender system 等。

2. 个性化推荐系统

个性化推荐系统（personalized recommender system，PRS）是指根据用户行为和用户社会关系网络中的偏好为其提供结果更为准确与可信的推荐系统。

需要特别说明的是，国外文献中个性化推荐系统的通用写法为 personalized recommender system，也有写为 individual recommender system 及 customized recommender system，但后者较少使用。而在国内，更为常见的则是 personalized recommendation system 的形式，其实国内的这种写法的合理性有待商榷，recommender 在推荐系统情境中的含义是"interface for providing recommendations"，即推荐者是提供推荐内容的接口（或界面）。由此可见 recommender 本质上是 recommendation 的施动者，而 recommendation 则为 recommender 的具体内容。因此，在本书中推荐系统全部采用词组"recommender system"来指代，而推荐（指具体内容和项目）则使用单词"recommendation"进行标识。

3. 个性化推荐

个性化推荐（personalized recommendation，PR）概念的正式表达方式为 personalized recommendation，也有 individual recommendation 或 customized recommendation 的写法，但后两种并非主流。个性化推荐概念在国内存在着混淆的情况。例如，余肖生、孙珊和王雨果等认为通过分析网络用户对网络信息（主要是电子商务行为）的搜索、浏览、购买、评价等行为，抽取出用户可能感兴趣的有用信息，并将其主动推荐至用户。可以看出，上述概念将个性化推荐与个性化推荐系统相混淆，这种情况在国内个性化相关研究中并不罕见。在本书中，个性化推荐是指推荐系统对用户进行个性化判断及信息过滤后的推荐项目结果。

4. 项目

项目（item）是可以被推荐的信息内容，在本书中即是待推荐商品列表。

5. 个性化

本书中个性化（personalization）指的是向用户推荐的项目适合或满足其个体需求的程度。

6. 情境

情境（context）又称上下文，意思接近的提法还有环境和情景（environment、surroundings、circumstance、condition），但近年来学术界趋向使用情境一词进行表达。学界普遍认可的概念由 Dey 提出，认为情境是对处于某个场景中实体进行特征化的所有信息，实体可以是人、地点或用户和应用程序交互中关联的任何对象，包括应用程序和用户自身，该定义表明情境是描述实体对象当前状态的一种信息。在本书中情境指的是影响用户对项目评价的各种环境因素。

7. 偏好

偏好（preferences）这一概念在不同学科中有着不同的内涵，哲学对偏好的理解可追溯至亚里士多德，他将其定义为主体在比较两种现象或状态之间的关系时所表现出的倾向性；经济学中以效用分析为基础；心理学中则被概括为态度或情感倾向。本书偏好概念依据心理学，特指用户对不同项目及同一项目不同特征的主观态度倾向。

8. 信息过滤

信息过滤（information filtering）指的是只为用户推荐最相关信息的技术，如基于项目的协同过滤算法、关联规则推荐算法、基于群组推荐的算法等。

1.3　研　究　目　的

信息过载又称信息超载，该问题很早就引起了学界的关注。1960 年 James G. Miller 便进行了个人和群体的信息过载的实验。一年后，Karl Deutsch 发现

"交流过载"（communication overload）是一种"城市病"（disease of cities），令选择的自由被通信和交通的效率所阻碍。要人们去关注的事情太多，结果使得人们不可能参与所有事情。随后，Richard Meier 认为现代化城市信息过载比未现代化城市高 100 倍，而未来学家 Alvin Toffler 将其直接称为"未来的冲击"。尽管也有人对信息过载的提法不以为然，丁香园网站 CTO（首席技术官）冯大辉便认为信息过载是个伪命题，经过足够训练的人可以接受更多的信息，甚至多到无法想象，但是依旧承认对信息的处理还是会让很多人困扰。

信息过载已成为一个社会问题，不仅会降低工作效率、分散个人决策时的注意力，对个人完成任务的效率和质量产生负面影响，也会引发信息焦虑，增加个体心理压力，从而诱发生理性疾病，甚至会对人们的日常生活和人机关系产生不良的影响。于是，许多学者从不同角度提出对策，如引入信息过滤机制、提高输入信息匹配度、降低花费在每一输入信息上的时间和精力、剔除对自己重要程度不高的输入信息、专注于重要信息、协调划分社会关系，甚至还可以将一些信息负荷转嫁给其他用户。

特别是在网络消费领域，随着用户对网络购物便捷性和安全性的逐渐认可，加之信息技术的飞速发展，越来越多的商家开始在网络上销售自己的商品。一边是品种繁多、形式各异的商品信息，使用户拥有了更广阔的挑选空间；一边是过多的选择对消费者购买积极性的削减，从而在电子商务中同样出现了选择过剩问题，而且相对于线下传统商品销售形式而言，电子商务网站中的产品过剩问题更为严峻。已有研究表明选择过剩对于用户而言未必都是好事，过多的商品选择不仅会降低其对特定商品的偏好强度及满意度，还会引发失望、后悔等负面情绪的积累，从而降低购买意愿甚至导致用户不作出任何购买行为。进一步地，在目前电子商务网站的购买行为中，用户已经感受到选择过剩而形成的负面影响，实证研究指出选择过剩主要通过提高网络消费者感知效用和感知成本影响消费者的购买决策。选择多样性是一把双刃剑，具有两面性：多样之选对用户的感知效用具有正向影响进而提升购买意愿，同时也会增加用户的感知成本而负向影响购买意愿，伴随着备选方案的增多，用户的选择成本也在相应升高。此外，不同性别、年龄和收入的消费者在感知选择复杂度、感知效用、感知成本和购买意愿等方面存在一定的差异性。

这说明解决信息过载问题不仅具有重要性更具有急迫性。在应用层面，搜索引擎的出现是对信息过载问题的第一次正面回答。然而，与信息量密切相关，最初互联网上信息资源数量有限，人们需要的是更多的信息，Yahoo 采用人工分类的方式有效解决了用户增加信息过载的需要。之后的若干年间，互联网呈现爆炸式增长，人们真正开始进入过载时代，而此时仅靠手工作业方式的 Yahoo 骤然间被 Google 取代。借助 PageRank 算法，Google 实现了高质量检索的自动化，尽管信息量依然暴涨，但 Google 还是能够在信息汪洋中为用户打捞到较为准确的结果。不过，这种平衡并不能够一直持续下去。大数据时代的来临使相似结果变得更多，用户依然陷在信息过载的泥潭之中，随着个性化推荐系统的发展，人们再次看到曙光。从被动等待用户输入检索词，到主动了解用户需求，个性化推荐系统在解决用户信息过载问题上具有与生俱来的巨大优势，近年来得到了迅速发展，在实践中发挥了重要作用而被人们广泛认可。

但是，也必须清醒地看到当前个性化推荐系统依旧存在准确性不高、实时性差、个性化程度低和用户互动性弱等诸多不足，尤其是广泛应用的协同过滤算法先天具有冷启动、数据稀疏性问题。如不能妥善解决这些问题，个性化推荐也就无法获得更高提升。因此，本书着眼于解决用户信息过载这一本质性问题，通过解决个性化推荐系统现存顽疾而实现推荐系统中用户个性化更为精准识别的突破，进而采用更加实时和互动性的算法为用户进行准确而多样的推荐。

1.4　研究内容与方法

1.4.1　研究思路与内容

本书是对个性化推荐系统进行的探索性研究，并以电子商务网站为分析情境。整体上，遵从"问题—理论—方法—模型—系统"的逻辑主线，针对当前个性化推荐系统存在的问题，从理论上提出推荐什么（what）、如何推荐（how）及何时推荐（when）的"WHW"个性化推荐系统理论体系，继而在心理学水平上对用户浏览行为进行考察，提出基于屏幕视觉热区的短文本提取方法，在该方法的基础上构建即时、短期和长期偏好融合的用户偏好复合模型，最后围绕交互收敛式个性化推荐方法开发原型系统并对实时性、精确性和满意度等指标进行测试和验证。图 1-2 描述了本书的整体研究思路。

针对目前个性化推荐存在的主要问题，在社会学、计算机科学、行为科学、心理学及功能语言学等多个学科相关理论和方法的支持下，剖析了个性化推荐系统的产生背景、发展阶段、理论来源，并对其本质、目的和结构等关键问题进行了探讨，从而在理论上完成个性化推荐系统理论体系的初步建构。继而，提出利用"屏幕视觉热区"实时提取用户偏好的新方法，不仅通过眼动实验对方法的科学性和准确性进行了验证，而且据此设计了一系列网页分类、关键词提取、用

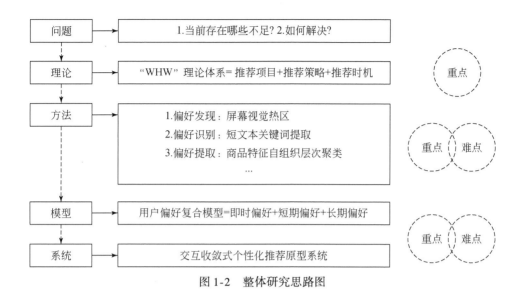

图 1-2 整体研究思路图

户会话切分等算法，从而为用户偏好建模和实时个性化推荐方法的提出奠定基础。本书开展研究的技术路线如图 1-3 所示。

1.4.2 研究方法

个性化推荐系统属于综合性问题，既需要多学科理论支持又需要博采相关学科方法之长，本书运用的主要方法包括（但不限于）以下几种。

1. 文献分析法

文献分析法是指通过收集、整理、深入阅读与研究课题相关的文献，了解当前研究领域的研究现状、主要研究方法等，从而形成对研究主题的初步认识，并为后续研究提供借鉴和指导。文献分析法是本书的基本研究方法，本书所有章节都是在大量文献分析的基础上完成的。

2. 系统分析法

系统分析方法是指把要解决的问题作为一个系统，对系统要素进行综合分析，通过系统目标分析、系统要素分析、系统环境分析、系统资源分析和系统管理分析等多个严谨的步骤，深刻地揭示问题起因，有效地提出解决方案和满足客

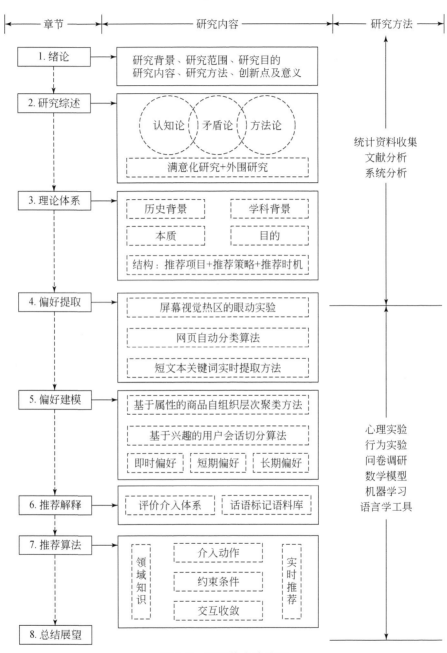

图 1-3　研究技术路线图

户的需求。本书第 3 章便是运用系统分析法对个性化推荐系统进行理论体系的构建。

3. 问卷调研法

本书使用的问卷为信息过载环境中网络消费者购买意愿的影响因素调查问卷，各变量的测量语句都是在已有成熟研究成果的基础上获得的，具有比较完善的理论依据，另外某些测量语句是依据本书实际获得。问卷编制完成后会通过小规模的预调研，通过考察问卷和量表的信度和效度，对问卷进行修正和完善，保证用于大规模调研的问卷质量。本书第 4 章中眼动实验实施后，对被试进行了问卷调查，以便深入了解与实验直接相关的人口统计学特征。

4. 实验法

实验法是指研究者有目的地控制一定的条件或创设一定情境，以引起被试的某些心理活动或行为进行研究的一种方法，其依据是自然和社会中现象和现象之间存在相对普遍的一种相关关系——因果关系。本书第 4 章的眼动实验，便是运用实验室实验法对用户心理层面的一种探查并证实了屏幕视觉热区的存在。在第 7 章又设计进行了真实电子商务网站购物情景下的实验测试，验证了本书提出的基于屏幕视觉热区的交互收敛式个性化推荐方法的有效性和准确性。因此可以说，实验法也是本书研究中的一项重要研究方法。

5. 统计研究法

统计分析法也称"数量研究法"，指通过对研究对象的规模、速度、范围、程度等数量关系的分析研究，认识和揭示事物间的相互关系、变化规律和发展趋势，借以达到对事物的正确解释和预测的一种研究方法。本书中多次使用统计研究法探究问题背后的统计规律。

6. 建模方法

建模方法又称模拟法，是先依照原型的主要特征，创设一个相似的模型，然后借助模型来间接研究原型的一种方法。根据模型和原型之间的相似关系，模拟法可分为物理模拟和数学模拟两种。本书第 4 章、第 5 章、第 7 章中多次运用建模方法对具体计算或求解问题进行分析。

7. 机器学习方法

机器学习方法是利用计算机模拟或实现人类学习行为，以获取新的知识或技能，重新组织已有的知识结构使之不断改善自身的性能。它是人工智能的核心，是使计算机具有智能的根本途径，其应用遍及人工智能的各个领域。本书使用Python 机器学习库 Scikit-Learn 中的最近邻规则、贝叶斯学习和支撑向量机等方法对模型进行训练。

1.5 创新及意义

1.5.1 创新点

1. 主要创新点

首先，在理论上尝试构建较为完整的个性化推荐系统的理论体系。本书深入分析并首次明确提出个性化推荐系统的本质是认知助手，指出其完整结构应该包括推荐项目、推荐策略和推荐时机三个部分，个性化推荐系统的目标便是要实现项目、策略与时机三方的综合寻优。同时，还总结了个性化推荐系统中的五大矛盾：用户与电商利益的矛盾、推荐方法精确性与多样性的矛盾、用户偏好与推荐先在后在的辩证、用户感知便利与隐私保护的矛盾以及个性化推荐的主观性（有偏）结果与用户客观性（无偏）搜寻需求的矛盾。

其次，提出并实现了用户偏好实时提取方法。用户偏好数据作为个性化推荐系统分析的基础，其数量和质量决定着推荐效果的优劣。现阶段，网络用户偏好数据主要来自对注册、评分、评论、标签等显性信息以及用户页面停留时间、点击量、收藏等隐性信息的提取和挖掘。但是，这些数据发生的频率和强度并不高，个性化推荐系统至今仍旧不够"个性"。本书另辟蹊径，由于用户浏览时的阅读（注视）行为数量最多、发生频率最高，便利用以屏幕视觉热区为基础的模拟用户眼动方法来实时跟踪用户的浏览行为，从而识别并抽取出用户真正注视到的页面内容并据此提取用户偏好。通过引入屏幕视觉热区的概念，有效解决用户偏好数据量少质低的问题。

最后，提出并验证基于屏幕视觉热区的交互收敛式个性化推荐方法。已有个性化推荐方法并未对用户实时行为给予足够的关注，用户的网上浏览行为是其兴趣的直接反映。进一步地，用户的历史行为是其长期和短期偏好的反映，具有稳定性。而真实场景中，用户的即时行为是其即时偏好的反映，往往具有发散性和随机性，并不稳定。对用户即时偏好的识别，不仅有助于提高个性化推荐的准确性，更能够增强个性化推荐的多样化，从而提升用户满意度。以屏幕视觉热区的实时偏好提取为基础，通过与用户交互获得对即时行为的理解，从而动态地缩小目标范围，帮助用户挑选出满意的商品。此外，本书从用户心理出发，基于人机交互、复合偏好约束及在线评分修正方法，使其不仅为用户推荐具体的商品，还向用户说明推荐的理由。

2. 微创新点

除了上述三项主要创新点外，本书还在诸多具体研究中进行了其他微创新。

首先，屏幕视觉热区的确立。心理学中，越来越多的对用户网络浏览行为的研究是借助眼动仪来完成的，国内外已经在用户搜索行为和人机工程领域取得了丰硕的成果。然而，几乎所有的热区研究都是针对网页而非屏幕展开的，通过观察和实验，本书证明了用户浏览网页时普遍存在阅读的习惯位置，在这个位置内集中了 84% 以上的注视时间，并将该区域命名为用户浏览的屏幕视觉热区，简称屏幕视觉热区。利用屏幕视觉热区不仅可以识别出用户实时的阅读内容，还完美地解释了心理学中网页上经典 F 形视觉热区产生的原因。虽然这只是个小的创新点，但却可以将用户偏好获取精度提升一个级别，是全书的基础和突破口。

其次，在多种算法的实现中完成了许多很有意义的创新。例如，在网页自动分类中，采用双中线法进行页面降噪，在提高页面核心内容识别效果的同时又降低了算法的计算消耗；在用户会话切分中，对传统页面浏览路径进行粒度更小的划分，从原本在某段特征时间内（如上午 9 ~ 11 点）用户访问的所有页面序列为一个分析单位，过渡到基于商品品类细分的子会话为分析单位（上午 9 ~ 11 点，分为上衣、手机、计算机图书和游戏装备等 4 个子会话）。

最后，引入语言学相关理论处理管理科学与工程的问题也是一项大胆的探索和尝试。由于功能语言学研究完全是从语法、语义和语用三个层面出发，特别是在计算机科学无法有效解决的语义和语用层面已经形成了非常成熟的理论体系和分析方法。借用这些成熟的理论与方法，对在线商品评论的准确性进行修正，使之成为提炼推荐解释的可信数据源。

1.5.2　研究意义

本书的研究具有重要的理论意义和应用价值：

在理论上，虽然学界已有不少学者出版了个性化推荐系统的论文与专著，其侧重点大多是个性化推荐系统的开发和算法，但对于个性化推荐系统理论问题的探究依旧不够深入。本书尝试对个性化推荐系统理论进行建构，从个性化推荐系统的起源背景、相关学科的理论来源到个性化推荐系统的本质、目的、分类和内部结构等理论问题进行梳理及详细的阐述，为个性化推荐系统的发展提供理论指导。特别是对屏幕视觉热区的发现和应用，使用户偏好获取的精度和速度得到了极大提升，从而为其实践应用奠定了坚实的理论基础。

在应用上，本方法具有更为普遍的适用性，是各类中小型电子商务网站（或中小型新闻、论坛网站等）建设高精度、高性能个性化推荐系统的福音。通常现有个性化推荐算法的应用门槛颇高：不仅需要足够的软硬件资源投入，还要有丰富的注册用户以及用户标记数据作为支撑。然而，绝大多数的中小型网站都处于起步或发展阶段，往往并不具备开展传统个性化推荐所需的高性能计算资源、丰富的用户数量和数据等起步条件。本书的推荐方法不仅对大型电子商务网站非常有效，对于各类中小型电子商务网站而言则更为适合。不论是基于屏幕视觉热区的偏好获取方法，还是交互收敛式个性化推荐方法，都是计算资源消耗低但效果显著的，且满足实时性要求。对于数量浩繁、种类各异的中小型网站来说，本方法以及本书中其他相关算法都可作为其实施个性化推荐的理想选择。

2 相关理论与研究现状

2.1 综述体系说明

个性化推荐系统研究综述是本项研究的基础工作，然而个性化推荐系统属于多学科交叉研究问题，所涉及的内容较为庞杂。本书对此进行了系统梳理和总结，在系统查阅大量国内外有关文献的基础上，对相关理论研究进行了深入考察与分析：首先，考察个性化推荐系统在实践中的主要应用领域；其次，将视角聚焦于理论研究中，按照横向上从准确性到多样性，纵向上从认知论、方法论体系形式到对个性化推荐系统的理论研究现状进行梳理；最后，又从整体上指出个性化推荐系统研究中存在的五大基本矛盾。

本书的理论研究体系全景图如图 2-1 所示，对个性化推荐系统的核心研究沿着纵横两大方向扩展和深化，但同时也存在其他一些相关的外围研究。因此，在本章理论综述上，将按照核心与外围、纵向与横向两条逻辑线索展开，分精确性研究、满意化研究和其他相关研究三个板块进行介绍。

2.2 精确性研究

2.2.1 认知论研究

对于认知论内容的梳理，本书采用总分形式进行介绍，即先介绍个性化推荐系统的总体格局，再分别从用户、项目（产品或服务）及情境三个维度进行详细说明。

1. 总论

个性化推荐系统的认知论反映的是人们对个性化推荐系统的整体认识，从基本结构上可将其分解为用户、产品或服务及情境三大维度。根本上，推荐系统是特定情境下用户与产品（或服务）的某种特定关系的构成，每种具体的个性化推荐方法都是这三大维度的有机组合。因此，根据研究重点及问题复杂性的不同，可以区分为"用户—项目"和"用户—情境"两种二元关系，以及"用户—项目—情境"三元关系这三种类型。在二元关系中，"用户—项目"模式最为广泛，大致分为产品求同和人际求同两类，产品求同主要基于频繁项集挖掘理论，人际求同则基于经典的协同过滤假设和图论。相对而言，"用户—情境"较少，这是由于其他相关研究并非缺失情境而是假设情境不变或对研究方案不产生影响。事实上，情景是影响用户行为的重要方面，将情景因素引入个性化推荐算法有助于提升算法准确性，其代表是基于情景感知的推荐系统，但是也有研究只是将情境简单等同于环境，甚至将个性化推荐本身视为一种情境。在三元关系中，又可以依据三者重要程度的差异而将其分为倾斜型与平衡性两类，倾斜型只

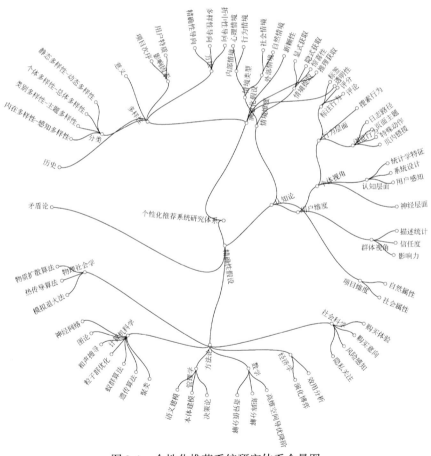

图2-1　个性化推荐系统研究体系全景图

以二元关系为主，第三元关系只是对二元关系的扩展或限定，三者重要程度有明显差异；平衡型则无明显的二元倾向，三者重要性大体等同。以上就是对个性化推荐系统理论从认知论层面展开的总体介绍，接下来将在各个子维度层面上进行详细阐述。

2. 用户维度

离开用户，个性化推荐将化为空谈。个性化推荐系统正是用户的系统，用户处于整个研究的中心，个性化推荐系统研究就是围绕用户展开的。整体上，用户维度研究具有个体和群体两个不同的基本视角。个体视角以"个性"为出发点，通过对用户个体行为、认知及神经活动的分析获取推荐依据；群体视角则以"共性"为出发点，不是根据个体用户的相似友邻就是对共同兴趣的群体进行推荐。接下来，本书将从个体与群体两个视角对个性化推荐系统中的用户研究进行详细说明。

1）个体视角

个体视角下主要研究内容为基于内容（content-based）的推荐，系统匹配与用户过去喜好相似度程度最高的商品，涉及"人和物品"两个核心内容的关联，对于物品（商品）的专门论述将在后面详细介绍，本小节仅针对人（用户）进行考察。个性化推荐系统中，核心是了解用户的偏好。用户偏好外向通过行为表现出来，内向则由认知心理决定，中间则是生理性的神经层面。行为、心理与神经三者内部有紧密的联系，逐级深入：行为由心理决定，心理借由神经向行为实现。

a. 行为层面

当前，能够以资利用的用户行为不外乎标注行为、搜索行为和浏览行为三种类型。标注行为是指用户对在线资源的说明，用以表明该资源的主题、性质、所涉及的主要内容及个人观点和评价。它是一种用户自发的群体性行为，每个用户对资源的标注是从自身的理解角度出发进行归类，一切都是以用户的理解为基础。

标注行为的第一种类型是标签（tag）。标签是社会标注行为的典型代表，由于标签不仅能反映用户与商品之间的联系，还具有语义价值，因此在个性化推荐领域中得到了广泛的使用。人们利用聚类方法缓解词语冗余问题，利用诸如本体等语义方法组织标签并建立关联，采用降维和主题方法揭示潜在话题，运用图论方法解决海量数据的稀疏性问题。尽管基于标签的推荐研究涉及内容和使用方法多种多样、非常广泛，但都可划归为基于网络的方法、基于张量的方法和基于主题的方法三类。但是，没有任何一类方法能够妥善解决个性化推荐系统中的所有问题：基于网络和张量的方法能够克服数据稀疏，可以提升推荐算法的效率，但由于过分强调网络结构而欠缺标签之间关联的考虑；相对而言，基于主题的方法能够轻松区分主体间的差异而产生更加有意义和容易理解的推荐结果，然而其结果往往需要机器学习过程中的多次迭代才能稳定，该方法对计算资源的消耗比其他方法更高，计算时间和运算速度直接受到硬件平台的影响，同样的问题也出现于基于张量方法的降维处理过程中。于是，取长补短的综合模型便是基于用户标签的个性化推荐未来发展的主要趋势。近期在该方向出现了更为深入的研究成果，使用随机游走模型对综合性标签网站 Lastfm、Delicious 等应用数据融合（data fusion）的方法提出混合标签推荐算法 TagRank，使用基于 KNN 聚类的方式提高标签选择时标签近邻排名，基于用户个体动机模型和 K-means++算法对大众标注行为做标签推荐优化，通过用户的即时标签标注行为重构"用户—标签"矩阵，利用因子分解和朴素贝叶斯分类器求解最优候选标签集。

标注行为的第二种类型是评分（rating）。用户对商品的评分直接反映了对该商品的喜好程度和使用效果，据此产生的推荐常常能够得到更为准确的推荐效果，协同过滤算法正是基于此来进行推荐。利用评分产生推荐，核心工作是求得用户与项目之间的相似性。为了对目标用户产生高质量推荐，需要搜索目标用户最近邻居，并利用评分进行相似性的分析。相似度计算方法较为常见的有余弦相似度、相关相似性以及修正的余弦相似度算法等。然而，评分数据稀疏及维度单一问题制约着准确率的进一步提升，为此，近年来学界沿着两个方面进行改进：针对评分数据稀疏问题，一方面试图减少稀疏性，如采用评分矩阵补缺算法对未评分项目进行预测填补评分矩阵，使用多次关联规则挖掘方法以及引入修正 Tanimoto 系数将共同评分项和所有评分项关系融入传统相似性度量方法中等；另一方面则试图提高评分质量以及引入更多评分维度，如采用信任度模型来减少恶意用户的影响，使用 WordNet 度量语义相似性并应用于查询推荐，应用精简二分网络采集隐藏信息的增信方法以及计算行为与评分相似性的关联规则群推荐算法等。

标注行为的第三种类型是评论（review）。评论本身是语法、语义和语用的综合体，它是项目的社会属性与用户偏好的结合与表达。早期，Shay David 基于小世界的社区信誉对在线商品评论在推荐系统中的应用进行了研究；而后，个性化推荐系统的评论研究主要聚焦于在线商品评论挖掘的问题上。在线商品评论挖掘是指以在线商品评论信息为挖掘对象，利用自然语言处理技术，从海量文本数据中析取知识的技术，主要包含商品特征抽取、评论观点抽取、评论观点的极性及强度、挖掘结果汇总及推荐四个方面的内容。在商品特征抽取中，主要依靠手工定义、领域主体建模、关联规则挖掘、机器学习等方法对词频、词性、修饰语、词汇分布、观点词搭配、词性序列表达模式等特征进行分析和训练；在评论观点抽取中，通常利用观点词词典、商品特征词与观点之间的临近性、应用近义词迭代或 Bootstrapping 算法计算结果；在评论观点极性和强度判断上，观点判断主要依据情感极性词典，同时也需要对极性词周边的语法修饰词进行分析。在强度判断中，国内学者使用知网或《同义词词林》，而国外学者多使用 WordNet 以词汇及其关联性构筑有向图，给定含褒义、贬义的种子集，利用词与种子集之间的路径计算极性强弱，也有学者利用半监督算法对有向图进行训练以获得结果。在挖掘结果汇总及推荐上，将用户使用商品时间长短、经验及商品特征词词频等信息转换为不同权重再代入已有推荐算法生成推荐结果。

对于搜索和浏览行为研究而言，基于系统视角，最早采用的是经典的"提问—应答"检索模式，当时对搜索行为的结果反馈也主要是基于关键词相似性匹配技术，随着基于网页链接分析的 PageRank 算法的提出，系统反馈结果的精确性获得质的飞跃。然而近期学者将注意力更多转移到用户身上来，研究系统中用户搜索行为的种类和特点及探索式搜索。微软研究中心的 Eugene Agichtein 和 Eric Brill 团队将搜索行为按特征分为文本查询（query-text）、链接点击（click through）和页面浏览（browsing）三个部分，每个部分又可以分解为更为细致的特征，如表 2-1 所示，并构建了稳健用户行为模型用于精确预测用户偏好，如式（2-1）所示。

$$o\ (q,\ r,\ f)\ =C\ (f)\ +rel\ (q,\ r,\ f) \qquad (2\text{-}1)$$

对于给定的检索式 q 和查询结果 r，o 为特征 f 的观测值，$C\ (f)$ 是综合所有查询 f 的最优"背景"分布，而 $rel\ (q,\ r,\ f)$ 则表示受查询结果 r 相关性影响下的行为构成。

表 2-1　用户搜索行为

项目		对应英文	简介
文本查询特征（query-text features）	标题重叠	title overlap	检索式与标题中相一致的部分
	摘要重叠	summary overlap	检索式与摘要中相一致的部分
	检索地址重叠	query URL overlap	检索式与 URL 地址中相一致的部分
	检索域名重叠	query domain overlap	检索式与域名中相一致的部分
	检索长度	query length	检索词的个数
	下次检索重叠	query next overlap	连续两次检索中都经常出现的检索词

续表

项目		对应英文	简介
页面浏览特征（browsing features）	页面停留时间	time on page	在某网页上驻留的时间
	累积页面停留时间	cumulative time on page	查询后全部后续页面停留时间的累加
	域名停留时间	time on domain	在该域名下驻留的时间累加
	URL 短路径停留时间	time on short URL	不考虑附加参数情况下，URL 短路径驻留的时间累加
	是否跟随搜索链接	is followed link	1-从搜索结果中找到结果，0-否
	是否 URL 精确匹配	is exact URL match	0-形式完全一致，1-否
	是否重定向	is redirected	1-初始 URL 与最终 URL 一致，0-否
	是否由搜索结果直接链接而来	is path from search	1-当且仅当本页面由搜索结果直接链接而来，0-否
	搜索点击次数	clicks from search	搜索开始至目标页面中间的跳转次数
	平均停留时间	average dwell time	单次检索结果页面停留的平均时长
	停留时间离差	dwell time deviation	页面停留的平均时间的离差
	积累停留时间离差	cumulative deviation	页面停留累积的平均时间的离差
	域名停留时间离差	domain deviation	域名平均停留时间的离差
	URL 短路径停留时间离差	short URL deviation	URL 短路径停留的平均时间的离差
链接点击特征（clickthrough features）	排序位置	position	页面 URL 地址在当前链接排序中的次序
	点击频率	click frequency	当前"检索式—URL"对点击的次数
	点击相对频率	Click relative frequency	当前"检索式—URL"对的相对点击次数
	点击离差	click deviation	与点击频率期望值之间的离差
	下一个排序位置的 URL 是否被点击	is next clicked	1-紧接着被点击的 URL 正是链接排序中的下一个链接，0-否
	前一个排序位置的 URL 是否被点击	is previous clicked	1-前一个页面的 URL 正是链接排序中的上一个链接，0-否
	是否前向点击	is click above	1-点击了链接排序更靠前的 URL，0-否
	是否后向点击	is click below	1-点击了链接排序更靠后的 URL，0-否

　　Byström 和 Järvelin 基于日志与问卷调查的方法对搜索任务的复杂性、信息类型、信息渠道和资源的关系进行了分析。White 和 Roth 从理论上探讨了探索式信息搜索的定义和关键问题，认为其主要涉及学习和调查两种智力活动，具有不熟悉目标领域、不清楚搜索目标、不确定达到目标的路径的基本特征，从而使搜索行为的研究在更为一般的意义上展开，其结论与现实结合更为密切。张云秋等应用调研、日志并结合概念图等手段，发现探索式信息搜索能显著改变知识结构搜索者，在探索过程中试图构建新的复杂的和更为专业化的知识结构。伴随着对问题背景认知的改变，搜索者表现出从快速浏览到细致浏览再到集中搜索的行为变化。此外，从间接的角度，搜索与浏览行为研究涉及对浏览日志、页面主题及页内链接的挖掘。挖掘时首要的问题便是用户识别，多采用基于时间和基于站点结构的会话识别方法提取出同一用户的访问数据，常见的时间阈值标准有 10min、15min 和 30min 三种。继而，可基于 URL 特征、页面主题特征、页内链接特征及页面使用方法等特征，使用结合粒子群优化算法和 K-means 算法的 PS-KM 聚类算法、凝聚聚类算法，基于用户搜索行为的 Query-doc 关联关系挖掘算法、高效分层粒子群优化聚类算法或引入"页面"权值的改进 W-Apriori 算法等方法进行挖掘和分析。

　　b. 认知层面

　　首先，人口统计学方面的相关研究发现，性别对用户认知具有影响，一项对在线旅游评论的研究发现，女性比男性更能从在线评论中受益，因为其能得到更多的乐趣和决策依据，此外不同年龄段的用户对同样评论也具有不同的认知注意。

　　其次，个性化推荐系统设计对用户认知的影响方面。推荐列表一般都以特定数目并按照某种方式进行排列，对于列表项目个数问题至今尚无定论，项目数量过少将影响用户的选择自由，而项目过多则会增添用户的选择负担，这样的情况在个性化推荐系统中尤为突出。然而，毕竟更长的推荐列表能够引起用户更多的关注。在列表显示样式上，已有眼动实验证据表明，与传统的推荐项目列表形式不同，按类别特别是四分象限的组织结构明显能使用户对更多的项目产生关注，从而有益于提升用户主观的决策质量。进一步地，如果推荐列表能采用某种类别化形式出现，那么用户将具有更高的感知多样性、满意度、决策自信及购买意愿。时机也是影响用户认知的重要因素，不同的推荐时机和推荐信息来源对消费者决策的过程和结果都有不同的影响。与在用户具有选择倾向却未最终确认时进行推荐相比，在用户开始搜商品时推荐的产品更有可能被归入心理待选集合，同时此时产品推荐也让消费者决策难度有所降低。专家推荐比其他购买者推荐更容易被消费者最终选择，并且该情况下消费者会有更高的决策满意度。

最后，用户感知影响因素方面。尽管个性化推荐系统已经广为应用而且推荐精准度也有了明显提高，但是在实际使用中，不少用户对其存在负面认知或缺乏足够采纳动机，对个性化推荐服务的接受程度低于预期。对于对个性化推荐系统的用户采纳问题，李亚男等发现用户对系统感知信念其采纳意图的影响主要有两个方面：一是利于对系统的感知和评价，对用户采纳意图的产生和提高有促进性作用；二是也会阻碍用户对系统的进一步接触或积极评价，对用户采纳意图产生一定程度的抑制，导致采纳滞后或拒绝采纳。

第一，促进用户采纳意图产生的影响因素主要是系统评价、推荐内容评价和社会影响。在系统评价中，由于大部分个性化推荐系统努力创建预测性能更好的算法，其隐含的假设是更优的算法能够让用户获得更佳的体验。遗憾的是，很少有研究通过真实用户对算法效果进行验证。Torres 等对比了五种推荐算法的精确性以及用户满意度，结果令人吃惊，"CBF-separated CF"算法预测精确性最低但却得到最高的用户满意度。Knijnenbur 等认为在用户感知算法精确度中介变量（SSA）的作用下（OAS→SSA→EXP），算法精确度（OSA）与用户体验（EXP）属于弱连接。在感知易用性研究中，Jones 和 Pu 于 2009 年提出推荐系统的易用性可借鉴人机交互领域的方法，采取用户对系统特性进行满意度评价的方法。尽管感知易用性对于用户采纳意图具有直接影响，但随着当前人机工程的成熟，并非所有情景下该影响都足够明显。在信任中，用户对推荐系统信任评价主要基于系统的能力、诚实和善意，推荐系统中用户感知信任能够令用户采纳商家的建议、和商家分享其个人信息及增强购买意愿。用户与系统之间双向的熟悉程度都能促发认知性信任和情感性信任，从而影响采纳意图。而且，情感性信任和认知性信任对用户采纳意图的作用机制有别，同时还受到用户感知到的推荐系统角色影响。此外，感知控制、社会临场感等变量对个性化推荐系统信任也具有一定影响。在推荐信息评价中，感知信息诊断力（perceived information diagnosticity）是重要的评价标准，它是指网站或者决策助手提供的产品信息被用户感知为有助于理解和评价产品质量或表现的程度，能直接影响再次采纳意图。社会影响则主要从主观规范（subjective norm）和社会临场感（perceived social presence）出发，在个性化推荐系统中个人和社会规范都能直接影响采纳意向但存在差异；另外，用户对享乐型产品的社会临场感越高，对推荐系统的再次采纳意图就越强，而实用产品则不具有这种关联性。

第二，阻碍性影响因素中，个性化推荐项目列表有时会令用户感觉丧失选择自由而产生抗拒心理，此外感知风险越高用户使用系统的意愿就越低，消费者主观知识也可以间接影响感知风险。

c. 神经层面

神经科学研究是对行为神经系统层面的原理与解释。之所以要将这一部分划归于此，其中一个重要原因在于传统心理测量方法信度和效度都不够高，人们有时无法真实了解自己的主观感受甚至在实验中迎合或欺骗测试者，导致数据失真，如经典的 AIDA 模型以及文案测试方法都难以得到各变量的真实情况。然而，神经科学测量的结果更为准确，也更为客观。与个性化推荐系统相关的研究主要分布在传统的认知神经科学，以及新兴的神经经济学、神经营销学和神经信息系统（neuro IS）中，直接相关的便是神经营销学和神经设计学。传统认知神经科学指出，网络购买是一种目标导向行为，需要拥有持续的认知控制力。目标导向行为要求对任务相关信息进行提取和选择，人脑中的前额叶皮质具有动态过滤的机制，信息可由此进入并在工作记忆中保持，其心理学模型监控注意系统（SAS）可以描述计划动作在情境中需要的认知控制，而内侧额叶被认为是监控系统中的一个重要部分，具有确定需要认知控制参与情景的作用。神经营销学发现，潜意识对购买决策影响甚大，用户的购物过程并非建立在"完全自知"的基础之上，而且质量也并不一定是购买的最终决定因素。此外，有确切证据表明，人脑对品牌形象和人物影响的判断是分离的，所谓商品人格化可能另有原因。神经信息系统是一门刚刚诞生的新兴交叉研究方向，将神经科学方法用于信息系统的调查与构建中，并且已经取得了初步的成果：不同性别的用户其 IT 使用行为存在明显差异，特别是女性在网购中比男性的感知风险程度更高而且对于卖家具有比男性更低的信任感，微软尝试使用 EEG 研究人机交互以提升系统进步的空间。个性化推荐系统作为信息系统的重要成员也受到了极大的关注，欧洲脑科学相关项目也将于近期展开对神经信息系统的研究。

2）群体视角

相互作用、相互依赖的个体构成了群体的基础。网络用户的群体属性或许不为用户所感知，然而却能充分地表征个体内在的行为机理。国内外学者从群体视角探察了个性化推荐系统的用户、资源、情景等维度上的多个问题。

首先，群体描述统计量能有效测度群体的属性。例如，Gupta 和 Gadge 将用户个人属性和协同过滤最优相似近邻搜寻结合，显然整合基于内容、人口统计学，效用的推荐提升了单纯基于用户聚类的协同过滤的不足。用户复杂偏好情景下，准确地描述用户模型并有效统筹用户所有偏好信息成为精准推荐的关键所在。不少学者提出基于知识、用户特征项等构建用户兴趣模型来全方位表示用户兴趣信息。Gong 以用户为中心，构建了用户兴趣模型，以共同评分项为基础预测用户特定兴趣，简化了用户兴趣模型。焦东俊比较分析了人口统计和专家统计属性，以模态符号数据作为用户偏好数据单元，一定程度上提升了推荐的准确性。

其次，面对复杂的网络交易环境和交易关系，传统的商务交易模式面临着挑战。信任作为重要的网络用户外部情境因素，是用户个人群体属性在群体心理上的度量。黄文亮等将信任计算引入协同过滤算法中，缓解推荐系统存在的冷启动问题。

再次，引入信任度降低了协同过滤推荐系统面临虚假评分、恶意评分等问题的影响。Jia 等引入社会网络群体信任评价方法，设计信任度融合的信任机制，提升用户相似度计算的准确性。社会网络是用户群体的具现形式，挖掘社会网络中信任信息能有效提升推荐服务的多样性。李慧等融合信任度与矩阵分解技术并设置节点声望值和偏见值，发现并弱化不可信节点的评分权重，实现了社会网络环境下的协同推荐。李玉翔等构建信任传播模型挖掘用户来挖掘用户间的信任度，提出结合用户信任度、相似度的近邻搜索策略，能够在兼顾多样性和精确性的同时提升偏好预测性能。信任本质上表征为用户心理层面上的信念和期望，在个性化推荐服务的用户认知上发挥着中心作用。卢竹兵等引入基于用户自主交互控制行为的用户信任管理机制，结合相似度获得用户的近邻。王海艳和周洋细化群体信任在个体心理层面的感知形式，提出综合评价相似度、领域信任值、领域相关度和亲密度的推荐质量属性包，构建基于推荐质量的信任感知推荐系统。

最后，影响力是一种群体中重要的个体感召力量，学者们从评级模式等方面寻求辨识推荐群体中不同影响力的用户。Wei 等定义了用户等级函数，在用户等级上搜寻用户的最佳近邻进行推荐。邓晓懿等考虑了群体中个体评分信息的影响力，通过社会网络理论模型分析用户间的关系，建立用户评级模型以评价用户推荐能力，并利用评级指标进行评分预测。影响力是社会网络理论中的重要元素，社会网络中个体兴趣一定程度上为个别用户群所影响。客观上社会网络中存在影响力较大的关键用户，张莉等认为用户兴趣与关键用户兴趣存在一定的相似性，提出通过关键用户改进协同过滤算法。实际上，网络环境下信任与影响力往往共同作用于用户的行为与认知。Guo 针对传统协同过滤推荐算法的数据稀疏性及恶意行为等问题，借助群体信息，结合用户信任、影响力等群体信息寻找目标用户最近邻居，一定程度上提高推荐的准确度。

3. 项目维度

个性化推荐系统研究中，用户与项目（商品或服务）是两大基点，与用户维度研究呈现一边倒的局面不同，对项目本身的研究数量相对较少。然而，一个满意的推荐结果不只应该可以挖掘出用户的真实需求，也能够更深入地挖掘商品，在同质化严重的商品过剩背景下区分出特质的差异。也只有对用户和对商品都有深入的了解，个性化推荐系统才不至于"单腿走路"。商品本身特征具有自然属性和社会属性两个层面，商品的自然属性包含类别、外观、颜色、品质等方面，社会属性则是指商品的评价和价值。

商品自然属性研究针对的是商品而非用户信息的探索与挖掘，以频繁项集和聚类算法为基础（具体算法相关综述内容见 2.2.2 节）。这部分研究内容时间跨度较长，新资料较少。在线商品自然特征的分类、描述、量值及对用户感知的影响以线下商品研究为基础。从语意角度，Rayid Ghani 和 Andrew Fano 基于文本学习方法和知识库，探索了服装属性的语意特征，该方法不仅能够进行商品推荐，更能推测出用户在同类商品中的偏好指向。另一个关注视角则是在线商品长尾效应，很早就有学者指出图书、DVD 等网络零售商品同样存在长尾效应，强调对长尾效应善加利用有助于提升商家利润空间和用户满意度，对此可以基于大众标注、社会网络等信息增强 Top-n 项目推荐列表的多样性。

商品社会属性方面的研究则主要是社会关注度和基于商品评论展开，前者聚焦于因人而生的度的问题，后者则主要围绕在线商品评论的有效性和真实性两个问题进行的。社会关注度是一个笼统的说法，包含商品的关注度、活跃度、惊喜度、流行度和喜悦度等（更为详细的归纳见 2.2.2 节），Chaoyue 等对五种常见度进行统一回归分析，其推荐结果对近期活跃用户效果更佳。商品评价是用户网络购物中的重要参考依据，对于个性化推荐系统也是如此，有效性差、真实性存疑的商品评论必然导致该系统推荐精确性的下降。有效性研究发现，用户给予商品的评分呈现双峰分布，该分值只是折中反映好评与差评两个评价极端，然而强极性并不必然与用户真实观点相一致，也未必对其他用户的购买决策有帮助。即使系统能够对商品评论效用进行自动排序，用户仍需在语义和语用层面揣测评论中的观点，甚至权衡多方的对立观点，这使得用户感到无所适从。因此，对某商品的综合评价变得十分必要，这将有助于用户迅速作出决策，缓解信息过载对用户造成的认知负荷。

评价效用需要确定评价指标，通常包含语法特征、语义特征、体裁特征及数据特征四类，近年来也有学者将情感倾向、个体认知及经验纳入进来，但对于主导因素的确定仍是各执一词。有研究指出，在线商品评论的分值对用户购买行为几乎没有作用，但是购买行为却受到评论数量的显著影响，这也许是注意力经济中口碑效应的一种表现。而评论本身带有较强的主观性，隐因子模型实证分析证实了不同用户对同一评论有着不同的感知效用。

效用评价方法可分为基于相似度得分与机器学习两类，在相似度分数计算中，有学者指出商品评论与商品描述差异越大，那么分值越高，也有学者使用评论观点与用户搜索词之间的相似度，还有学者使用概率语言模型过滤垃圾评论；在机器学习方法中，由于和函数对多维特征良好的支持度，支持向量机 SVM 方法占主流地位。在线商品评论的真实性研究则主要包含真实性与可信性两个方面，但实质上两者是一个问题的不同表述而已。

评论真实性偏差主要有顺序偏差、自我选择偏差、操纵偏差及表达偏差四种。研究表明，体验型商品的评论顺序偏差受评论者的个性特征的影响，而搜索型商品在线评论顺序偏差则同时受评论本身和评论者个性特征的双重影响；自我选择偏差指的是先前用户评论对后来购买者产生的影响，在线评论的影响力有可能会由于自我选择偏差而减弱，从而影响销售效果；评论操纵偏差则可能是出于某种特定目的而恶意所为；表达偏差是指用户由于文化或其他原因而对商品评论尺度的保留，如东方文化以谦逊为尚、注重和气，评论言辞往往为商家留有余地而不会非常直接披露缺陷，即使要说明不足也大多会采用先肯定再否定的方式，这种形式的偏差在国内极为常见，却并未引起学界足够的重视，本书第 6 章将对此进行专门研究。

4. 情境维度

在推荐系统的相关研究中，情境受到越来越多的关注。情境被运用于多个领域，与医学、法律等其他学科相结合，使其具有丰富的内涵。根据情境的特点和情境来源，情境可以分为内部情境和外部情境。其中，内部情境又可以分为用户心理情境和用户行为情境，外部情境包括社会情境和自然情境。最初，我们所研究的情境是指自然情境，包括用户位置、用户附近的人与物以及这些元素的变化。随着学者们的进一步研究，自然情境的内涵也得到了扩展。例如，日期、季节、温度及天气和时间等因素。Mokbel 和 Levandoski 描述了一种情景感知和位置感知的数据库，并讨论了其实现的相关问题及挑战，其中就包括情境感知查询操作等问题。随着科技的发展，移动手机的普及给推荐系统带来了新的挑战——基于位置的服务。Prahalad 将情境描述为任何给定时间的用户的精确的地理位置，用户需要服务的任何确定时间以及接受相关服务的移动设备技术。相较于自然情境，学者对社会情境的研究较少。Brown 等介绍的一种有趣的应用是允许游客与附近用户分享观光体验。内部情境中的用户心理情境一方面主要是用户的系统使用目的，另一方面是用户情绪。将用户行为作为情境以提高推荐效用，在检索系统中，以用户的交互行为作为情境，可以为系统向用户提供相关检索推荐等。学界对用户使用各推荐系统的行为偏好研究较多。用户心理亦可作为情境，用户系统使用目的更多体现在电子商务个性化推荐中，有学者将用户购物意图作为情境信息，同一用户出于不同目的进行的购物需要的推荐也是不同的。此外，有学者比较了基于消费链框架下的情感感知推荐系统，研究普通标签、显性情感标签和隐性情感标签对用户的推荐效果。结果显示情感标签的作用效果虽然不理想，但是与普通标签相比仍然更有效。

情境获取方式，亦可称为上下文获取方式，主要包括三种：显式获取、隐式获取和推理获取。显示获取是直接接触相关人员或其他上下文资源信息，直接询问获取或通过其他渠道直接获取。隐式获取是利用已经获得的数据或相关环境以间接获取相关情境信息的方式。推理获取是利用统计或者数据挖掘的方法获取相关的情境信息，常用的方法有贝叶斯分类器和贝叶斯网络等。如何获取有效上下文也是研究的重点问题。Yap 等通过研究指出利用支持向量机可以识别最佳情境的集合；Van Setten 等建议推荐系统为用户设置相应权限允许用户显式地输入其目前正在关心的情境因素。

在推荐系统中，获取情境信息后从相关信息中提取出用户偏好从而生成推荐是推荐系统的最终目标。基于上下文在推荐生成过程中的作用，Adomavicius 等提出三类基本模式：上下文预过滤、上下文后过滤和上下文建模。上下文预过滤是指在系统产生推荐结果之前，利用情境信息对数据进行过滤，除去无关数据，进而构建相关推荐数据集，再利用传统推荐技术处理数据集进行偏好预测并生成推荐结果。上下文后过滤是指首先不考虑情境因素，利用传统推荐技术处理推荐数据预测潜在用户偏好；而后依据当前情境信息筛除不相关的推荐结果或者调整Top-n 排序列表。上下文后过滤范式有两种类型：启发式方法和基于模型的方法，分别侧重于如何发现用户偏好的共同属性特征和计算用户选择某特定项目的概率。上下文建模是指将情境信息与推荐生成的整个过程进行融合，构建适宜的算法和模型处理多维度情境的用户偏好。在实际应用中，各种推荐技术可以融合使用以便取得更为理想的效果。

2.2.2　方法论研究

在管理学领域，学者们从决策论、本体建模和语义建模等方面探讨了个性化推荐。在决策论方面，辛乐等依据模糊多属性决策理论对用户服务质量偏好进行自动提取，从而进行服务推荐。高丽等在分析图书馆用户偏好变化时，利用基于多指标决策框架和方法的分析结果集中评估用户偏好的潜在发展趋势，并帮助图书馆决策者追踪用户偏好的改变，以及根据这些偏好改进信息服务。茅琴娇等在预测用户兴趣过程中，引入决策理论中利用效用描述偏好的方法，将独立的偏好看成是决策中的属性，从而引入偏好效用的概念。由于本体的定义是指"概念模型的明确的规范化说明"，因此在个性化推荐中常被用于领域知识建模、构建领域知识库。Chen 等开发了基于领域本体和 SWRL 的知识推理型专家系统，为医生推荐患者的治疗药物及治疗方法。同时，本体的另一个主要作用是通过本体技术及规则推理，扩展查询系统的功能或进行基于语义的个性化推荐。例如，Rho 等就依据规则的推理技术和本体建立了基于情境的音乐推荐系统。同时，本体与其他推荐技术结合运用，能提高个性化推荐的效用。例如，本体与协同过滤技术相结合构建的推荐系统，通过文档、关键词及对应的权重来构建个人本体，根据个人本体为用户推荐文档。利用语义技术实现个性化推荐的研究主要集中在用户建模和内容推荐等方面。例如，Kang 等基于用户历史行为和文档的语义关系研发了个性化推荐系统。董兵等提出一种基于语义扩展的知识推荐方法，提取用户偏好后利用扩展激活模型建立读者偏好档案。Huang 等整合贝叶斯网络和语义，在 Internet 上对旅游景点提供了个性化的推荐。本体与语义技术往往是结合运用的，如 Shishehchi 等应用本体建模学习资源特征与学习者兴趣的语义关系从而进行语义匹配。

经济学角度，学者主要是利用效用分析研究个性化推荐。基于效用理论的推荐方法是依据效用函数、商品属性和消费者决策类型进行个性化推荐。刘枚莲等基于消费者偏好冲突和效用理论，建立了电子商务环境下消费者偏好冲突模型，从而为个性化推荐奠定一定的基础。李艾丽莎等从心理学角度探讨了评价模式和效用折扣对选择偏好的影响，从而为个性化推荐策略的选择提供理论依据。Wu Bing 等提出一种基于效用的个性化推荐方法，该方法运用逼近于理想值的排序法作为衡量推荐对象效用的基本方法。也有学者将效用与模糊系统和贝叶斯网络结合，用于开发上下文感知的音乐推荐系统。

社会科学领域中，学者从用户个体因素、用户购买意向、用户隐私、社交网络等方面考虑进行个性化推荐的方式。周浩等基于用户感性信息建立评价模型，该模型考虑到文化背景、社会因素等差异，用户偏好、情绪等情境感知特征随之不同，态度量表中各语义词项偏好关系是基于用户个人偏好的。有学者的研究显示，用户性别对推荐形式具有不同的偏好，男性更偏好于关于商品的知识推荐，女性则比较偏好于直接推荐商品的形式；另外，认知需求水平高的消费者比较偏向于商品相关知识的推荐，而认知需求水平低的消费者则比较愿意接受直接推荐商品的形式。网络飞速发展，用户也越来越注重隐私保护问题。陈婷等提出一个基于代理的智能推荐系统，在向用户提供准确方便的内容推荐服务的同时保护用户隐私。Chen Yu 等指出在群推荐中应控制成员加入以防止隐私泄露，并提出三种策略：无须许可或者无意识地加入群中、认证后加入群和获得邀请者的许可后加入群中。外国学者研究了运用社会网络分析方法来达到保护隐私目的的个性化推荐系统。社会关系也会对用户产生影响，因此也有学者从社交网络角度对个性化推荐进行研究。一方面，好友对产品负面评价的影响力要大于正面评价；另一方面，不同类型的社会关系对推荐效果产生的影响也不同。

数学领域中，学者们主要从高维空间寻优降阶、矩阵分解等方面对推荐算法在推荐质量、稀疏矩阵、冷启动及算法效率等方面的问题进行了探讨。针对协同过滤中聚类算法处理现实世界中存在的许多高维空间数据的局限性，可以将求解高维空间数据聚类问题转换为超图分割寻优问题，以避免矩阵降维带来的信息损失。奇异值分解是一项广泛应用于推荐领域的矩阵分解技术，其通过减少用户-评分矩阵的维度，以达到降低矩阵稀疏性的目的。进而，通过采用诸如 LK-SVD或 LWI-SVD 的改进增量奇异值分解的方法，能够实现大规模数据集环境下的良好适应性。在模型过度拟合问题上，利用矩阵分解模型进行正则化约束可有效防止训练数据的过度拟合，从而使得推荐算法的可扩展性和抗稀疏性得以提升，高维度的用户矩阵极大地影响了推荐质量的提升。同时，将矩阵分解与用户近邻模型相结合，采用奇异值分解的方式可以在一定程度上缓解大数据量的稀疏矩阵和新使用者问题。随着大数据时代的到来，提升个性化推荐算法处理海量数据能力成为研究热点，其中王全明等采用迭代式 MapReduce 思想提高了基于 ALS 的协同过滤算法并行计算的效率。

在物理社会学领域，学者们通过将模拟退火、物质扩散、热传导等算法与协同过滤和基于内容的推荐方法进行结合来处理推荐系统面临的新用户、新项目、推荐质量等问题。模拟退火算法具有较强的局部搜索能力，而遗传算法擅长解决全局最优化问题，将两者有机地结合起来处理新用户问题，既加速了算法的收敛速度又避免陷入局部最优解。物质扩散算法则是一种将"用户—项目"二部图应用到推荐领域中的算法，其主要用来模拟用户与项目之间的相互关系。热传导算法是物质扩散算法的一个变种，其和物质扩散算法的最大区别在于是根据扩散目的对象的度进行扩散。相比于物质扩散，热传导对推荐准确度的提升帮助不大，却对丰富多样性有较好效果。周涛等基于"用户—项目"二部图结构，运用两步传递方法恰当提升温度较低物品的温度，向用户推荐冷门资源。此时，网络节点被视为物品，连边也可以被看成物品间的接触，收藏次数多或得分高者是温度较高的热点，被收藏次数少或得分低的物品是温度较低的冷点。Lü 等在此基础上提出结合优先扩散原则的推荐算法，在多样性不变的同时提升低度物品推荐精确性。在基于物质扩散的推荐算法框架下，张子柯等构建了三部图扩散推荐算法，将"用户—项目—标签"三部图分解为"用户—项目"和"项目—标签"两个二部图，使用二部图的资源分配策略有效提高了个性化推荐的准确性、多样性和新奇性。

在计算机科学领域，相关研究广泛采用图论、聚类、神经网络等传统算法以及蚁群算法、和声搜索、遗传算法、粒子群优化等启发式搜索算法，对推荐技术的稀疏性、精确性和效率性问题进行分析与优化。基于图结构的协同过滤需考虑两个问题：建立何种关联图以及如何揭示"用户—项目"对间的相似度。

很多学者在进行个性化推荐时考虑用户和资源关系，并运用图来描述用户资源关联。例如，基于小世界网络和贝叶斯网络的两层混合图模型进行个性化推荐，模型底层为用户层用以描述用户节点间关系，而高层为无向项目层用来描述商品之间的关系。也有学者从资源分配动力学角度进行用户资源分配建模，以"用户—项目"的二部图模型来表征选择"用户—资源"逻辑关系而形成关联图。

另一些学者致力于发掘社交网络中蕴含着更为复杂的社会关系和社会化行为信息。例如，唐晓波等提出一种基于混合图的在线社交网络个性化推荐系统，将用户社会关系网络和社会化行为融入信息推荐，构建了用户资源混合图，相对于传统协同过滤算法只考虑用户和有限的邻居关系，混合图包含了更全面的信息。

聚类分析是一种无监督的数据分类方法，不仅是个性化推荐最为常见的底层基本技术之一，也是最易于与其他技术结合共生的技术，具有较强的稳定性、扩展性和鲁棒性。基于聚类技术的协同过滤根据用户行为结构的相似程度将用户聚为不同组别，之后可以根据这种行为结构提取用户偏好为组内的用户做推荐。对于协同过滤，采用聚类算法可以减少复杂操作所需要处理的数据规模和评分稀疏性。针对数据空间维度及算法可扩展问题，李华等提出的算法引入用户情景因素，通过模糊聚类技术对稀疏用户-项目评分矩阵进行降维，然后对降维后的评分矩阵进行填充，最后利用协同过滤在线进行推荐。针对数据的稀疏性和推荐的有效性问题，可以挖掘属性集中隐含的关系模式以扩展推荐算法的特征维度，如 Das 等学者以 Google 新闻数据为基础，基于用户访问行为相似模式产生聚类簇，改进了协同过滤技术的精度和效率。袁汉宁等则通过项目的内容特征属性结合多示例机器学习，有效缓解了数据稀疏性问题。

特别的，在个性化推荐中聚类方法往往与启发式算法组合在一起构建推荐算法框架。蚁群算法便是典型之一，借鉴蚂蚁通过感知信息素觅食的原理将用户聚类过程看成是蚂蚁寻找"食物源"的过程。蚁群算法作为一种可用于高维数据的聚类，能够快速有效地处理海量、高维的 Web 数据。吴月萍等通过对蚁群算法下用户聚类的验证，发现该方法可以在降低搜索开销的同时提升协同过滤推荐系统的最近邻查询速度。Zafra 等将特征加权融入蚁群聚类算法，考虑了各维特征对分类贡献的多少，提升了聚类正确率。能否及时准确地找到目标用户的最近邻居关系到整个系统的推荐质量，快速准确地计算用户相似性是其中的关键。

与蚁群算法不同，和声搜索算法有着良好的推荐精度和运行效率，但存在和声搜索调音概率和随机带宽不稳定、无方向的问题，导致某些情况下不能很好地搜索到精度较高的解且易陷入局部最优。针对这些问题，王华秋提出和声搜索的参数优化方法，将和声搜索算法融入协同过滤，改进了协同过滤算法的相似度函数。相反，遗传算法擅长解决的问题是全局最优化问题。跟传统的爬山算法相比，遗传算法能够跳出局部最优而找到全局最优点。使用协同过滤进行推荐，在处理大数据集时存在效率问题和推荐结果质量不高的问题，并且这种方法的推荐结果可能会质量不高。冯智明等通过使用遗传算法组合基于项目的协同过滤与 K-means 聚类而后根据目标函数生成推荐，降低了推荐算法的复杂程度。

粒子群算法（PSO）也是一种基于迭代的优化算法，多次搜索迭代后个体既能认知自身信息也能共享群体信息，进而达到群体运动轨迹最终在整个搜索空间中逐渐趋于最优位置的目的。陆春等建立当前项目和邻居项目之间的加权余弦相似性函数，通过 PSO 优化算法在训练集中对权重值进行优化。Zheng 等将一种差分上下文松弛模型（differntial context relaxation model）用于统计项目与内容之间的链接关系，并用布尔的离散的 PSO 优化算法得到适当的松弛因子，取得了较好的效果。数据集极端稀疏情况下导致的推荐质量低，常见的用于缓解这一问题的方法有：缺省值置 0、降维法、智能 Agent 法及辅助领域选择法，都不可避免地造成了信息损失和适应性问题，BP（back propagation）神经网络可以在某种程度上缓解该问题产生的影响，BP 神经网络是一种按误差逆传播算法训练的多层前馈网络，是目前应用最广泛的神经网络模型之一。辛菊琴等采用 BP 神经网络分析用户对某产品的偏好关系，减小了候选最近邻数据集的稀疏性。

2.3　满意化研究

人类历史上对客观事物的理解往往要经历"由点至面"的二级认知阶段，个性化推荐系统也不例外。在"点"的阶段，推荐系统的重要性逐渐被人们认可，并应用在诸多在线服务中，为用户带来便利、为网站生成利润。然而，用户只是扮演"被推荐"的客体角色，推荐系统的目标都是尽可能精确地预测用户提供未来可能购买的项目，这些算法可以统称为精确性导向（accuracy-oriented）算法。近来研究发现，精确性导向算法是以牺牲用户满意度为代价的，其推荐列表的项目之间具有极高的趋同性，而这样的列表也仅仅只是用户兴趣的个别方面而已，并不必然会令用户感知满意。在"面"的阶段，产生了用户角色由客体向主体的转变，从用户感知角度察觉到个性化推荐的多样性（diversity）、新颖性（novelty）、惊喜性（serendipity）与透明性（transparency）等都能够提高推荐系统的推荐质量，本书将其统称为满意化研究。其中居于首位的多样性甚至被认为与精确性同等重要，除精确性外这是当前学界研究最多的方面，但与多样性不同，新颖性、惊喜性和透明性研究尚处于概念提出阶段，因此在此将针对多样性进行归纳和整理。

1. 个性化推荐系统中满意化的由来

推荐系统中多样化研究源自于信息检索领域中检索的多样性（diversity of retrieval），原本是对检索的一种补充处理，随后推广至推荐系统平台。对于个性化推荐系统中满意化的研究最早可追溯至 2001 年，Keith 和 Barry 认为推荐领域中算法的相似性假设具有片面性，多样化的推荐结果非常重要。2004 年，Herlocker 等在协同过滤推荐系统评价的研究中指出惊喜性推荐方法可以帮助用户发现推荐列表中令人意想不到却很感兴趣的项目，并认为多样性可理解为向用户推荐更多可能感兴趣项目的范围和种类，而惊喜性则指推荐项目令用户感知到的有用和吃惊的程度。然而直到 2006 年，McNee 等的文章中明确指出提高精确性并不是推荐的终极目标，才真正掀起了对推荐结果满意化研究的序幕，这之后涌现出对多样性、新颖性、惊喜性等问题研究的大量成果。这些成果主要是围绕意义、影响因素、方法及评价四大主题进行的。

2. 个性化推荐系统中多样性的分类

多样性、新颖性、惊喜性和透明性是较为常见的满意化类型，其中又以多样性为最，而惊喜性次之。

个性化推荐中多样性可以按照不同标准而分为不同的类型：

（1）按主客观视角的差别，可以分为内在多样性（inherent diversity）和感知多样性（perceived diversity）。内在多样性基于客观视角通常以推荐项目之间的差异度来衡量；相反的，感知多样性则基于主观视角，只有通过用户自己才能评价。

（2）按项目种属层次的差异，可以分为类别多样性（categorical diversity）和主题多样性（thematic diversity）。类别多样性指推荐列表中与目标项目相关的项目种类尽可能丰富，主题多样性在更高的层面上实现列表中多样化的主题。

（3）按个体与总体的差别，可以分为个体多样性（individual diversity）和总体多样性（aggregate diversity）。个体多样性从单个用户的角度考察系统能发现用户喜欢的冷门项目的能力，而总体多样性则主要强调推荐项目占推荐系统复杂性的比例。个体多样性的丰富并不意味着总体多样性也一定丰富，即使推荐系统给所有用户推荐彼此互不相似的 N 种最畅销的商品使个体多样性达到最大，却无法使总体多样性得到同样的提升，因为对网站而言还有更多的长尾商品并未被提及。

（4）按是否考虑时间因素，可以分为静态多样性（static diversity）和动态多样性（dynamic diversity）。动态多样性考虑用户兴趣随时间发生的漂移、新产品的出现以及情景的变化等因素。静态多样性则不然，举例来说，对同一个用户，即使推荐了新的项目，但用户兴趣发生了变化，他仍然会感知"可用的"或"适合的"推荐项在减少。

3. 个性化推荐系统多样化的意义

如今 Amazon、Youtube、Taobao 等知名网站都应用了推荐系统，期望借此提升用户使用体验。随着研究的深入，越来越多的学者意识到既然用户具有尝试新奇或多样体验的追求，那么对推荐系统进行改造使其能够产生新颖和多样的推荐结果便成为一个至关重要的研究课题。过去的研究已经发现，推荐系统特别是个性化推荐系统能够减少用户认知负荷，从而提高决策质量、增强决策信心和决策满意度，并最终影响其购买意愿。然而，对精确性的盲目追求可能会产生无实际价值的所谓"精准"的推荐，还会使用户视野变得更为狭窄而使得某些用户可能感兴趣的"暗信息"无从发掘。事实上，如果一直沿着相似度建议走下去，用户将会坠入推荐算法产生的"相似性黑洞"（similarity hole）之中。于是，人们开始从"人"的角度重新审视推荐系统，发现如果缺乏推荐结果的多样性，单个项目的高准确性未必能获得用户的满意。更进一步地，研究证实推荐系统和用户之间相似性具有潜在的排斥作用，因此推荐列表内的商品间不该彼此那么"相似"，而且推荐列表的多样性对用户感知系统有用性、易用性乃至使用系统的信心都有着积极和重要的影响，也是影响用户对推荐系统使用意愿的关键因素。于是，推荐多样性便在商家与用户之间具有了双重意义：对于商家而言，可以借助推荐多样性提升长尾商品的销售量和网站的利润率；对于用户而言，则希望能通过多样和惊喜的推荐增加用户对推荐系统的兴趣并产生更高的满意度。显然前者的成立毋庸置疑，而后者却并未得到证实。例如，引用 Cai-Nicolas 论文作为对满意度的证明，但是该论文其实并未通过问卷或实验对用户感知的满意度进行实际测量。

4. 个性化推荐系统中多样性的影响因素

1）项目次序

多样性项目的位置可能会使用户对推荐系统整体的感知质量产生影响，如果把多样化的项目集中置于列表之首，用户可能会认为系统的预测能力较弱，进而失去信心甚至今后都不再使用。对于内在多样性而言，因为是由推荐项目之间的差异性所决定，而这种差异并不受项目顺序及项目分散程度的影响，故通常被认为推荐列表的项目内在多样性与摆放位置无关。然而最新研究成果表明，不同的整体摆放位置及列表中多样化项目的分散或集中程度都对用户的感知多样化有显著影响。与此同时，研究还得出如下令人深思的结论：多样性推荐列表的引入并不必然导致惊喜性程度的增加，也并不必然导致用户满意度的提高。在另一个以用户自主确定推荐结果多样性的研究中，发现被试不仅主动增加了推荐的多样性，而且次序也有显著差异，但该实验待选项目仅有三项。作者建议在实践中，最好以熟悉的项目开始以取得用户的信任，之后便迅速多样化。

2）用户特质

正因为在推荐系统中最后进行选择决策的主体是用户，因此不同类型的用户可能会对多样性、惊喜性、新颖性等有不同的反应。心理学中的人格结构"五因素"模型（也称为"大五"模型）被许多研究证实和支持，分为外倾性（extraversion）、随和性（agreeableness）、情绪稳定性（emotional stability）、责任性（conscientiousness）和经验开放性（openness to experience）五个维度。其中，经验开放性描述一个人的认知风格，反映个体在新奇方面的兴趣和热衷程度。高开放性的人兴趣广泛，富有想象力和创造力，具有好奇心和艺术敏感性。封闭性的人对熟悉的事物感到舒适和满足，讲求实际比较传统和保守。Nava Tintarev 和 Matt Dennis 等认为经验开放性是推荐中新颖性和多样性测度的理想指标，从而对经验开放性在推荐项目集合中的人格角色进行了探究。实验结果显示，高经验开放性的被试更可能倾向于类别多样性，低经验开放性的被试则相对倾向于特定类别下的主题多样性。研究同时指出，大多数用户都属于高经验开放性人格特征，这就是为何人们更喜欢多种类别而非同一个类别中多样性的项目的原因。

5. 个性化推荐系统中多样化的方法

在个性化推荐系统中，可以采用不同的方法实现推荐结果的多样化。由于精确性和多样性是一对矛盾统一体，根据侧重点不同可以分为精确性导向、多样性导向和折中性导向三类。

1）精确性导向

精确性导向的多样化方法是指以精确性推荐算法为基础，在精确性计算的前提下经过改良和完善来提升多样性。因为精确性推荐的研究已经比较成熟，相应的，精确性导向的多样化推荐方法也成为当前多样化推荐的主流，又可大致分为：① 对协同过滤算法的改良，如在推荐邻居不变的情况下，扩大推荐列表项目所涉及不同主题的候选集，或者利用协同过滤推荐项目集的中心点作为多样性的依据，基于项目流行程度和参数排序方法对候选推荐列表进行二次排序，以及参数和数据根据时间动态调整的时间自适应推荐方法等；②对社会网络算法的改良，如将热传导理论应用在物品—物品网络或用户—物品网络结构，或者引入适应性网络的社会过滤机制，以及基于语义本体的层次聚类方法构建多层语义兴趣社区，自动构造用户之间潜在的社会关系网络等。

2）多样性导向

多样性导向与精确性导向正好相反，其出发点就是为了丰富推荐列表中的推荐项目的多样性程度，因此往往采用与精确性完全不同的方法，如将用户兴趣模型切割为许多具有相似项目的多个类型，再将其与候选集的相似性进行比较并确定最后推荐的项目，或者向用户解释推荐项目的原因，利用解释的不同而令用户产生多样性结果的感觉。

3）折中性导向

折中性导向即寻求准确性与精确性之间的平衡，如将原始问题转化为求解偏好相似性和项目多样性目标函数的全局最优化问题，或者将信任机制融入个性化推荐过程中，通过选择主题多样性好的信任邻居来平衡推荐结果的准确性和多样性。折中性导向中还有一类特殊的研究是致力于共同提升精确性和多样性，如使用用户相似性幂律调节方法来调整基于用户的协同过滤方法中的用户相似性得分，以及利用基于图计算的软连接丰富推荐的多样性，这些方法都可以在不失精确性的情况下提升多样性。

2.4 其他相关研究

1. "另类"

"另类"指的是令用户具有鲜明喜好感或厌恶感的项目或是具有与其他群体明显不同的态度或行为的用户，个性化推荐中"另类"的研究重点在于确定个体独特的爱好。例如，对《小时代》这部电影的感知就呈现出极好与极差的强烈反差。正因为"另类"的项目或用户往往难以预测，这使其成为个性化推荐领域中一个新的挑战。尽管在这个问题上已经进行了一些初步的尝试，但依旧缺乏对本问题的聚焦，需要后续更为深入的研究才能揭示应对这一挑战的具体方法。

2. 推荐解释

解释性被普遍认为是推荐系统的一个非常重要的功能，如在群体性推荐中，解释是取得群体共识的重要因素。近期的研究中，有学者对解释进行设计和评价的综述，并对推荐系统中解释可能的优点进行探究；也有学者关注解释在推荐项目增强系统透明度中的作用；还有学者比较了图书推荐中的三种解释方式，认为解释应该根据其帮助用户发现他们真实想法的精确程度来进行测量。

3. 安全保障

推荐系统的大量运用也产生了相应的安全性问题，最常见的是对推荐系统的恶意攻击（malicious attack），即指通过某种手段以达到故意和恶意地操纵推荐系统结果的目的。由于现有推荐系统中协同过滤算法的流行，出现了专门针对协同过滤算法的恶意攻击手段——托攻击（shilling attack）。托攻击者通过伪造用户模型，并使其尽量多地成为正常用户的近邻，从而达到干预推荐结果、增加或减少目标对象推荐频率的目的。对此可以用多种特征指标进行检测，常用的有评分向量的变化程度、用户与其近邻的相似度、评分项目与其平均分之间的关系等，利用这些特征指标可以采用监督学习、无监督学习及半监督学习的方法进行有效检测和预警。

4. 可视化

面对信息海洋个性化推荐系统能够有效缩小用户感兴趣项目的范围，然而随着数据总体量的增大备选项目也随之增加，在这种情况下仅人为固定 Top-n 的展示项目数量并不合理，该问题可以通过可视化方法在某种程度上得以解决。由此出现了基于用户行为驱动的可视化推荐、基于 Web 个性化服务质量感知的推荐可视化、基于情境感知的可视化推荐、基于海量数据的推荐和可视化等方法，其实际应用则涉及基于内容的音乐推荐、电影推荐以及恐怖分子与罪犯监测等领域。

2.5 理论评述——矛盾论

本章从理论上通过认知论与方法论两大视角，详细梳理了个性化推荐的研究现状及进展。但是，从现状上看，所有个性化推荐系统采用的思想和算法，都可以还原为认知论与方法论基本要素的组配，如果仅考察图 2-1 所列举的有限的数据：认知论分为情境、用户、项目三大类别，情境分为内部、外部两种，每种又都含有两个子类；用户分为个体和群体两大类别，个体包含三类，其中行为更为复杂；项目则分为自然属性和社会属性两种。方法论中又分为六大类。于是，单个的"认知论+方法论"便可以演变出 2112 种基本个性化推荐方法。

若是采用两种及更多组配方案，诸如"基于用户搜索行为和社群信任关系的协同过滤算法研究"，或"基于日志挖掘和用户标注行为的个性化推荐粒子群优化算法研究"，其至"移动情境下基于和声搜寻和热传导的个性化推荐算法研究"，所能得到的个性化推荐方法更是数不胜数。其实，纵然个性化推荐方法较多，但是简单组配并不意味着个性化推荐效果一定会更好，算法的前提是用户数据，若不能深入了解用户，那么无论多么精致的算法运行粗糙数据后只能得到一个并不理想的结果。当前个性化推荐研究存在的主要问题是：在情境、用户及产品或服务三大框架内缺少心理、认知与行为、神经与认知乃至产品或服务本身更为深刻的理解，同时这也是未来推进个性化推荐系统发展的新航向。

然而，在纷乱的观点背后却隐藏着制约个性化推荐系统发展的根本问题。抛开现象透视本质，可以发现在更高的层面上，存在着五大方面的本质矛盾，这些矛盾决定了个性化推荐未来进步的空间。有些矛盾无法调和只能取舍，有些矛盾可以缓解便可以形成突破。明确这些根本问题才能为后续研究指明方向，从而避免走更多的弯路。

1) 用户偏好与推荐结果先在后在的辩证

用户偏好和推荐结果之间的先后关系关系到个性化推荐系统理论基础的稳定性。如前所述，主流的个性化推荐算法都是基于某种或多种用户行为，对用户偏好信息进行测算，并在有限的标准评分库中进行验证。然而，即使将其应用到实际，关键问题依然存在：是用户偏好决定了推荐的内容，还是机器计算的推荐结果影响了用户偏好？从哲学上看，这无异于将陷入先有蛋还是先有鸡的悖论，但是事实上该问题的存在恰恰说明推荐结果（即推荐列表）的评价不存在真实的客观性，由于用户偏好和推荐结果相互影响，人们不可能使用户偏好不变而进行两次不同推荐以评价结果的准确性，也不可能对同一个被试两次施以同一推荐列表而认为用户偏好并未发生变化。因此，用户偏好和推荐结果先在、后在的辩证关系，决定了个性化推荐系统评价的主观性，即必须基于用户主观感知或感受进行评定。

2）推荐方法精确性与多样性的矛盾

精确性与多样性是个性化推荐系统中无法调和的根本性矛盾之一，如果一旦能够精确了解到用户网络购买真实、精确的目的，面对"一切都已准备妥当"的情况，网上消费过程将变得机械而枯燥，用户只是登录网站点击购买按钮然后支付而已，这必然与机器无异。当然，索性这种情况无论如何都不可能真实出现，因为用户往往并不知晓最后的结果，而且人还存在逆反心理，对于网站推荐而非由自己确定的喜好都存在某种程度上的抵触和不信任。一方面，用户所需推荐列表的精确性是不丧失自我选择性下的精确性，这一选择性便是多样性的直接诉求；另一方面，多样性也不是散漫无约束的多样，这一约束实质上正是用户偏好。精确性与多样性相互制衡，在有限的推荐列表中，提升精确性必然以牺牲多样性为代价，反之，增加多样性必然无法达到更为具体细致的精确性。因为，用户购物本质需要的是比较和选择而非系统越俎代庖的内定。

3）用户感知便利与隐私保护的矛盾

这也是一对无法调和的矛盾，对于个性化推荐系统而言更是如此。利用推荐系统的便利前提是为其提供个人数据，系统拥有的用户数据越丰富，其服务的质量和能力便越强，用户也将越满意。但是，向个性化推荐系统提供的个人数据越多，用户的隐私焦虑水平越高，其保护隐私的欲望也将更为强烈。于是，对于用户而言，取得便利和透露隐私是一对矛盾，所谓"鱼和熊掌不可兼得"。站在商家角度，如果能够采取有效措施加强安全防范、保护用户隐私不被泄露和违规使用，从而提升用户对网站的信任，那么该矛盾还是可以在用户主观感受内向获取便利倾斜的。

4）个性化推荐的主观性（有偏）结果与用户客观性（无偏）搜寻需求的矛盾

这一矛盾反映的是用户视角下对个性化推荐系统的感知与预期之间的差异，即在推荐结果精确性上个性化推荐系统的提升空间问题。对于普通用户而言，用户会将推荐列表中的商品与心中期望进行对比，并用差异程度来描绘推荐结果的准确度。推荐引擎毕竟不是用户本人，其生成的推荐列表对于用户而言是有偏的，用户心中客观的需求对于推荐引擎而言只能尽力接近，毕竟人是"活"的而系统是"死"的，因此用户更容易相信自己对自身需求的理解，导致更多的信息搜寻行为产生。

5）用户与电商利益的矛盾

这是最后一对基本矛盾，同样无法调和。个性化推荐中有面向用户的排序机制与面向企业的排序机制两种，前者面向用户的预期效用而后者则面向厂商的预期销量或利润。用户利益与电商利益相互依存具有共有利益，缺失用户的电商平台必定无法营运，离开电商平台用户也无从网购，从而损失购物的便利性和经济性。但是，当用户和电商发展到一定阶段，两者矛盾必然暴露：个性化推荐可以提高用户满意度也可以被电商用于特定商品的推销和促销。如果倾向于用户，那么可能会损失同类利润率更高商品的推荐机会；如果侧重于商家，那么牺牲的便是用户的满意度。总之，消费者剩余与生产者剩余存在矛盾，但该矛盾并非不可调和——在用户满意的基础上，其再次购买的概率将增大，电商仍然具有预期利润的增长。

3 用户为中心的个性化推荐系统理论体系

3.1 历史背景

在人类的300多万年的进化长河中，从古至今，产生、消亡、存续着诸多伟大的文明。正是工具的制造和使用，让人类从动物界中分离出来，从被动生存演进入主动改造世界的洪流之中；也正是实践中的工具而非形而上的生产力，让人成为真正的人。站在工具的视角重新审视，人类的历史就是一部对人的工具化发展史。

人类的活动分为物理和心理的两种类型。自古以来，人类的活动便受制于时间和空间而"不自由"。对自由的向往与追求无时无刻不在激励着人类扩展活动的范围。不幸的是，不论是履足远征还是心灵思考，都无法在更远的位置、更早（或更晚）的时间远行。纵然人类自身本无法实现，但是工具的出现、理论的提高及技艺的提升使得人类的远足之梦得以实现。渐渐地，工具对人类的器官实现了成功延展：棍棒和弓弩延展了双手，汽车、火车、轮船和飞机延展了双腿，望远镜、显微镜和电视机延展了双眼，广播、电话延展了双耳，各种传感器的出现又延展了人们的鼻子和皮肤。正在人们就此满足地欣喜欢呼之时，互联网的出现彻底延展了人类的大脑，它将所有的一切串联起来正在改写着人类的历史。

个性化推荐系统的出现并非偶然，从古人狩猎的猎物选择到皇室菜肴的烹饪，从刑侦破案到杂志出版，从汽车制造到时尚工业，处处都浮现着个性化推荐的"原始"身形。只是进入互联网时代后，随着宽带、云计算和大数据分析等技术的发展，在运算和存储的工具性能力跃入新的层级之后，推荐系统才达到了前所未有的"个性化"程度。纵然，个性化推荐产生的直接原因出自人类对信息过载问题的解决之中，但是其产生的根本土壤则是对自身肉体上和精神上工具化延伸的不懈追求。

个性化推荐系统本质是一个"人"的问题，而并非全部是计算的问题。因此，与"人"有关，特别是与"人"的心理活动和行为活动有关的学科都是其理论发源的沃土。对个性化推荐的严肃思考，需要冲破计算机科学的牢笼；对个性化推荐系统理论的建构，需要从更多的学科中汲取养料。

3.2 学科基础

"个性化"属于"人"的研究范畴，"推荐系统"则属于"物"的研究范畴，两者相融合的"个性化推荐系统"必然要落脚到多学科之中。事实上也是如此，尽管始见于计算机科学领域，但随着实践的发展、应用多样化以及人们使用意愿和程度的提高，个性化推荐系统的研究已经见诸更多学科。需要指出的是，对个性化推荐的客观思考，需要冲破计算机科学的原始樊篱，对个性化推荐系统理论的建构，也必须从更多的学科中汲取养料。以下将从传统和新兴交叉两个维度对与之相关的主要学科进行分类和介绍，如图 3-1 所示［图中，学科名称临近的数字是该学科与其他学科关联的度（即边数）］。

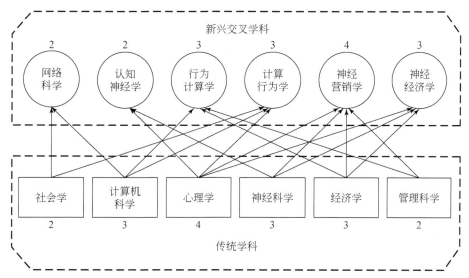

图 3-1　用户为中心的个性化推荐理论体系的学科基础

3.2.1　传统学科

传统学科为以用户为中心的个性化推荐系统理论体系的提出奠定了坚实的基础。对于传统学科而言，度的数量反映出该学科贡献的多寡，由高至低降序排列可以明显看出存在三类理论阵营：首先，社会学和管理科学两者的度为 2，两者在本书讨论的学科体系上却无明显交叉；其次，计算机科学、神经科学和经济学的度均为3，不仅涉及所有新兴交叉学科且存在广泛的学科交叉；最后，心理学的度为4成为传统学科中贡献率最高的学科，说明心理学在以用户为中心的个性化推荐系统理论体系中居于核心地位。由此可见，尽管个性化推荐系统离不开计算机科学的技术支撑，但以用户为中心的、真正个性化的推荐系统核心学科则是研究人的心理学。这也意味着，只有将研究重心和重点逐渐从重视技术过渡到重视人，个性化推荐才能有更进一步的突破与发展。

1. 计算机科学

计算机科学指的是研究计算机及其周围各种现象和规律的科学，即研究计算机系统结构、程序系统、人工智能以及计算本身的性质和问题的学科，也是一门包含各种各样与计算和信息处理相关主题的系统学科，从抽象的算法分析、形式化语法等，到更具体的主题，如编程语言、程序设计、软件和硬件等。计算机科学分为理论计算机科学和实验计算机科学两个部分。

在理论上，计算机科学奠定了个性化推荐领域中的核心地位，协同过滤算法、多项集频繁挖掘算法、蚁群算法、随机游走算法等都是广为使用并且效果较好的推荐算法，推荐多样化、推荐可视化、托攻击检测、网络可信分析等也是重要的研究方面。实践中，在云计算技术、Openstack 及大数据技术，如 Hadoop、MapReduce、Redis 的支撑下，许多个性化推荐的实际项目纷纷落地，为用户带来了实在的便利也为网站拓展了盈利空间。

2. 心理学

心理学是研究心理和行为规律的科学。心理学一词来自希腊文 psyche 和 logos，意为灵魂的科学。人类很早就试图解释心理现象的奥秘，但最初心理学一直隶属于哲学，因主要用思辨的方法来描述人的心理现象，而称为哲学心理学。19 世纪中叶以后，自然科学特别是生理学和实验方法的进步，心理学才成为一门独立的学科。由于对心理学研究对象和方法的主张不同，形成许多不同的学派，如精神分析、行为主义、格式塔心理学等。20 世纪 50 年代后，由于工业社会的发展和科学技术的进步，特别是横断科学、神经生理学和电子计算机等科学的发展，出现了各学派互相吸收、互相融合的趋势，日内瓦学派、人本主义心理学和认知心理学应运而生。

用信息加工的观点和方法研究人的感知、记忆、思维的认知心理学成为当今世界心理学研究的主要取向。随着人的主体地位的提升，以研究人的本性、潜能、价值、创造力和自我实现的人本主义心理学和各派心理学的人文化精神也日益加强。心理是在实践活动中人脑对客观现实的主观映象，故心理学便成为兼有自然科学和社会科学性质的中间科学。心理学的研究方法多样，主要有观察法、实验法、个案法、调查法、活动产品分析法、测验法、自我观察法等。目前，心理学正处于高度的综合与分化之中，形成一百多种分支，常见的有实验心理学、生理心理学、比较心理学、发展心理学、社会心理学、教育心理学、工程心理学、医学心理学、管理心理学等。

3. 认知神经科学

认知神经科学的学科基础是神经科学（neuroscience）和认知科学（cognitive science）。神经科学的主要任务是探究大脑的结构、功能及工作机理。它有微观和宏观两个基本研究方向，微观结构方向包含两个关键层面：神经元层面及基于神经元的脑功能研究，以及更为微观的基因层面上与脑功能关系的研究。另一个发展方向，是脑功能区域活动及脑功能形成机理的研究方向，并向认知（知觉、注意、记忆、决策、语言）、意识、情绪等领域进行拓展。

认知神经科学对大脑认知功能和脑功能区的关系的基本假设为：脑功能可以采用由复杂化解为简单功能过程的综合；这些简单过程的发生区域可以从解剖学上进行定位，并相对独立地加以研究，而复杂脑功能如基于认知的意识和思维等则一般是由多个脑功能区联合完成的。综上所述，认知神经科学便是这样一门研究心智的生物学。

4. 经济学

经济学泛指研究人类各种社会生产和经济活动，社会生产力的发展及其规律，社会生产关系的产生、演变及其规律的学科。按其所研究的具体对象的不同，又可细分为：政治经济学，如马克思主义政治经济学、资产阶级古典政治经济学等，它们研究社会生产关系及其发展规律；部门经济学，如工业经济学、农业经济学、商业经济学、邮电经济学、财政学、金融学、劳动经济学、消费经济学、国防经济学、人口经济学等，它们研究某一部门或产业的经济运行规律；生产力经济学、技术经济学、生态经济学、国土经济学、区域经济学等，它们研究生产力和科学技术发展中的经济问题；数理经济学、计量经济学等，它们研究经济活动中的各种数量关系；世界经济学、发展经济学等，它们分别研究全世界各国和发展中国家的经济发展问题；微观经济学，研究厂商（企业）和消费者（家庭）的经济活动；宏观经济学，研究整个国家的经济运行及其规律。

近年来，随着互联网的渗透及社会网络的蓬勃发展，经济学中的分支演化博弈论和信息经济学正在与个性化推荐系统的研究迅速交融，基于信息非对称、博弈论等理论，借助计算机演化仿真工具，个性化推荐系统取得了许多极有意义的研究成果，这些成果又进一步推动了推荐系统研究的发展。

5. 管理科学

从广义上来说，所谓管理科学是指以科学方法应用为基础的各种管理决策理论和方法的统称，主要内容包括运筹学、统计学、信息科学、系统科学、控制论、行为科学等。管理科学将决策的过程视为建立和运用数学模型的过程，通过建立一套决策程序和数学模型以增加决策的科学性，力求减少决策的个人艺术成分。而在评估各种方案的可行性时，均以经济效果作为评价的依据，如成本、总收入和投资利润率等。管理科学常用的方法有，运筹学方法（包括线性规划、非线性规划、整数规划、动态规划、目标规划、大型规划、排队论、库存论、网络分析等）、生产计划和管理方法、质量管理方法、决策分析方法、计算机仿真方法、经济控制论方法、行为科学方法和管理信息系统方法等。

在个性化推荐系统中，管理科学中广为使用的各类最优化求解方法都为提高推荐算法准确性、多样性、新颖性等提供了方法论的支持。

6. 哲学

哲学是最为古老的学科，从词源上讲是"爱智慧"。在学术界，对于哲学一词并无普遍接受的定义，也预见不到有达成一致定义的可能。单就西方学术史来说，哲学是对一些问题的研究，涉及实在、逻辑、知识、道德、美学、语言及意识等概念。哲学是对普遍而基本的问题的研究，这些问题多与实在、存在、知识、价值、理性、心灵、语言等有关。哲学与其他学科的不同之处在于其批判的方式、通常是系统化的方法，并且以理性论证为基础。

在个性化推荐系统研究中，哲学也具有重要的地位。在现实世界中，人将自身视为有意识的、自由的、自觉的、能动的行为者，而自然科学则认为宇宙中只是无知觉、无意义的物理粒子。认知神经科学试图将人的意识还原到脑细胞中，用神经元的电化学反应说明意识的产生。哲学家则从本质上探索无意义世界为何包含着意义。人之所以为人，还因为人表现出的"意向性"和心理状态的"主观性"，同时人们的心理反应机制也并不同于物理世界的因果性。于是，在个性化推荐系统的研究中，站在人的角度，对意识性、意向性、主观性和因果性的考察和辨析就变得极为重要了。

3.2.2 新兴交叉学科

在新兴交叉学科中，神经营销学交叉程度最高，其次是行为计算学、计算行为学和神经经济学，再次是网络科学与认知神经学。由于行为计算学和计算行为学极易混淆，在此解释如下：行为计算学也称行为信息学，是通过对人类、组织、机构、社会、机器或虚拟行为及其行为之间的交互和关联，借助描述、建模、分析等工具，从更深层面上去发现、理解、应用和管理行为的新兴学科，其主要理论和方法来自计算机科学。计算行为学是连接数据计算与人类行为的桥梁，从海量、复杂的数据集合中洞察人们的心理与行为规律。与行为计算学不同，计算行为学是心理学视角的行为计算。行为计算学的研究范式是"行为—行为"，从行为分析到行为预测。计算行为学则是"行为—心理—行为"，通过行为了解人的心理模式，利用心理模式对行为进行预测。然而从更广阔的视角观察，一条"行为—心理—神经"的鲜明学科交叉路线业已形成：从外在行为表现向内隐心理过渡却不止于此，随着脑电图（EEG）、脑磁图（MEG）、正电子发射断层扫描（PET）、功能性磁共振成像（fMRI）、经颅磁刺激（TMS）等技术的应用，使得研究者可以在诸如神经通路、边缘系统乃至单神经元的层面揭示行为背后更为深入和更为微观的神经活动证据。

1. 实验哲学

不同于早期采用"思辨"或"思想实验"的哲学体系，实验哲学从诞生之日起便饱受争议，然而随着 *Science* 杂志刊登的"灵魂出窍"等实验成果的发布，实验哲学在争议中迅速成长了起来。在传统哲学研究越来越走入狭窄概念分析困境之时，现代科学技术特别是神经科学、认知科学和智能科学的发展，促使科学与哲学的研究目标和对象不断趋同，导致研究方法也逐渐趋同，哲学家开始运用实验工具对哲学问题进行探究，运用计算机模拟的手段研究悖论、利用脑电实验（ERP）研究冥想、设计行为实验研究意识本体体验等方面都取得了令人瞩目的成就。

与个性化推荐关系密切的意识和意向性问题也是实验哲学研究的基本对象之一，虽然哲学实验也存在着明显的局限性，但我们有理由期待对于意识和意向性这类难解问题将在不久得到有效的解答。

2. 网络科学

自然界和人类社会中网络无处不在,人们生活在一个网络的世界中,网络已经成为人类生活中不可缺少的一部分。网络科学是研究利用网络来描述物理生物和社会等现象,建立这些现象的预测模型的科学。网络科学理论发展经过规则网络、随机网络和复杂网络三个时期,并通过节点、边、度、权、谱为基本骨架,直径、距离、路径长度、平均路径长度为基本特征量,以节点度分布、强度分布、边权分布、介数分布、群聚系数、度-度关联性、强弱关系等为拓展特征量,对网络进行完整的刻画和研究。

网络科学的应用领域涉及军事、经济、通信、工程技术、社会、政治、经济和管理等众多领域。小世界效应、无尺度网络和超家族特性等发现极大地改变和丰富了人们对复杂世界的认识,揭示了前所未有的理论和技术问题。网络科学理论不仅适用于自然网络,而且适用于人造网络。无论对自然界,还是对人类社会,都具有应用价值。网络科学已经引起了国内外不同学科的高度重视和密切关注,具有广泛而深刻的理论意义和发展应用前景,已成为极富有挑战性的前沿课题之一。

3. 行为计算学

在科学、社会、经济、文化、政治、军事、生活和虚拟世界中,"行为"一词变得日益重要。行为无处不在,除了常见的消费者行为、人类行为、动物行为及组织行为之外,它可以出现在任何时间和任何地点。在与行为有关的应用和解决方案中,行为的建模、分析、数据挖掘和决策制定的作用越来越重要,也面临越来越大的挑战。行为计算学(behavior computing)或称行为信息学(behavior informatics),通过对人类、组织、机构、社会、机器或虚拟行为及其行为之间的交互和关联,借助描述、建模、分析等工具,从更深层面发现、理解、应用和管理行为的新兴学科。其主要理论和方法来源为计算机科学。

4. 计算行为学

计算行为学(computing behaviors sciences)是一门刚刚兴起的交叉学科,目前尚无系统的著作产生。计算行为科学是连接数据计算与人类行为的桥梁,作为大数据分析的理论基础和重要维度,可从海量、复杂的数据集合中洞察人们的心理与行为规律,计算行为科学在理论、方法和应用领域将会作出越来越重要的贡献。与行为计算学不同,计算行为学是心理学视角的行为计算。行为计算的研究范式是"行为—行为",即分析行为再预测行为,简言之,是从行为到行为。计算行为则是"行为—心理—行为",即通过行为了解人的心理模式,利用心理模式对行为进行预测,简言之,是从行为到心理,再从心理到行为。可以认为,计算行为学是更深层次解决问题的行为计算学。目前处于前沿研究的主要机构和代表人有:剑桥大学心理计量中心主任 Michal Kosinski、尼科西亚大学计算机科学系的 Marios Belk、昆士兰科技大学信息系统学院的 Khamsum Kinley、中国科学院心理研究所社会与工程心理学研究室的朱廷劭以及南开大学社会心理系的乐国安等。

5. 神经营销学

随着无损伤脑活动测量技术的长足进步以及认知神经科学研究的迅速发展,基于认知的意识问题逐渐扩展到营销和消费行为领域,神经营销学出现了。神经营销概念最早由 Smidts 于 2002 年提出,它从消费者消费行为神经特征研究开始,从神经活动层面对消费行为进行解读,试图发现不同消费决策的神经活动机理,以便针对不同消费者施以不同的营销策略。神经营销学则是研究借助诸如功能核磁共振成像、脑电等现代脑扫描工具来分析和预测人们行为决策,如消费者的品牌认知、广告接受甚至最终决策的一门交叉学科。

从学科领域的角度看,神经营销学基本属于神经消费学、神经营销策略和神经广告学的范围。其中,神经营销策略的研究较为薄弱。此外,还有神经定价策略、神经促销策略、神经营销通道,以及神经客户关系管理等多方面的研究内容。从学科研究主题上看,纵然神经营销研究涉及消费者行为选择、企业间交易、社会批判和伦理道德等方面,但消费者行为决策的研究才是重心,消费者对产品、服务的偏好、价格、广告宣传片、品牌、代言人形象等都是常见的研究课题。

6. 神经经济学

由于人类心理的复杂性,过去经济学家把人脑视为"黑箱",并认为打开这个黑箱是不可能的。然而,神经经济学则在新技术的锻造下成为打开黑箱的一把钥匙。作为一门交叉研究学科,神经经济学融合了经济学、心理学、神经科学、认知科学、统计学、行为金融学和决策学的理论与方法,把决策与大脑相联系,力图解释决策行为背后的神经机制,并借此解释和预测人类的决策行为。

神经经济学主要关注人类大脑如何加工选项,如何形成偏好,如何发起行动,如何评价决策结果,如何进行反馈学习以及认知、情感和社会等因素如何影响决策。主要采用脑电图（EEG）、脑磁图（MEG）、正电子发射断层扫描（PET）、功能性磁共振成像（fMRI）、经颅磁刺激（TMS）等技术。功能性磁共振技术利用磁共振信号的血氧水平依赖性（BOLD）测量人脑各区域的活动，事件相关电位（ERP）则是从脑电图中提取出与心理活动信息有关的成分。其中，高空间分辨率的 fMRI 和高时间分辨率的 ERP 是国内外神经经济学研究者最常用的技术。

3.3　个性化推荐系统理论核心体系

3.3.1　个性化推荐系统的发展阶段

个性化推荐系统发源于更为广义的信息网络，根据用户介入的角色和程度可将个性化推荐系统的发展过程划分为以下三个阶段。

第一阶段：搜索引擎阶段。在搜索引擎的发展中，有包含两个不同的阶段。最初，互联网上的信息量并不算大，搜索引擎先行者 Yahoo 便采用人工分检的方式将网页按类别进行组织，对于当时认知负荷较低的用户而言 Yahoo 提供的服务已经能够满足基本信息搜寻需求，这属于搜索引擎的人工阶段。随着互联网在人们生产、生活中渗透程度的加深，互联网包含的信息量以指数形式增长，然而用户的认知能力以及人工信息分拣能力却依旧在原地踏步，信息过载问题凸显出来。基于突破性的算法 PageRank，Google 公司一时间享誉全球，它将搜索查准率和查全率整体提升了一个层次，这属于搜索引擎的自动化阶段。在搜索引擎阶段，不论采用人工还是机器，都无法体现个性化的特点，不同用户相同检索词返回的结果完全一样。

第二阶段：半个性化推荐阶段或伪个性化推荐系统阶段。这个阶段中推荐系统已经比较成熟，以协同过滤和频繁项集为两类算法代表，通过对用户浏览历史或人际近邻进行推荐。之所以称为半个性化或伪个性化，是因为协同过滤和频繁项集挖掘算法的假设基础都是求同，即与我有过相同行为记录的相似邻居的其他行为也与我是相似的，或者将两类相关的商品上升为因果关系。虽然半个性化推荐系统，推荐准确性较搜索引擎已经大有改观并得到了广泛的研究和应用，却由于其对用户个体特征挖掘的粗浅而未能达到真正个性化的深度，且存在数据稀疏、冷启动、托攻击等自身无法克服的问题，因而存在精确性提升的"天花板"。

第三阶段：个性化推荐系统阶段。与半个性化推荐阶段完全不同，推荐算法将关注重点从"求同"转为"求异",通过发掘用户个体的特质进行针对性更强的推荐。在个性化推荐阶段,算法已不是研究的主要聚焦点,用户的外在行为表现及其内在心理特征才是核心。心理是个人行为的内在动因,不同的个体具有不同的心理特征,不同的心理特征也具有不同的稳定性和可观测性。摆脱传统事后问卷的方法,使用真实的网络行为数据预测用户心理特征将是个性化推荐系统阶段主要的任务构成。当前,个性化推荐系统正处于第二阶段向第三阶段的演进之中。

3.3.2　个性化推荐系统的本质

何为本质,是个仁者见仁智者见智的问题。哲学词典将其解释为"事物的内部联系",却又将"内部联系"解释为"事物之间内在的、本质的、规律性"的联系。因此,形成逻辑上的自我指涉循环,并不能从中得到真正有价值的参考。也有学者认为本质就是事物的根本特质。在本书中,并不对本质做更深层次的分析与辨识,引入本质和功能只是为了清晰地描述个性化推荐系统的特质。正因为个性化推荐系统存在本身的意义在于工具性和应用性,故而本书从工具性角度出发将本质定义为构成事物的根本功能,也称为内在功能,而将功能定义为围绕核心的本质功能之外的功能,也称为外在功能。

1. 个性化推荐系统的社会意义——以"人"为本

个性化推荐系统的本质并不在于软件的结构和算法,更不在于硬件的精良,而在于工具的社会意义。工具本身没有意义,意义的赋予在于使用工具的人。在社会实践中,不同的人对工具的使用产生了不同的意义,个性化推荐系统亦是如此。对于网站运营商和所有者而言,个性化推荐系统的本质乃是提升网站利润(营利性网站)或影响力(非营利性网站)的工具,这是由维系网站生存的社会职能与角色决定的。网站的生存与发展,对利润和影响力的重视无可厚非。然而,这却是忽视用户地位的潜在矛盾所在。用户是关系网站前途的最终决定力量,无论线上还是线下,历来"用户就是上帝"口号喊得格外响亮,却很少能够真正做到。互联网的竞争使用户变为真正的上帝成为可能,尽管网络中赢者通吃具有马太效应,但今天的赢者未必能够再续明日的曙光,因为新契机层出不穷,其颓败的速度也同样快得惊人。今天,越来越多的网站开始关注用户体验、重视用户交互,映射出"人"才是未来竞争的制高点。"人"的因素才是个性化推荐系统应当围绕的核心。因此,用户便是本书探究个性化推荐系统本质的出发点和落脚点。

2. 个性化推荐系统的本质——认知助手

对个性化推荐系统本质问题的探究依赖于对两个核心问题的解答：一是网站推荐能否先于用户需求，二是用户在多大程度上可以使用理性把握需求。第一个问题答案非常明显、不证自明，网站不可能比用户本人更早知道用户的需求所在，即使经过数据挖掘探察出用户的稳定偏好，也并不意味着在当前情境下用户的即时需求依然如故。因此，网站的推荐只能是预测。第二个问题想当然应该是可以，而且几乎每个人都肯定知道自己在做什么、下一步将会做什么。然而，事实也许正好相反，绝大多数场合下我们的心中都没有明确的需求，而只是存在一个模糊的指向。心理学将人的大脑分为旧脑、中脑和新脑三个部分。旧脑审视周围环境评估安全与危险，同时负责身体的自动运作，如消化、移动和呼吸；中脑处理情感，让人能够感受事物获得体验；新脑，也称为脑皮层，负责逻辑思维、语言处理、欣赏音乐等任务。旧脑和中脑的大多数行为都发生在意识之外，只有新脑在加工认知到的内容。据神经系统学家估计，人类自身的五种感官每秒要接受 11 000 000 个信息片段，其中仅有 40 个是经由意识处理的。因此，人们常常并不知道自己行动的原因是什么，但人们会很快找出让自己相信的原因，尽管这些原因未必是真的，这就是心理学中的虚构。中脑（情感）和旧脑（自动动作）的大部分运作是人们意识不到的，然而两者却对人们的行为和决策具有比新脑更大的影响。于是，用户意识到的需求其实只是冰山的一角而已，这也同时意味着基于"人"的个性化推荐系统还存在巨大的潜力尚待挖掘。

进一步地，即使新脑中对意识的处理仅占整个大脑很小的比例，但是人的大脑还是并行工作的，具有极强的处理能力。遗憾的是，人类的认知加工却只是单通道的。换句话说，人们接收到的信息只有小部分进入了意识加工，而意识加工的速度却是大脑中最慢的。这就是信息过载问题的认知神经科学症结所在。

在这种情况下，个性化推荐系统作为连接模糊态用户需求与精确态网站服务之间的纽带而存在，其核心任务就是帮助用户提高对自身和对网站的认知。因此，本书认为：站在用户的立场，个性化推荐系统的本质就是认知助手（cognitive assistant）。纵然作为认知助手的个性化推荐系统也能够帮助网站提升销量或扩大影响，但用户之所以使用推荐系统根本上还是为自己服务，好似在茫茫信息海洋中找寻灯塔辨识前行的方向，从而减轻心理的孤独感、缓解焦躁并降低了认知负荷。

3.3.3 个性化推荐系统的内部结构

个性化推荐系统的内部结构是由"认知助手"的本质所决定的，作为系统其内在结构也是层次化的，从处理逻辑上分为体察用户、洞悉需求、了解资源、产生推荐、反馈纠偏五个部分。

体察用户是以往推荐系统中最容易忽视的部分，体察用户不是了解用户需求而是先于本次需求确定用户的个体特质。同是买手机，都是同一款，有的用户看中性价比、有的看中外观；有的看中系统、有的是看中电池；有的买来自用、有的拿来送人。体察用户就是通过对用户的历史行为数据进行深层次挖掘，分析用户心理层面的稳定特性，描绘出个体用户稳定的心理画像（user profile）。不同的用户具有不同的心理结构和不同的认知模式，有着不同的理解力、分析力、决断力、购买力及谈判水平，这些特殊的个体知识全部埋藏于大量行为之中，通常无法直接获知。缺乏对用户个性的体察将使个性化推荐流于形式，而变为"装修"了的普通推荐系统。因此，体察用户是个性推荐系统功能的基础。

洞悉需求是个性化推荐系统的第二个重要层次，毕竟体察用户只是作出优质推荐这一万里征程的第一步。所有用户都是具体时空中的行为个体，离开时空谈用户特质只是抽象本体的构造而已，本体的鲜活性恰是体现在连续的、有意义的情境中。用户的需求都是形成于情境融入于情境的，只有结合具体情境才能解释出具体需求的意向性；所以，洞悉需求必然要求将需求分析与特定情境相结合。情境分为物理情境、个体情境和社会情境三类，个体情境又包含心理情境和行为情境，而社会情境又分为近邻情境和远邻情境两类。

了解资源（商品或服务）是另一个被传统推荐系统所忽略之处。从更一般的意义上说，推荐系统就是消费者与资源之间的导航仪，是消费者与资源两个端点之间的连接线。作为两大端点之一的资源却并未引起人们足够的重视，到目前为止，研究的焦点都集中在对消费者和"导航"的计算上，而没有对资源本身进行深入的分析。用户评论已经揭示了商品的一般性能及其特质，也说明了消费者的类型与特定资源的感知程度及购买意向，它就是最为鲜活的领域知识。了解资源才能为用户行为提供解释，才能真正实现推荐系统的个性化。

产生推荐虽由算法得以实现，但其本身早已超出了算法的范畴。产生推荐是一种机制，它包含推荐项目的生成机制（用户—资源的匹配，推荐什么——what）、推荐解释的确立机制、推荐策略的形成机制（怎样推荐——how）和推荐时机（何时推荐——when）的选择机制四个方面，其中推荐解释与推荐策略互为补充可以合并为一点。因此，推荐机制理论便可以用"WHW"来表示，即推荐什么（W）、怎样推荐（H）及何时推荐（W）。在完整的产生推荐功能中，非常遗憾的是，学界在后三者的研究上并没有实质性的进展。然而，随着个性化推荐系统从"机器"向"人"的转变，推荐解释、推荐策略和推荐时机必将成为后续研究的热点，进而从根本上全方位提升了推荐准确度和用户体验。

反馈纠偏是系统反馈功能在个性化推荐系统中的回路体现，是对体察用户、洞悉需求、了解资源及产生推荐四个功能部分的补充和矫正，是形成完整个性化推荐系统的稳定剂。

完整的以用户为中心的个性化推荐系统结构如图3-2所示。

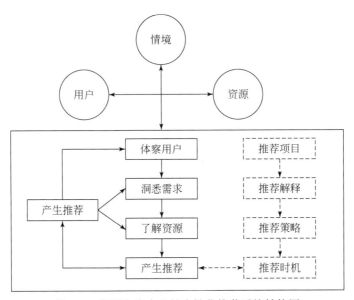

图 3-2　以用户为中心的个性化推荐系统结构图

3.3.4　个性化推荐系统的评价体系

评价指评定价值或价值的高低，即评价主体根据一定的评价标准对评价客体作出有无价值及价值大小判断的观念活动。一般而言，就是按照确定的目标，在对象分析的基础上，测定被评对象相关属性并将其转变为主观效用的过程。因此，评价是主客观的矛盾统一体。

长久以来，个性化推荐系统的评价指标都是从推荐系统中发展而来的准确性

（或精确性）。其中，推荐的准确性用来度量个性化推荐系统或推荐算法预测用户行为的能力，是最为普遍和基本的指标。一般采用平均绝对误差 MAE 和均方根误差 RMSE 进行测度，计算方法如下：

$$\mathrm{MAE} = \frac{\sum_{i,j} \mid R_{i,j} - \hat{R}_{i,j} \mid}{N} \qquad (3\text{-}1)$$

$$\mathrm{RMSE} = \sqrt{\frac{\sum_{i,j} \mid R_{i,j} - \hat{R}_{i,j} \mid}{N}} \qquad (3\text{-}2)$$

式中，$R_{i,j}$ 为用户 i 对项目 j 的实际需求，$\hat{R}_{i,j}$ 为推荐系统为用户 i 推荐 j 的需求预测，N 是预测值的数量。与 MAE 相比，RMSE 使用平方根惩罚，得到更为严谨和苛刻的结果。MAE 或 RMSE 越低说明系统预测精度越高。在实际应用中，用户对推荐项目的认知接受能力有限，N 往往限定为某个特定整数而成为 Top-n 推荐。在 Top-n 推荐中，推荐准确性一般使用准确率（precision）、召回率（recall）及 F 值进行度量：

$$\mathrm{P} = \frac{\mid L_t \cap L_r \mid}{L_r} \qquad (3\text{-}3)$$

$$\mathrm{R} = \frac{\mid L_t \cap L_r \mid}{L_t} \qquad (3\text{-}4)$$

$$\mathrm{F} = \frac{2PR}{P + R} \qquad (3\text{-}5)$$

式中，L_t 是用户实际浏览的项目列表，L_r 表示个性化推荐系统的推荐项目列表。F 值则是准确率 P 值与召回率 R 值的调和平均数，意即在准确率与召回率之间取得平衡。

有的研究也会使用覆盖率（coverage）指标来描述个性化推荐系统对物品的覆盖范围，即挖掘长尾商品或服务的能力，可以使用个性化推荐系统所有能够被推荐到的项目占项目总数的比例来表示：

$$\mathrm{Coverage} = \frac{\mid R_{(u)} \mid}{\mid S \mid} \qquad (3\text{-}6)$$

正如准确率和召回率必须同时使用一样，覆盖率往往要结合准确率进行使用，因为推荐系统不能为了提高覆盖率而提供一个差的准确率。

上述评价指标具有先天的弱势，毕竟用户才是真正的个性化推荐使用者，仅站在系统角度使用准确性毫无意义，而覆盖率又是网站盈利的功利显现，这种做法使用户被冰冷的机器和僵硬的数据挤到了一旁。根本地，评价活动本质是一个价值判断过程，价值理论和认知理论是其两大主要学理依据，为用户进行推荐而用户却未参与结果的评价，本身就是错误的做法。将个人感知和体验从评价中抽去，使用用户先在的评分及社会关系验证用户先在的评分，这种做法无法真正获知推荐系统的实际帮助和价值。因此，为用户推荐项目，最后的结果只能由用户决定。

然而，个性化推荐是一个助手，结果评价涉及用户的主观感受，研究用户满意受到如下几个方面的影响：感知可用性、感知易用性、感知个性化、感知多样性、感知惊喜性和感知新颖性等。这些指标的测度，不能完全依赖计算机算法而应由用户来回答。本书第6章提出的基于屏幕视觉热区的交互收敛式个性化推荐方法就是采用量表的方法对用户使用推荐系统的满意度进行评测。

3.4　个性化推荐系统的理论瓶颈

个性化推荐系统作为系统而存在，真实的系统由各个功能部分构成，彼此交结互相制约，但并非每个部分的发展状况都是相同的。在整个系统中，往往存在某个或某些功能模块，这些模块制约着系统整体的性能和运行，这样的模块就是瓶颈。本节将个性化推荐系统分别视为信息处理系统和心理应激系统，即分别站在机器和人机两种不同视角下对个性化推荐系统的理论瓶颈进行全面剖析，进而为后续研究工作指明努力的方向。

3.4.1　信息科学视角

如图3-3（Ⅰ）所示，信息科学视角下的信息处理系统的一般抽象形式为信息输入、信息加工和信息输出三个过程。对个性化推荐系统而言，"系统输入"分为用户行为、用户心理数据以及资源（商品或服务）两类。"系统处理"则涉及人与物之间的匹配，具体化为推荐算法。"系统输出"包含推荐的项目及其推荐解释（推荐理由）、推荐策略和推荐时机。

值得注意的是，在系统论和控制论层面，个性化推荐系统的特性为信号过滤和聚焦，具有从信号输入源中不断消除噪声和提纯目标信号的功能，从信源信号输入和推荐信息输出的过程上看，个性化推荐系统呈现出信号种类、数量不断减少的样态，最后聚焦到推荐结果之上，如图3-3（Ⅱ）所示。然而，由于当前各类算法的数据输入种类单一化、数量也不够丰富但算法类型及其变形演化较多，诸多数据重复利用现象严重，导致当前的个性化推荐系统呈现出图3-3（Ⅳ）的

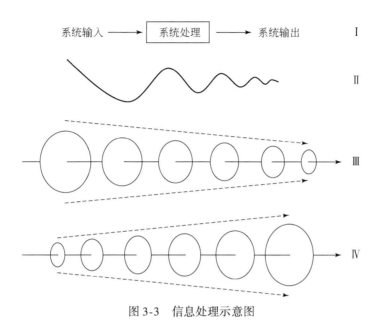

图 3-3　信息处理示意图

状态。信息本质是一种熵，用于消除不确定性的大小。用户的浏览行为占用户网络行为中的绝大部分，而评分、收藏、点击、复制、跟随、回复和转发等行为其实仅为其中的一小部分而已，用户浏览的内容及其关注的时长正是其兴趣偏好的直接表达，遗憾的是在当前个性化推荐系统的输入环节这些重要的信息未能进入，形成绝大多数时间对小部分信息熵反复计算的情况，于是这个前提就决定了无论算法构造得多么细致和精巧都无法更为准确地对用户实现全面深刻的了解。在本书中，后续章节将以此为破题点，通过屏幕视觉热区为用户提供实时交互式的个性化推荐服务，从而令个性化推荐系统回归到其本身的稳定形态，如图 3-3（Ⅲ）所示。总而言之，当前用户偏好识别的数据范围和质量远低于形成有意义处理的需要，即信息科学视角下个性化推荐系统发展的瓶颈在于系统输入的薄弱。

3.4.2　心理学视角

行为是心理的外在直接或间接体现，心理是行为的内在缘由和动力，心理学正是通过对人的外在行为的把握来了解内心世界的。行为主义便是近代心理学的一个重要基础，而其理论基础就是"刺激—反应"学说，如图 3-4 所示。引发反应的刺激有两种：内部刺激和外部刺激。内部刺激可能是神经刺激或肌肉运动所产生的刺激，它们皆由外在可见的有关身体姿态和运动所激起，因而可以观察和证实。外部刺激皆由外在情境作用于有机体，通常所见的声、光、色、电等皆属此类。

刺激 —→ 心理黑盒 —→ 反应

图 3-4 "刺激—反应" 图

随后 "刺激—反应" 学说被引入营销学中，从营销者角度出发，所有营销活动都可以被视为对购买行为的刺激，如产品、价格、销售地点和场所、各种促销方式等。这些刺激称为 "市场营销刺激"，是企业对消费者有意安排的外部环境刺激。除此之外，消费者还时时受到其他方面的外部刺激，如经济的、技术的、政治的和文化的刺激等。所有这些刺激，进入消费者心理黑盒后，经过一系列心理活动产生了相应的行为反应：购买或是拒绝接受，或是表现出需要更多复杂的行为。

对于使用个性化推荐系统的用户而言，用户是个性化推荐系统的使用主体，个性化推荐系统是受用客体。用户浏览页面的文字、图片、音视频等实意信息乃至颜色、区域等虚意信息，都可视为对主体的刺激。这些信息进入用户的心理后，经过低级的知觉、记忆等简单的认知处理到语言、思维和情绪等高级的认知加工，才会产生外在相应的行为反应。而人脑内部的认知加工行为却是复杂的体系，因此常被简化为黑盒。

在当前的个性化推荐系统研究中，在心理层面的瓶颈正是源于对黑盒的闭锁，也正是因为闭锁才导致了对用户个体了解程度的低下，使得个性化推荐系统从根本上表现得并不 "个性"。进入用户心理层面，打开黑盒成为个性化推荐系统发展的必然之路。这项工作的完成需要在结构和过程两个层面上协调进行。

在结构层面，从认知心理学角度分析用户的心理状态。人的心理虽然复杂多变，但存在固定的模式，尤其是认知模式及其他心理特质中。对信息的获取、加工方式不同的用户具有不同的认知模式，而这种认知模式具有心理稳定性同时具有较好的行为预测能力。例如，认知闭合需要描述个体在面对模糊情境时愿意系统处理信息的动机，认知闭合需要能够显著预测个体在网络购物行为中的从众倾向。其他心理特质中研究较为成熟的是人格，由于人格是个人所具有的与他人相区别的独特而稳定的思维方式和行为风格，且具有较好的稳定性和辨识度而被用于识别用户的个体心理特征及其行为预测。对心理结构的行为数据分析的热潮正在兴起，网络行为的心理特质提取也将是本书未来的主要方向。

在过程层面，要摆脱传统的工业革命思维方式而转为互联网模式。在互联互通的数字化时代，人已经脱离了机器成为主动的人，个性化推荐系统已成为人机互动系统，离开用户个性化推荐系统便失去了存在的根基与价值。用户的需求是个由模糊到精确的过程，对个性化系统的使用也是在持续的人机交互行为中逐渐形成购买意愿继而产生购买行为的。传统个性化推荐方式将用户置于被动接受的地位，忽视了购买行为的交互性、实时性和连续性，企图一次性解决问题，实践证明这种方式是低精度和低效率的。只有从用户出发，按照用户认知规律才能把握用户的心理变化，以及通过对用户行为的持续性观察才能更准确地把握用户的需求，实现更优质的推荐，而这样的推荐也才真正更加具有个性化色彩。

综上所述，对用户心理的探究才是提升推荐系统"个性化"的有效手段，内在结构和外在过程两个方面缺一不可。打破用户心理黑盒才能为推荐系统释放出更多有价值的个性化信息，才能使得个性化推荐系统的推荐能力得到质的飞跃。

3.5 总　　结

个性化是推荐系统未来发展的突破口，以"人"为本——了解"人"、体察"人"、懂得"人"、服务"人"，是个性化推荐系统的着力之基。尽管实践上已经开始从重视算法向重视用户转变，但学理上有效、适用的理论体系依旧尚未形成。为此，本书探索并提出以用户为中心的个性化推荐系统理论体系，从学科基础、发展阶段、本质、内部结构和评价五个方面进行探讨；并明确提出：个性化推荐系统的本质是认知助手，是由搜索引擎和半个性化推荐系统阶段发展而来，其理论基础来源于多学科交叉（特别是计算机科学、心理学和神经科学的交叉），理论体系的基本框架由推荐流程和推荐机制构成。其中，"H3W"的推荐机制包括推荐什么（W）、为何推荐（W）、怎样推荐（H）及何时推荐（W）四个部分。当前学界的研究依旧主要集中在推荐项目问题上，希望本章能够带来些许启示，希望今后有更多学者能就推荐解释、推荐策略、推荐时机乃至基于生理指标的推荐结果评价等问题展开探索，进一步修正和完善以用户为中心的个性化推荐系统理论体系。

4 基于屏幕视觉热区的用户偏好提取方法

4.1 用户浏览行为中的屏幕视觉热区

4.1.1 研究背景

从静态页面到社交网络，数据量激增；但是，人的信息认知和处理能力却未同步提升，"信息过载"愈加严重。个性化推荐系统作为缓解"信息过载"问题的重要手段，已在电子商务、信息检索等领域广泛应用。用户偏好的获取是个性化推荐系统的根基，偏好数据数量和质量决定着推荐效果的优劣。但由于用户偏好数据获取难度大且有效性低，个性化推荐系统至今仍旧不够"个性"。现阶段，网络用户偏好数据主要来自对注册、评分、评论、标签等显性信息以及用户页面停留时间、点击量、收藏等隐性信息的提取和挖掘。然而在实际中，用户的主动标注、收藏、分享等行为毕竟只是少数，对页面不同部分的关注程度也存在巨大差别，致使基于特定动作的提取极易出现数据稀疏，基于日志或以整个网页为单位所提取的信息准确性较低，这些方法无法满足偏好的实时提取要求。

眼动研究成果显示，用户的浏览行为伴随着大量的跳视和扫视动作，用户不会仔细看过页面的所有内容，真正阅读的注视区域十分有限，在单篇网页上呈 F形分布。基于此，将分析单元的粒度进行细化，直接忽略用户跳视、扫视或忽视的内容，只关注用户实际注视的页面内容并从中实现偏好实时提取。该方法虽能确保数据获取的连续性、丰富性和准确性，但难在具体实现：即怎样才能确知用户在网页上注视了哪些内容？我们认为，可以通过屏幕视觉热区对用户的注视行为进行模拟。如果用户在浏览网页时，其主要注视点都能够集中于屏幕的某一或某些特定区域内，那么则可利用页面停留时间判断是否发生注视动作，进而抓取屏幕特定区域内容来提取用户偏好。为此，在经验分析、实地观察和文献参考的基础上，本书提出假设并通过眼动实验对屏幕视觉热区进行验证和探索，并据此对用户网页 F形热区的产生原因予以解释，也将为网络用户所注视内容的实时提取提供理论依据。

4.1.2 研究假设

1. 经验及实地观察

从自身经验出发，平时浏览网页时往往会将所关注内容滚动到屏幕中心附近的位置上进行阅读，由此推断其他用户可能也存在类似的浏览习惯，即用户在浏览网页行为时并非浏览屏幕的所有区域，而是其中的某一或某些特殊区域。于是，采用观察法进行初步探索，指定 4 名观察员进入华中师范大学信息管理学院 12 级本科班对 24 名同学的电子商务上机课程进行观察，通过教师主机对学生屏幕进行逐一查看，每人监控 3 分钟，对学生浏览、阅读课件等素材时的行为模式进行记录。初步探索发现绝大多数人总是习惯性注视屏幕的中间及偏下区域，因而提出：

假设 4.1　用户网络浏览行为存在特定的屏幕重点兴趣阅读区域，即屏幕视觉热区。

2. 热区及影响因素文献回顾相关研究

以往对用户网上行为的研究中，多采用传统的问卷调查、机器学习、数据建模以及行为模拟等研究方法，而与这些传统方法相比，眼动跟踪技术能够实时记录用户在 Web 页面上视觉搜索与浏览时眼球运动情况。通过分析眼动轨迹、注视时间、注视次数、瞳孔直径等视觉行为指标，能更加客观直接地反映用户行为，从而揭示人们在 Web 页面上视觉搜索与浏览时的心理加工过程和规律。目前，眼动技术已经逐渐应用到人机交互中界面评价、网页设计等研究领域。

Shrestha 和 Owens 进行了一系列眼动研究，2007 年通过眼动实验研究了用户真实的浏览网页的顺序，结果显示用户浏览含有图片的网页路径比较一致，但是检索时路径更具有随机性。另外，用户浏览和检索基于文本的网页时出现了 F 形热区。2008 年，通过眼动实验研究两种基于文本的网页（一栏和两栏），结果显示对比于一栏底部的信息人们会更关注第二栏中的信息；另外，F 形出现在两栏文章的左侧而非右侧。人们在浏览时比在检索时更关注网页其他元素。2009 年通过眼动实验研究对比了基于文本的五种类型的网页布局的热区，包括一窄栏、两窄栏、全长、图片在左、图片在右，得出各种类型的浏览顺序、存在 F 形用户兴趣热区。

影响网络用户行为的主要因素有：用户特征（性别、年龄、受教育程度）、网络易用性、娱乐性、实用性等。网上信息浏览行为除了受影响信息行为的一般因素（如用户的需求内容、用户的知识、经验、受教育程度、信息素质、动机强度、信息系统拥有的资源等因素）的影响外，还受几种与网上信息浏览相关的特殊因素的影响，包括用户可支配的时间、可支配的上网费用、信息传输速度、人机界面、网站信息的网络度、分类目录的组织与管理质量等。孙林辉等利用眼动仪记录大学生网页浏览的眼动行为，指标为注视点时间和区域分布。结果表明性别和网页类型对浏览行为有影响：被试整体的注视点时间分布稳定，被试在浏览网页时存在明显的区域偏好，男性被试的平均注视点时间比女性被试要短，不同类型网页的注视点平均时间有显著差异。Pan 等对 30 个被试浏览从 11 个知名网站中选取 22 个网页进行眼动研究，得出性别、网页浏览顺序以及网页类型对浏览行为产生的影响。白学军等使用 Tobii T120 型眼动仪以 16 名大学生为被试，记录阅读嵌有网页广告新闻网页时的眼动注视过程，以探讨广告呈现位置、新闻内容与网页广告的相关性是否影响人们对网页广告的注视，结果表明只有网页广告呈现位置这一因素影响被试对网页广告的注视。

基于以往研究，可以发现性别和网页类型是经常被探讨的可能影响网络浏览行为屏幕视觉热区的潜在因素，因此本书提出以下研究假设：

假设 4.2 性别影响网络用户浏览热区。

假设 4.3 网页类型影响网络用户浏览热区。

由于用户对网页有熟悉和陌生程度之分，因此有必要探讨熟悉或者陌生网页中用户关注屏幕视觉热区是否存在差异，进一步提出假设：

假设 4.4 熟悉程度影响网络用户浏览热区。

4.1.3 实验设计

实验被试为 38 名在校大学生，其中男生 20 名，女生 18 名，裸眼视力均为 500°以下，无散光。本实验所使用的眼动数据采集仪器为 Tobii T120（Tobii Technology，Sweden）眼动仪，采样率 120 Hz，双眼瞳孔−角膜反射记录，屏幕分辨率 1024×768。刺激材料的可视区域的水平视角 32.5°，垂直视角 26.0°（显示器约 43cm，屏幕比例 5∶4，眼睛距屏幕距离 60cm）。眼动数据采用 Tobii Studio 进行处理。

本实验材料分别选取常见的三种类型网页：导航型、交流型、认知型；并分别选择熟悉和陌生两个网页，分别为腾讯首页、天涯论坛帖子页面、华大在线新闻页面、草根网首页、华硕论坛帖子页面和一则计算机博客页面。

具体流程如下：被试进入实验室后端坐在显示器前，连接眼动仪调试完成后实验开始，主试向被试宣读指导语：欢迎参加我们的实验，请浏览下面 6 个网页，但不要点击超链接；页面较长，请用鼠标滚动观看；一定时间后，网页会自动跳转到下一个页面，请随意浏览。被试理解实验要求后，告知被试做眼动实验需要注意的事项，正式开始实验前，对被试眼睛进行 9 点校准，校准结束后进入页面浏览实验。每一个网页浏览时间限定在一分钟内，实验完毕后，要求被试在纸质问卷上完成基本信息，整个实验过程大约为 10 分钟。最后采集如下数据。

1）注视点时间

对实验数据，将 50 像素的圆形区域定义为注视点，即在此像素范围内，可认为两次连续记录的数据属于同一个注视点。注视点时间则为人眼焦点在某注视点内停留的时间。注视点时间均值是分析眼动特征的重要常用数据。通常情况下，注视点时间越长越能反映用户的兴趣关注度越大。张海涛等根据用户在页面中的滞留时间和用户对页面中的超文本链的点击情况，建立了计算页面等级的综合法，建立相应的数学模型。并验证得出如果页面中的直接信息是用户所感兴趣的，用户就会在该页停留较多的时间浏览，用户的有效浏览时间越长，该页面与用户所提供的关键词相关度越高。许波等在分析用户的浏览行为特征的基础上，根据用户在页面中的滞留时间，用户对页面中的超文本链的点击情况以及页面的点击频率建立计算用户兴趣度的模型，并提出用神经网络模型来描述它们之间的相关性，且通过实验论证此模型能准确地发现用户感兴趣的页面。

2）区域注视时间

由于屏幕的横向热区受网页具体内容影响，本实验的兴趣区只考虑屏幕纵向区域。将屏幕从上到下划分为 9 个区域，即按照上下顺序分为上上、上中、上下、中上、中中、中下、下上、下中、下下 9 个区域，通过眼动软件系统的分析得到各个区域注视时间。

4.1.4 结果分析

1. 热区

数据使用 Matlib 软件对所有被试数据进行分析，绘制注视点时间的等高线图，得出屏幕视觉热区图，如图 4-1 所示。在图中，可以直观地发现确实存在用户注视的集中区域，该区域位于屏幕的中

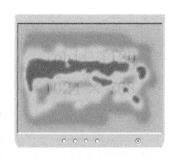

图 4-1 屏幕注视热区图

上方。

为了得到更为准确的结论，笔者将屏幕细分为上上、上中、上下、中上、中中、中下、下上、下中、下下9个区域，如图4-2所示。统计发现不同区域上的注视时间F值为160.049，相伴概率为0.004<0.050，说明不同区域的注视时间分布存在显著差异，如图4-1所示。用户对屏幕注视程度最高的是中上区域，其次为中中、中下和下上区域，该4个区域占到总关注时间的76.4%，说明屏幕视觉热区不仅确实存在，而且在屏幕上投射于中间偏上的位置（图4-2）。

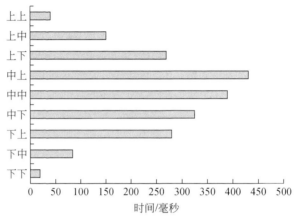

图4-2　屏幕各区域的注视时间

2. 影响因素分析

首先，与前人结论不同，本实验中性别主效应并不显著，其中：$F(1, 74) = 0.155$、$p = 0.696$、$\eta_p^2 = 0.004$，表明性别差异并不会造成网页浏览时屏幕视觉热区注视时间的差异，这也意味着虽然被试性别不同，浏览路径和方式存在差异，但两者的屏幕视觉热区却是一致的。

其次，网页类型对注视分布有影响。不同网页类型上注视时间的F值为9.165，相伴概率为0.000<0.001，关注程度由高至低依次为导航型—交流型—认知型，从而印证了网页材料类别对注视的确有显著影响的已有结论，如图4-3所示。

最后，考察被试对网页熟悉程度与注视时间的关系。如图4-4所示，不同熟悉程度网页上的注视时间的离差平方和为273 058.202，均方为273 058.202，F值为8.202，相伴概率为0.000<0.001。这说明不同熟悉程度网页的注视时间不

同，具有显著差异。因此，用户对熟悉网页的注视时间明显多于对不熟悉网页的注视时间。然而，该结论本身并无深刻的学术价值，因为用户自由浏览时对熟悉的材料更容易接受，而对陌生材料需要付出更多认知努力，往往会较早放弃。

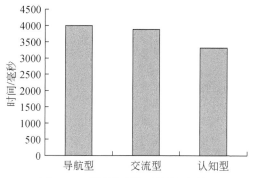

图 4-3　不同网页类型的注视时间

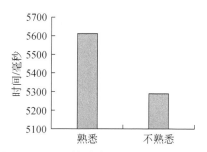

图 4-4　网页熟悉度对注视时间的影响

3. 多因素交互分析

上述分析结论说明不同网页类型和不同熟悉程度注视时间都造成了显著的影响，不同的网页类型对注视时间造成的影响大于不同熟悉程度造成的影响。继而，分析网页类型、熟悉程度和区域位置三因素的交互影响。如图 4-5 和图 4-6 所示，网页类型、熟悉程度和区域位置交互作用的离差平方和为 1 366 872.092、均方为 85 429.506、F 值为 2.566，相伴概率为 0.001，由于 0.001<0.050 说明它们具有显著的交互作用，交互作用对注视时间的影响显著。

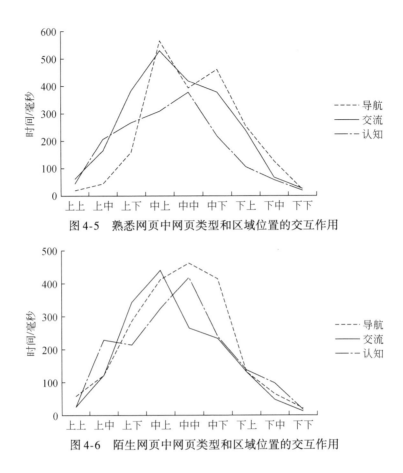

图 4-5　熟悉网页中网页类型和区域位置的交互作用

图 4-6　陌生网页中网页类型和区域位置的交互作用

4.1.5　数据验证

为了进一步对屏幕视觉热区及相关影响因素进行检验，项目组抽调 5 人对眼动实验录像进行分析。本次验证的重点内容是确定屏幕视觉热区的有效性以及鼠标介入对屏幕视觉热区的影响。

首先，把视频窗口按固定比例放置于屏幕右侧，使用 PhotoShop CS5 按本机屏幕分辨率新建图片文件，在图片上对照视频窗口大小标记出屏幕视觉热区以及上下区域，屏幕视觉热区范围用黑色标记，其余部分用白色填涂，图片制作完毕后将其作为桌面。对照图片的区域，人工对眼动实验视频进行审核与记录，原始数据保存在 Excel 表格中，待全体数据生成并统一汇总后，进行异常值、空值检测等数据清洗操作，最后导入 SPSS 进行分析。

其次，在 SPSS 软件中，首先对屏幕视觉热区及其他区域内的注视时间进行统计分析，结果如表 4-1 所示。双侧显著值为 0.000 远小于 0.05 水平，同时卡方值 299.072，说明屏幕视觉热区的确存在。

表 4-1 屏幕视觉热区内外平均注视时间卡方检验表

项目	数值	df	渐进 Sig.（双侧）
Pearson 卡方	299.072	72	0.000
似然比	276.414	72	0.000
有效案例中的 N	1017		

再次，对网页类型和性别因素进行卡方检验，如表 4-2 和表 4-3 所示。不同网页类型下被试平均注视时间的卡方值为 1.010 而 Sig 值为 0.908 远大于 0.05，而不同性别的被试其平均注视时间的卡方值为 0.433 而 Sig 值为 0.805 同样远大于 0.05。这与之前的结论并不完全一致，即屏幕视觉热区依旧与性别无关，这是所有被试都表现出来的统一行为。在本次验证中，用人工手段除掉了实验过程中网页调入、加载之间的时间间隙，应该更为可靠。同时，本次实验验证的直接是屏幕视觉热区区间及其非热区区间的注视差异。与之前不同的是，不同网页类型之间的差异却并不显著。这可能意味着用户对每个类型网页的平均认知努力是大体相同的，但是由于认知材料不同被试对于导航、交流和认知三种类型的关注点及加工方式都存在差异，因此在实践中需要识别出不同类型的网页。

表 4-2 不同网页类型中平均注视时间卡方检验表

项目	数值	df	渐进 Sig.（双侧）
Pearson 卡方	1.010	4	0.908
似然比	0.985	4	0.912
线性和线性组合	0.490	1	0.484
有效案例中的 N	84		

表 4-3 不同性别被试平均注视时间卡方检验表

项目	数值	df	渐进 Sig.（双侧）
Pearson 卡方	0.433	2	0.805
似然比	0.435	2	0.805
线性和线性组合	0.264	1	0.607
有效案例中的 N	56		

最后，将鼠标介入与否设置为两个比较组，分析热区上、热区中和热区后三个区域注视时间的差异。结果显示鼠标未介入时组间 Sig 值为 0.987>0.05，而鼠标介入后组间差异 Sig 值为 0.000 < 0.05 从而呈现显著差异。但是，究竟鼠标介入前后各个分区的平均注视时间有怎样的变化呢？于是，接下来重新将屏幕分为九个区，并将这些区域的数据进行分类，在此基础上分析鼠标介入前后各区域的平均注视时间变化及其显著性判断，如表 4-4 和表 4-5 所示。

表 4-4 鼠标介入在不同区域内对平均注视时间的均值统计表

area	mousein	均值	N	标准差
1	1	1.000 0	1	—
	总计	1.000 0	1	—
2	0	5.000 0	5	0.000 00
	1	2.600 0	5	0.547 72
	总计	3.800 0	10	1.316 56
3	0	4.062 5	32	1.268 41
	1	18.287 7	73	9.028 47
	总计	13.952 4	105	10.009 98
4	0	9.166 7	48	3.514 91
	1	13.365 6	93	5.396 83
	总计	11.936 2	141	5.222 50
5	0	6.600 0	15	3.042 56
	1	13.923 1	117	6.914 69
	总计	13.090 9	132	6.983 57
6	0	3.571 4	7	0.534 52
	1	20.381 0	168	7.711 73
	总计	19.708 6	175	8.246 26
7	0	3.000 0	3	0.000 00
	1	13.891 9	74	10.128 72
	总计	13.467 5	77	10.150 95
8	0	6.000 0	6	0.000 00
	1	3.947 4	19	0.779 86
	总计	4.440 0	25	1.121 01
9	1	1.666 7	6	0.516 40
	总计	1.666 7	6	0.516 40

表 4-5 鼠标介入在不同区域内对平均注视时间的方差分析表

area		平方和	df	均方	F 值	显著性
2	组间	14.400	1	14.400	96.000	0.000
	组内	1.200	8	0.150	—	—
	总数	15.600	9	—	—	—
3	组间	4 501.928	1	4 501.928	78.343	0.000
	组内	5 918.834	103	57.464	—	—
	总数	10 420.762	104	—	—	—
4	组间	558.189	1	558.189	23.798	0.000
	组内	3 260.237	139	23.455	—	—
	总数	3 818.426	140	—	—	—
5	组间	713.001	1	713.001	16.330	0.000
	组内	5 675.908	130	43.661	—	—
	总数	6 388.909	131	—	—	—
6	组间	1 898.804	1	1 898.804	33.070	0.000
	组内	9 933.333	173	57.418	—	—
	总数	11 832.137	174	—	—	—
7	组间	342.034	1	342.034	3.425	0.068
	组内	7 489.135	75	99.855	—	—
	总数	7 831.169	76	—	—	—
8	组间	19.213	1	19.213	40.365	0.000
	组内	10.947	23	0.476	—	—
	总数	30.160	24	—	—	—

在鼠标介入后的 2、3、4、5、6、8 六个区域内，页面滚动前与滚动后呈现出明显的注视差异。而在这些区域中，根据表 4-4 的平均值变化可以看出：页面滚动前，用户更多注视 2、3、4、5、8 五个区域，并主要集中于 4、5、8 三区，值得注意的是这并非是五个连续区域，8 之所以也同样吸引了更多用户从前述四个区域跳视过来，很可能是为了下一步滚动页面进行准备。除去承上启下功能的过渡性区域 8 区外，用户主要停留在 4、5 两区，也即屏幕中间偏上的位置。然而，在页面开始滚动后，注视开始向 3、4、5、6、7 五个区域内集中，同样是五个区域但区域却发生了变化。表中数据显示，虽然 8 区向 7 区集中、2 区向 3 区集中，但此时拥有最高平均注视的区域并不是最中间的 5 区，而是屏幕中间偏下

的 6 区。

眼动实验印证了用户确实具有将目标内容移入屏幕中央区域进行阅读的行为模式，这一习惯在静态屏幕上的注视投射就是屏幕视觉热区，而在动态网页的注视投射便出现了 F 形页面热区。进一步地，实验还对性别、网页类型和熟悉程度等因素进行考察，结果发现性别因素对屏幕视觉热区没有显著影响，男女被试的注释区域无统计差异，但是网页类型和熟悉程度却对屏幕视觉热区具有一定（可能的）影响，被试对于导航型的区域注视时间明显高于交流和认知型，这恰恰说明了用户非定向信息搜寻行为的心理加工水平有别于定向信息加工行为的心理加工水平，在导航页面上用户只能从众多信息中寻找感兴趣的图片或文字，但只有点击链接进入交流或认知型页面后才能详细阅读、了解详细内容。就熟悉程度而言，受耐心不足或抵触的心理倾向影响，不熟悉的页面上用户注视时间更短，使得不熟悉页面的屏幕视觉热区更为向上。

在经过人工数据验证后，发现了鼠标介入对屏幕视觉热区的巨大影响。从鼠标介入前中偏上的位置变化为鼠标介入后屏幕正中间对称的区域形态，而集中度却呈现中偏下的位置。这一发现具有重要的理论意义，鼠标介入只是用户滚动页面的起始点，在这个点之前是用户孤立的视觉认知，这个点之后便是四肢参与的视觉认知，对用户而言更自由更可控。它反映了一种自然和非自然、自在与受迫浏览行为的区别，在非自然、受迫时页面并未滚动，此时用户主要关注屏幕中间偏上的位置同时也对底部区域进行关注时时准备着查看后续内容；在自然、自在的浏览状态下，用户可以通过页面的滚动来进行更加自主的认知活动，这是浏览的常态，视觉热区呈现完美的屏幕中轴线上下对称，但实际关注还是要稍微下倾一些。这正是借助鼠标介入因素才能发现的用户浏览行为背后隐藏的模式。

因此在本书后续研究中，依据眼动实验的结论而将屏幕视觉热区即连续阅读区域的范围确定为屏幕中上、中中和中下 3 个区位（页面滚动后）以及上下、中上、中中三个区位（页面滚动前），同时按照导航、交流和认知三种类型对网页进行分类。

值得一提的是，通过对用户屏幕视觉热区的深入分析，发现学界普遍认可的用户网页页面的 F 形视觉热区可以根据屏幕视觉热区而得到合理的解释：用户真实浏览行为的直接反映是屏幕视觉热区而非网页视觉热区，由于受屏幕大小所限，用户浏览时面对的操作和认知区域无法超出屏幕范围。当考察注视点在屏幕上的移动路径时，就会发现用户像一台老式打字机而网页则像夹于打字机中的纸张一样，按照打字方向（对应于用户阅读习惯），打字机自左至右移动，当本行处理完毕后打字机回位，此时纸张向上移动（对应于页面的向下滚动）。过程如此重复，实际上屏幕静止而页面发生滚动，就好似打字机没动而是纸张在动一样。由于用户并非每一行都读至右侧终点，而且用户对页面内容的熟悉程度随页面下移增强而兴趣、关注度和认知加工水平却在递减。因此，整个页面呈现出自上而下自左至右的热区衰减态势，大致如同 "▼"。同时，用户不是机器，浏览时其主动的信息搜寻意识促使其使用鼠标或键盘滚动页面形成较大距离的跳视，确定主要阅读区域后才停顿形成注视。于是，热区衰减既不平缓也不平滑，而是存在明显的间隙，从而在视觉上出现 F 形。我们认为，F 形只是一种近似，材料不同及内容结构差异都可能令 F 衍生出 E、L、T、I 等其他形态。

研究结论对于用户偏好获取有着极为重大的意义，利用屏幕视觉热区不仅能够有效地对用户行为进行实时识别，更可以从用户注视的文字和图片中分析并提取偏好，从而使用户偏好获取在理论上和实践上都向前推进了一大步。在后续研究中，将针对基于屏幕视觉热区提取用户偏好的具体方法进行系统、深入分析。

4.2　面向用户偏好识别的网页机能分类及其判别方法

4.2.1　研究背景

个性化推荐系统作为缓解 "信息过载" 问题的重要手段，如今已广泛应用于电子商务、信息检索等领域。用户偏好数据作为个性化推荐系统分析的基础，其数量和质量决定着推荐效果的优劣。网络用户偏好数据主要来自对注册、评分、评论、标签等显性信息以及用户页面停留时间、点击量、收藏等隐性信息的提取和挖掘。但是，由于用户偏好数据获取难且有效性低，个性化推荐系统至今仍旧不够 "个性"。模拟用户眼动的方法可以实时跟踪用户的浏览行为、识别并抽取出用户真正注视到的页面内容并据此提取用户偏好，从而从根本上解决偏好数据稀疏、准确度低的难题。然而，已有眼动实验结论表明，用户浏览行为及其偏好表现对网页类别较为敏感，同一用户对相同主题但类别不同的网页可能具有不同的偏好。面对现实中类型多样、结构灵活的页面，若想更加准确地探察用户行为并提取偏好，首要任务便是解决网页自动分类问题。

4.2.2　相关研究

网页自动分类技术来源于文本自动分类技术，但由于网页涉及多种语言，存在多种格式，每种格式又具有多个标准，因此多变的结构特征决定了网页分类比文本分类更难处理。除页面构型及内容外，URL 地址、锚文本、特定 DOM 结构或 HTML 标签都可以用来作为分类特征。然而，特征项是一把双刃剑，纳入特征项的同时也会引入噪声，对特征项的选取需要格外谨慎。综合来看，类别设定、页面噪声抑制、特征项选取和分类算法是网页分类技术的四个主要方面。其中，降噪和分类算法的具体实现，主要是基于模板、机器学习和启发式等技术手段。

网页类别设定是自动分类的前提，从应用角度可按是否含有敏感词及业务类型进行分类，从页面构成上可分为导航、文本和重复块，更为普遍的是按主题将页面分成商务、艺术、计算机、体育、教育和生活等类型。页面噪声影响分类效果和效率，作为页面数据预处理的重心，涉及网页去重和页面降噪两个方面的工作，而页面降噪又可细分为去除噪声链接及去除噪声信息两种基本方式。网页自动分类算法与特定的特征项选取密不可分，不同的特征项对应不同的判别算法，主要有以下三种类型：特征词判别方法，即利用文本分类技术对网页 URL、页面标题、内容题目等具有较高权重位置上的文本提取关键词或对页面内容进行目标特征词过滤筛选，再依据预先采用半自动或自动化生成的类别词表进行判别；页面视觉特征判别方法，即利用网页本身块状元素构成的特点，结合 HTML 语言丰富的布局标签和内容标签，通过比对、识别所构建 DOM 文档树中的特定结构或元素而实现页面的区分；多项特征组合式判别方法，即结合前两者各自的特点，充分利用网页超链接、HTML 标签、页面结构和内容特征词等特征项对网页类型进行判别。其中，降噪和分类算法的具体实现，主要是基于模板、机器学习和启发式等技术手段。

现有研究中存在三个普遍性问题：一是分类算法往往针对特定类别，算法普适程度不高、扩展性低，通用性远低于本书分类；二是噪声信息的判定存在争议，降噪算法的实用性较差，算法过于简单不能有效消除噪声，过于复杂又会增加资源占用；三是判别算法效率不高，运用多项特征组合判别是当前主流方法，但在多个特征项的共同作用下，虽然极大地提升了识别精准度，却由于计算更为复杂且运算量倍增，将耗费更多的计算时空资源。本书将针对上述三个问题寻求突破，首先从机能角度提出新的网页分类，其次采用新颖高效的双中线法进行降噪处理，最后选取数量更少、更为精准的特征项，在以更少的计算代价获得较高的准确度的同时，使算法通用性得到极大拓展。

4.2.3　网页机能分类

网页的构成包括内容和结构两个部分,内容指的是页面承载、交流的具体信息,如文字、图片和视频;结构则是指内容展现的结构和样式,即由浏览器对包含样式语言 CSS 和脚本语言 JavaScript 的 HTML 进行解释和展示。某些网页具有大体相似的结构,从而可以借助页面结构来判断页面的种类,如论坛帖子或微博页面都呈现出高度重复的结构特征。然而,随着网络技术的发展和信息表达形式的多元化,基本表达元素正在有机交融,页面种类间的界限变得越来越模糊:一方面,同类别页面之间的差别越来越大,如有的新闻、博客页面底部包含有大篇幅的用户评论及相关推荐的导航列表,帖子及微博中也含有音视频、长文本或弹出页面等各种链接,从而呈现出你中有我、我中有你的局面;另一方面,不同类别页面之间的差别越来越小,对于内容相同的新闻或博客正文只有一两句话而底部拥有相当多评论的页面,与论坛中楼主帖子短但回帖多以及微博中的话题讨论两种情况不论形式还是实质都极为相似,具有相同的信息传播效果。但是,传统按主题的页面分类方法根本无法对这些网页进行有效辨别,问题的解决需要从页面信息的表达核心着手。

机能是指系统在与外界环境的相互关联中表现出来的特性、功能、行为和活动能力,由系统结构决定,同时对结构形成产生一定影响。因此,可认为机能是与结构紧密相关的更为本质的功能。通过对各类页面结构的大量分析,我们发现网页只是信息一种载体,无论页面具体样式如何,其信息承载和传播机能只有导航、交流和认知三种基本类型,所有页面都是这三个机能的独立或组合呈现。结合页面结构特征具体而言,导航型网页的核心价值为用户提供内容的分类与导向,内容块数量多面积小且超级链密度大,如新浪、CNN 等门户首页;交流型网页的主要功用在于促进用户之间的交流,此时用户处于对等的信息交流地位,页面内容块数量多而形态相似,如天涯论坛和新浪微博的具体帖子和微博页面(天涯论坛首页及子类帖子列表页面属于导航型);认知型网页是最为常见也是数量最多的类型,通常以较大篇幅的文字描述一个或多个主题,意在向网页浏览者传递信息,因此在结构上存在数量极少但面积较大的内容块,典型的例子就是新闻或博客的正文页面。

深入研究可以发现,随着互联网的发展,网页内容变得愈加丰富,导航、交流和认知三大类别相互融合,彼此相交从而衍生出了七个子类。基于此,将互联网定义为集合 U,集合 C 为认知型网页(cognitive type),集合 I 为交流型网页

（interactive type），集合 N 为导航型网页（navigational type），M 为综合型网页（mixed type），而定义 CI 为认知交流型，CN 为认知导航型，IC 为交流认知型，IN 为交流导航型，NC 为导航认知型，NI 为导航交流型，详细的网页机能分类如图4-7所示。本书正是利用网页机能的差异，从本质特性上对其进行区分。

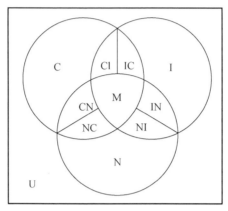

图 4-7　网页机能分类图

4.2.4　特征项选取及降噪处理

1. 特征项定义

为了描述算法中的主要特征项，并进一步阐明各元素之间的关系，进行形式化定义如下：n 为给定页面 p 中内容块个数，k 为参与特征项计算的内容块个数并简称为有效块，有 $k \leqslant n$。文中的算法主要采用以下两个特征项：

定义 4.1　面积标准差（standard deviation of blocks area，SDoA），即页面所有有效块面积的标准差，该指标反映的是页面内容块面积变化的程度，能够从网页机能分类中有效区分出认知型。SDoA 的计算方法如下：

$$\text{SDoA} = J\sqrt{\frac{\sum_{i=1}^{k}(x_i - \bar{x})^2}{k-1}}, \ k \leqslant n \tag{4-1}$$

定义 4.2　链高比（link number per height，LNpH），即页面有效块中的超级链接的数目与所在块高度的比值，并取各个链高比的平均值作为该页面内容块链高比特征项的值。虽然严谨的做法是计算页面单位面积的内容块超级链接数目，但是经测试发现宽度对于最后平均值的影响非常小但却使运算量大为增加。因此，为了提高运算效率，故将页面宽度略去而直接计算超级链接数目与块高度的比值。该指标反映的是内容块中导航能力的强弱，能够有效区分导航型页面。对于高为 h，链接数为 m 的内容块而言，网页 p 的 LNpH 计算方法如下：

$$\text{LNpH} = \frac{\sum_{i=1}^{k} \frac{m}{h}}{k}, \ k \leqslant n \tag{4-2}$$

由此，可将页面 p 的特征向量空间 V 定义为 $V(p) = (\text{SDoA}, \text{LNpH})$。

2. 双中线降噪法

导航、交流及认知元素的相互融合，不仅使网页承载的信息和交流方式变得更加丰富，也为类型判断带来了噪声。为了最大程度降低无关信息对网页类别判断的影响，本书采用双中线法对网页进行降噪处理。所谓的"双中线"即指页面的纵向中线和横向中线。以图 4-8 的博客网页为例，并非页面所有块都要进行计算，需要参与特征项计算的内容块其实只有编号①、②、③、④的四个块，页面下半部分多是相关内容推荐、留言评论等内容，利用横向中线可以将这些噪声过滤掉，而页面左侧或右侧的个人信息栏、好友栏、博文分类列表等栏目对页面识别并无帮助，可以使用纵向中线予以排除。

采用双中线法降噪并提取特征的主要步骤如下：

（1）载入页面文件构建 DOM 树，从文档树根遍历<div>或<table>标签，在标签嵌套的情况下，如果存在任一子块面积小于父块面积的一半，则将父节点选作内容块，否则进入各个子块进行相同的计算。本步骤完成后，页面被分为 n 个内容块，构成所有内容块集合 $\mathbf{N}$，如图 4-8 中的 n 为 14。

（2）通过页面宽度计算得到纵向中线 x 轴的坐标，只保留被纵向中线贯穿过的内容块，其他未被经过的块，则当成噪声予以舍弃。

（3）通过页面高度计算得到横向中线 y 轴的坐标，只保留横向中线以上（含贯穿）的内容块，而横向中线以下的内容块则被舍去。本步完成降噪工作，此时参与特征项计算的 k 个内容块被筛选出来作为有效块，如图 4-2 中的 k 为 4。

（4）再根据提取出来的块，计算 SDoA 和 LNpH 两个特征向量。

上述过程的流程图如图 4-9 所示。

双中线降噪法具有两个方面的突出优势：一是该方法降噪作用明显，有利于提高网页类型判别效果；二是仅仅选取个别对判别有直接贡献的块纳入计算，有效块还不到内容块数量的 1/3，从而极大地减少计算消耗，提升运算效率。

图 4-8　双中线降噪法示例图

4.2.5　分类器构建

本书采用朴素贝叶斯的机器学习方法实现网页类别的判定，基本原理来自朴素贝叶斯理论，该原理在分类问题中被广泛应用，往往根据经验来构造映射。求解时，对于待分类对象，计算在某个先验条件下各个类别出现的后验概率，并将最大后验概率所在的分类作为此分类对象所属类别。实现时，通过让机器对一组

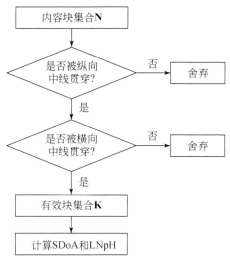

图 4-9 降噪以及特征项计算流程图

真实的网页训练集进行学习，从而在学习过程中自动建立模型，并使用该模型完成对其他任意网页的类别判断。模型建立及训练过程如下：

（1）设 $x = \{x_1, x_2\}$ 为一个待分类的任意网页，而 x_1、x_2 为网页 x 的特征属性，其中 x_1 为 SDoA，x_2 为 LNpH；

（2）有类别集合 C $= \{y_1, y_2, y_3\}$，y_1 为导航型网页，y_2 为交流型网页，y_3 为认知型网页；

（3）分别计算该网页为导航型网页的概率 $P(y_1 \mid x)$，网页为交流型网页的概率 $P(y_2 \mid x)$，网页为认知型网页的概率 $P(y_3 \mid x)$；

（4）则 $P(y_i \mid x) = \max \{P(y_1 \mid x), P(y_2 \mid x), P(y_3 \mid x)\}$，$i \in \{1, 2, 3\}$。

为了计算得到（3）中各个条件概率，选取国内外 978 个有效页面，再由人工按网页机能分类，构建已知分类项集合作为训练样本集。编写程序对样本集进行训练，分别计算出目标样本为导航型、交流型和认知型网页时，特征项 SDoA 及 LNpH 的条件概率 $P(x_1 \mid y_1)$、$P(x_2 \mid y_1)$、$P(x_1 \mid y_2)$、$P(x_2 \mid y_2)$、$P(x_1 \mid y_3)$ 及 $P(x_2 \mid y_3)$。

$$P(y_i \mid x) = \frac{P(x \mid y_i)P(y_i)}{P(x)} = \frac{P(y_i)\prod_{j=1}^{2}P(x_i \mid y_i)}{P(x)} \qquad (4\text{-}3)$$

根据式（4-3）求出 $P(y_1 \mid x)$、$P(y_2 \mid x)$ 和 $P(y_3 \mid x)$，选取最大值所

在类别并与人工标注类别进行比较。经过训练之后，可得关键训练参数 σ_y 和 μ_y 的取值为

$$\sigma_y = \left[5.05829391 \times 10^{-4},\ 4.06457943 \times 10^{9} \right],\ \left[5.02466041 \times 10^{-5},\ 5.26101061 \times 10^{11} \right],$$
$$\left[3.71666450 \times 10^{-5},\ 3.89862301 \times 10^{8} \right]$$

$$\mu_y = \left[9.84291500 \times 10^{-2},\ 4.02621480 \times 10^{5} \right],\ \left[1.47596801 \times 10^{-2},\ 1.07911360 \times 10^{6} \right],$$
$$\left[1.93425068 \times 10^{-2},\ 1.15669765 \times 10^{5} \right]$$

再利用式（4-4）便可快速计算出其他网页的特征项，进而判断类别归属。

$$P(x_i \mid y) = \frac{1}{\sqrt{2\pi\sigma_y^2}} \exp\left[-\frac{(x_i - u_y)^2}{2\pi\sigma_y^2} \right] \tag{4-4}$$

4.2.6　实验验证

由于训练集样本空间及代表性对机器学习的最终效果有较大影响，因此为确保样本的代表性和严谨性，本书以 hao123 网址分类网站为入口，选取了 50 个中文知名网站共 600 个网页（实际有效页面 521 个），并且以 google. com 和 yahoo. com 为入口，选取了 50 个英文知名网站共 600 个网页（实际有效页面 457 个）共同组成训练测试数据集。训练集网页类型非常丰富，涉及新闻、商品、视频、音乐、财经、访谈、体育、教育、科技、星座、小说、汽车、游戏、房产、知识等 15 个常见内容类别，如表 4-6 所示。

本书基于 Python 语言进行程序开发，并使用 Numpy 工具包及 scikit-learn 工具包分别进行科学计算和机器学习。在实验中采用十折交叉验证法，即将训练测试数据集随机分成 10 份，选取前 9 份作为训练数据而最后 1 份作为测试数据，继而训练朴素贝叶斯分类器并测试分类结果。上述过程再重复 10 次，取正确率的平均值作为本算法识别正确率的估计，并最终确定参数 σ_y 与 μ_y。为了分析各个特征对提高识别率的具体效果，本书还对单项特征的判别度进行了验证，实验结果如表 4-7 所示。

从表 4-7 中能够看出，特征项链高比和面积方差各自的识别率分别是 67.1% 及 75.8%，两者结合可以达到 87.5%，说明该特征项组合具有良好判别效果，而且我们发现本算法与语种无关，通用性强。需要说明的是，虽然本算法本身与语种无关只与内容版式构成有关，但结果显示英文网页的辨识度为 87.0% 低于中文网页 87.9%，这一差别并非算法本身对英文支持度不够，而是由于样本集中的英文网页内容的组织形式更加先进、更为灵活（Yahoo 与 CNN 新闻便是典型代表），使得导航、交流和认知三种元素的交融更加紧密，于是在网页载有更

多信息、具有更为丰富内涵的情况下,判别难度增加而导致识别度略有降低。

表 4-6　训练集数据主要来源网站

类别	主要来源网站		数量/家	
	中文	英文	中文	英文
导航型	新浪、凤凰、腾讯、搜狐、网易、优酷、百度、谷歌、新华网、人民网、CCTV、中国新闻网、联合早报、中国网、亚马逊中国、京东、淘宝、美团、携程、智联、北大、武大、湖北省政府、工行、中行、58 同城、汽车之家、hao123 等网站首页及部分一级分类页面	youtube、yahoo、ntyimes、foxnews、wsj、wikipedia、amazon、blogspot、wordpress、ebay、cnn、ask、bbc、fc2、tripadvisor、harvard、stanford、citibank、jobsdb、careerone 等网站首页或部分一级分类页面	152	118
交流型	新浪微博/社区、腾讯微博/QQ空间、搜狐微博/社区、天涯论坛、百度贴吧、猫扑、人人网、开心网、豆瓣、凯迪社区、大旗网、西祠胡同、强国论坛、网易论坛、淘宝论坛、CU 论坛、CSDN 论坛等网站的帖子或微博页面	Facebook、twitter、linkedin、flickr、groups. google. com、ubuntuforums、forum. doom9、tomshardware. com/forum、bitcointalk、forum. virtuemart 等网站的帖子或微博页面	176	150
认知型	中文导航型网站的具体内容页面	英文导航型网站的具体内容页面	193	189
总计	521	457	978	

表 4-7　不同特征下的网页类别识别率　　　　　　　（单位:%）

特征项	导航型		交流型		认知型		均值		
	中文	英文	中文	英文	中文	英文	中文	英文	总计
链高比	66.3	64.1	67.9	62.6	73.0	68.5	69.1	65.1	67.1
面积方差	81.1	79.8	75.3	76.2	73.7	68.5	76.7	74.8	75.8
链高比+面积方差	90.4	89.0	85.9	86.2	87.5	85.7	87.9	87.0	87.5

充分验证本算法的效度,需要与已有的其他网页分类算法进行比较。然而,已有研究的网页分类都是基于网页类型的传统分类,而本书则是采用更为灵活的

机能分类。由于类别迥异，不能把各自的准确度做简单对比。考虑到算法所涉网页类型的多样性，本书选择与陈翰提出的基于综合特征的网页分类方法进行对比。为了能够与之比较，本书不仅按照其论文中确定的各项参数编写程序及用本书训练集的中文网页进行 SVM 训练，而且还按照传统分类构建了含有 900 个页面的中文网页集合（新闻、博客和论坛各 300 个）用来测试本书算法在传统分类下的识别率。所有验证都基于十折交叉验证法，选取平均值作为最终结论，如表 4-8 所示。

表 4-8　与其他分类算法识别率的比较　　　　　　（单位:%）

来源	降噪	特征选取	传统分类				本书分类			
			新闻	博客	论坛	均值	导航型	交流型	认知型	均值
陈翰	标签处理	网页与内容 URL 相似比 + 内容特征词 + 特征标签	*98.7*	*98.3*	*98.8*	*98.6*	64.8	57.4	53.8	58.7
本书	双中线法	链高比 + 面积方差	83.5	86.1	89.6	86.4	*90.4*	*85.9*	*87.5*	88.1

注：表中斜体格式说明数据来自于已有研究的结论

真实 Web 世界中，导航、交流、认知的元素已经开始在同一个页面中相互融合，如新闻页面底部夹杂导航和评论，评论之间还有相互引用，对于新闻内容不多而评论和导航却几乎占页面大部分空间的网页随处可见，如果仍旧依据 URL 或内容特征词将其归为新闻类型并不科学，而本书提出的页面分类则是按照页面所承载的主体内容倾向性进行判别，能够对网页的整体诉求进行有效识别。虽然陈翰提出的分类方法对于传统网页分类有着极好的表现，识别率高达 98.6%，但对本书分类的成功率却仅为 58.7%。而本书的判别算法不论对于传统分类还是本书分类都达到了 86% 以上的正确率，具有较好的准确度、稳定性及通用性。

4.3　基于屏幕视觉热区的中文短文本关键词实时提取方法

4.3.1　相关研究

关键词自动提取研究源起于 H. P. Luhn 在 1957 年提出的基于词频统计的抽词标引法。在随后半个多世纪的发展中，基于统计的关键词提取方法得到了极大的发展，主要包括词频、共现频率、TF-IDF 等统计信息。一些常用的机器学习方法，包括遗传算法、支持向量机、最大熵模型、条件随机场等也逐渐应用到关键词提取领域中。由于关键词提取和语言学也有着很紧密的联系，因此基于语义的研究工作也较多，包括词性、语法、句法、语义依存等。近年来，基于图模型的关键词提取算法发展较为迅速，这类算法一般将词或句抽象成图的节点，再根据一些统计信息或知识信息构建网络。

1. 基于统计的方法

基于统计的方法主要是利用文档的词语统计信息（TF-IDF、词共现、N-gram、PAT-Tree 等）来进行关键词提取，具体有单纯统计方法、加权统计方法、概率统计方法和分类判断统计方法等，如表4-9 所示。

表4-9　统计的典型方法

学者	典型方法
Liu 和 Tonella	利用传统的 TFIDF 的技术进行关键词自动提取
Christian wartena	使用词共现的方法来进行关键词提取
Kumar 等	使用 LZ78 压缩算法、简单的模式过滤算法和词汇权重模式等改进了 N-gram 过滤方法，在提取文档关键词时无须学习过程
Tbmokiyo 等	提出一种基于统计语言模型的关键词提取方法，利用点态 KL 散度作为计算机抽取短语的权重的基础，选取其中权重较大的词作为最终关键词

2. 基于语义的方法

从语义层面上分析词语之间的语义关系，认为词语之间不是孤立的，而是存在某种语义上的联系。Hulth 使用包括句法特征、名词短语、词性等在内的语法知识指导关键词的提取。Wang 使用词性和相邻短语结构的方法寻找候选关键词。Ercan 等使用词汇链方法进行关键词提取。Hulth 等在关键词自动提取中加入领域知识。

3. 基于机器学习的方法

在大量训练语料的基础上，根据关键词提取模型，通过机器训练过程得到相应的训练参数，并利用这些参数指导模型进行关键词的提取。主要方法有朴素贝叶斯概率模型、支持向量机、遗传算法、神经网络、C4.5 决策树等，如表4-10 所示。

表4-10　机器学习的典型方法

学者	典型方法
Frank 等	提出一种基于朴素贝叶斯概率模型（naive-bayes，NB）的关键词提取算法
Kuo Zhang 等	使用支持向量机方法来进行关键词提取
Turney	将遗传算法和 C4.5 决策树机器学习方法用于关键词的自动提取
Witten 等	开发了系统 KEA，采用基于朴素贝叶斯模型，对短语离散的特征值进行训练建立预测模型，获取特征值的权值，利用模型进行关键词抽取
Karpivin 等	利用自然语言处理方法改进了几种不同的机器学习方法，通过带有专家标注关键词的大数据集验证，得到了较 KEA 算法更高的 F 度量值

4. 基于网络的方法

以词频统计为基础，将词语映射成为顶点，将其语义关系映射为边。利用节点重要性的度量指标来量化节点重要程度，提取若干个重要的顶点，即为文档关键词。Palshikar 提出一种基于无向图的关键词提取方法，该方法将文本中的词作为顶点，词和词的共现频率作为边，将图中的中心顶点作为文本关键词。Mihalcea 等提出一种基于 Text Rank 的关键词提取方法。Text Rank 是从 Google 公司提出的 Page Rank 模型派生出的一种基于图的模型，该模型将文档中的词语类比为互联网上的网页，词和词之间的关系类比成网页之间的链接，利用排名算法计算出最重要的词作为文本关键词。

从国内来看，汉语语句本身没有显式词边界的特点则为关键词自动提取又增加了一定的难度。如果不考虑中文分词过程，国外的关键词自动提取方法也可以应用到中文文档，但代价就是牺牲准确度，所以国内现有研究在国外研究方法上有了改进，加入了中文分词的概念。罗繁明先利用 ICTCLAS 系统、CRF 中文分析系统和盘古分词系统对中文文本分词，后利用 TFIDF- SK 算法来提取关键词，但该方法提取关键词的效率和精度还有待考量；蒋昌金提出基于组合词和同义词集的关键词提取算法，利用组合词识别算法极大地改进分词效果，能识别网页上绝大多数的新词、未登录词，提高了关键词提取的准确率。张建娥使用 ICTCLAS2011 分词工具对文档分词后，利用词语关联度和 TFIDF 特征抽取关键词，但单纯地依靠节点的度和聚集度系数反映词语关联度有一定的局限性。战学刚等提出一种基于 TF 统计和语法分析结合的中文关键词提取算法，该算法在对文本进行自动分词后，用 TF 统计和语法分析对每个词进行权重计算，然后根据计算结果提取文献的关键词，提高了准确性和实用性。王军提出一种用于自动标引的文献主题关键词抽取方法，它限于从已经标引的结构化语料库中元数据的标题中抽取关键词。

上述诸多方法各存利弊，基于统计的方法简单易行、通用性强，但是没有考虑词语的位置信息，准确率不够高；基于语义的方法是从自然语言理解的角度来进行关键词抽取，提取质量较高，但词法分析需要借助于主题词典与普通词典，有词表受限及词表维护问题，识别效率较低，主题依赖性强而通用性弱；基于机器学习的方法虽然准确率较高，但也存在训练数据稀疏、训练时间较长的问题；最后，基于网络的方法，准确率和通用性较好，但计算代价过于巨大，无法满足实时性需求。

本书的研究目的是提出中文短文本关键词实时提取方法，必须在提取准确率与处理速度之间找寻平衡才能同时满足质量和效率的均衡。因此，本书将基于优化统计的方法来提升关键词实时提取的准确率。此外，借助眼动实验揭示出的用户网页浏览行为的屏幕视觉热区来限定关键词提取的视域范围。最后，通过对实际数据的验证，说明本方法的准确性、可用性及进一步完善之处。

4.3.2 短文本与特征项选取

短文本是网络中极为常见的文本信息形式，具有数量多、篇幅小、特征词少、词与词之间的关联性不强等特点，在搜索引擎、自动问答和话题跟踪等领域发挥着重要的作用，也受到了越来越多的关注。那么，究竟多短的文本才能归于短文本类属呢？通过深入研究发现，相对长篇文本而言，短文本之短虽具有鲜明的相对性，但其具体的长度范围却因研究视角的不同而异。

1. 短文本概念确定

1）信息交流视角

传统意义上，短文本是以用户关系为核心的社会化网络服务时代的重要产物，对人们的生产生活产生了相当大的作用和影响，主要来自社交网络、移动网络终端、即时通信工具等媒体，已成为人们交流沟通及信息获取中不可缺少的方式，如表4-11所示。信息交流视角下的短文本有如下特点：第一，长度一般介于10~160个字符；第二，关键词特征稀疏；第三，样本不均衡；第四，描述信号弱。

表 4-11　短文本概念列表

学者	概念
徐易	短文本指的是长度不长，通常不超过 100 个字符，内容精炼内聚的文本，例如新闻标题和手机短信息
张倩等	短文本所包含的形式多样，且通常是指控制在 160 字左右的文本，经常以口语化、生活化的不规则形式出现，特征词较少且词与词之间的信息关联性较弱
王盛等	短文本通常指文本长度小于 160 个字符，一般以手机短信、网页评论和网络聊天信息等形式存在的文本
贺涛等	网络短文本是指那些出现在网络交流平台中、用少量词语表达的、可能会参杂不规范书写的简短的文本
金春霞等	短文本通常仅包含 50 多个词，文本长度短、信息量少，特征关键词不足以表示文本
王连喜	短文本是由自然语言表达而成的，不能被计算机直接识别，需要将无结构的原始文本转化为结构化的能被计算机直接识别和处理的信息表示形式
黄永光等	变异短文本是指那些用少量词语表达一定语义关系的书写不规范的文字；变异短文本经常出现在聊天工具和短文本中
刘德喜等	短文本是社会网络中信息的主要载体。与普通文本不同的是，社会网络中的短文本具有文本短、文本间具有复杂的社会关系、话题多样、垃圾多、带有感情倾向性与 Web 信息具有较强的关联性、时效性强等特点

2）信息行为视角

区别于信息交流视角，本书所指的短文本是指用户在页面静止的前提下，参与实际认知加工的有效文本。用户阅读网页时，尽管伴有跳视、扫视及上下滚动网页的动作，但只有网页静止而注视时长达到阈值后所阅读的材料才能参与认知加工，而这些文本又主要落入眼动屏幕热区之内，即前述上下、中上、中中和中下四个区域。从信息行为视角出发，本书的短文本即是指用户单次阅读时对应屏幕视觉热区内的文本。

为了进一步地探求信息行为视角下短文本的一般长度，分别从新闻、论坛、博客、微博网站中人工选出导航、交流、认知三种类型的典型网页 204 个，按照屏幕视觉热区范围提取文本并进行统计，结果如表 4-12 所示。

表 4-12　屏幕视觉热区下的短文本长度

类型	数量/个	平均长度/字
导航型	36	481
交流型	98	277
认知型	70	263

需要明确指出的是，通过对眼动实验所有被试的浏览行为的屏幕录像进行分析，发现用户对导航型网页付出更多认知加工的主要原因是导航型页面信息密度更大，视域范围内的信息都是精炼与浓缩的标题。通过实验后访谈得知用户在导航页面浏览过的内容大多未能成为关注点或兴趣点，最终只有极少数条目才会引发点击动作进行详细阅读。一方面，导航型网页已是关键词标题的罗列，对这些标题再提炼关键词的做法不合理也不科学；另一方面，导航型页面本身并不适用模拟眼动方法，用户注视行为并非全部由兴趣所致，即只有认知型和交流型的网页能够最直接体现出用户的兴趣和偏好。因此，本书的关键词提取仅限于对认知型和交流型两种含有具体内容的网页。排除表 4-12 中导航型后，短文本即是指用户在浏览新闻、微博及论坛时达到注视水平的单次平均阅读量，长度在 300 个字符以内，大致相当于 2 条微博（140 字×2）。

2. 特征项选取

研究的根本目的是对用户的屏幕视觉热区进行实时地关键词提取。若要实时提取，就必须最大限度地降低计算复杂度，基于语义、机器学习和网络的方法都需要大量计算，而导致运算速度比较低，无法满足实时提取要求。因此，本书主要采用统计的方法来进行关键词的实时提取。根据已有文献的相关结论，选择 TF-IWF、位置分布和词距三种主要特征建构短文本关键词提取模型。

1）TF-IWF

Salton 在 1973 年首次提出 TF-IDF 算法，并多次论证该方法在信息检索中的有效性，TF-IDF 计算简单且准确率和召回率较高。不过 TF-IDF 并未考虑文档结构、词语间的关系和词语的位置、词性等因素，无法提取含有大量信息的低频词，而导致准确度不高。因此，许多学者从各种方面对 TF-IDF 进行改良，主要集中于对经典公式固有缺陷（数据集偏斜、类间类内分布偏差）的改进、领域适应性改进（中文组合型歧义切分、聊天文本权重计算、网页权重计算）和 TF-IDF 算法新应用（特征选择、领域词典构造、用户兴趣模板的构建）三方面。目前已有的改进算法主要有 TF-IWF、TF-RF、CTD、MTF-IDF、TF-IDF-CHI、TF-CRF、

TW-TF-IDF、TFIDF-SK 等。根据研究任务特点，本书选用对短文本有较好支持的 TF-IWF 算法，利用 IDF 的平方来平衡权重对词频的倚重。计算公式如下：

$$w_{ij} = tf_{ij} \times \log\left(\frac{N}{n_j}\right) \times \log\left(\frac{N}{n_j}\right) \tag{4-5}$$

式中，w_{ij} 表示词语 t_j 在文档的权重；tf_{ij} 为词语 t_j 在文档 di 中出现的次数；idf_j 为出现词语 t_j 的文档的倒数；N 为文档总数；n_j 为出现词语 t_j 的文档数。研究表明，TF-IWF 算法优于 TF-IDF，且时间复杂度低、速度较快，符合本书实时提取关键词的要求。

2）位置分布

在 TF-IWF 中，只考虑了词频和逆向文档频率两个因素。但是在中文文本中，不同位置的词语对文本主题的表达程度的贡献也有较大差异。已有研究表明，词语的位置比词语的性质和词语的长度更能体现出词语的重要性。郑家恒等通过成对比较法来确定不同位置的词语所占的权重，而韩客松等通过实验发现标题中的词语被抽取成为主题词的概率大概是摘要中的词的五倍。位置因素能够增强出现在特定位置的特征项的权重，因此，考虑词语的位置分布因素应该有利于提升关键词提取的效果。

于是，笔者从中国知名门户网站的新闻及论坛频道抓取了 320 个网页数据样本，有效样本个 299 个，其中交流型 151 个，认知型 148 个。继而采用人工方式，3 个人分别独立标记各个样本关键词，再合并每个网页中共同的关键词作为该网页的关键词。最后，将每个样本的长度都平均分成 10 个区间，统计各个样本的关键词在各个区间的频率分布，结果如图 4-10 所示。

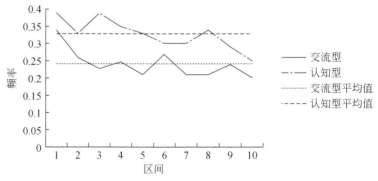

图 4-10　短文本关键词的位置分布图

可知：第一，认知型文本比交流型更长，因此关键词数及出现次数比交流型更多；第二，认知型和交流型都具有整体相似的关键词分布，即高开低收。不同的是，认知型在总文本 30% 处会再次突出主题，而交流型则推迟到 60% 处。由于两者具体分布有明显差异，借助位置统计性分布有可能对提升关键词提取准确度有所帮助。因此，可将不同类型的分布数值进行归一化处理作为各区间的权重，但考虑到归一的结果含有 0 而且数值过小，则采用对所有数据小数部分统一乘 10 而个位置 1 的方法来解决这个问题，结果如表 4-13 所示。

表 4-13 位置区间的权重分布表

类型	区间 1	区间 2	区间 3	区间 4	区间 5	区间 6	区间 7	区间 8	区间 9	区间 10
交流型	1.39	1.07	-1.06	1.03	-1.11	1.11	-1.11	-1.13	1.00	-1.19
认知型	1.19	1.01	1.20	1.07	1.00	-1.09	-1.07	1.05	-1.11	-1.25

3）词距

词距指的是词语在正文中首次出现和末次出现的跨度。已有研究表明，相同词出现的不同位置之间的距离也会影响到关键词提取的效果。相对于只在文本某一段落中出现的词，在文本多个段落出现的词更能够代表文本的主要内容和观点。因此，一个词在段落中的跨度越大，该词对文本主题的反映能力也就越强，成为关键词的概率就越大。本书中词跨度权重计算公式如下：

$$span_i = \frac{last_i - first_i}{phara\_length} \tag{4-6}$$

式中，$last_i$ 为末次出现次序；$first_i$ 为首次出现次序；$phara\_length$ 为段落全长。

4.3.3 模型构建

综合 TF-IWF、关键词位置分布和词距 3 个特征项及其权重，构建线性模型：

$$Y_i = aX_{1i} + bX_{2i} + cX_{3i} \tag{4-7}$$

式中，Y_i 表示第 i 个关键词的综合评分；X_{1i} 表示第 i 个关键词的 TF-IWF 取值；X_{2i} 表示第 i 个关键词的位置分布的概率；X_{3i} 表示第 i 个关键词的词距取值；a、b、c 则分为各个特征的权重比例调整因子，有 $\{a, b, c \mid a, b, c \in [0, 1]$，且 $a+b+c=1\}$。

实际计算时，式（4-7）则由左至右分步展开，首先计算目标文本段落的 IF-IWF 值，按照由高至低的顺序选择前 10 个作为待选关键词，记为 Top（10）；然后分别计算待选关键词的位置分布概率和词距权重，最后按 a、b、c 配比计算得

出 Y_i 并由降序排列选取前 n 个词作为候选关键词，记作 Final（n）。

4.3.4　实验验证

1. 实验目的

为了确定式（4-7）中 a、b、c 三个系数的具体比例分配，同时也为了验证本方法的准确性、实时性，本书利用真实数据进行检验。

2. 实验环境

实验的硬件平台为 HP 塔式服务器 ML310，CPU 为 Xeon E3-1220（4 核 3.1GHz 主频）、8G 内存。软件平台则选用 Deepin Linux 12.12 为操作系统，数据库使用 MySQL5.5.32，中文分词工具采用 SCWS 1.2.2，基于 PHP、Python 语言及 NumPy 模块自行开发相应关键词实时提取程序，性能测试则基于 Multi-Mechanize 性能检测工具包。

3. 实验过程

（1）以 hao123.com 网站为入口，选择新闻、体育、教育、游戏、商城、社交 6 大类别排名前三甲，共计 18 个网站作为研究对象。具体到每个网站，选取该网站首页自左上至右下的前十个板块（微博中则选取话题），并提取每个版块（或话题）的首个信息链接，共计 180 条。

（2）编写程序抓取上述 180 条链接的具体页面信息。

（3）招募信息管理学院 2012 级硕士研究生 10 人在实验平台上分别逐次自由浏览 180 个页面，无时间限制。

（4）被试在实验平台上逐一对其阅读的文本人工标记关键词，数量控制在 5 个词左右。

（5）分别计算所有 Top（10）的 IF-IWF、位置分布及词频三个特征 X_1、X_2 和 X_3 值。

（6）以 20% 为变动单位，穷举 a、b、c 的所有配比方式，其中每项权重有 {0，20%，40%，60%，80%，100%} 这 6 种可能取值，且满足 $a + b + c = 1$ 的配比形式共计 21 种。

（7）分别计算 21 种 a、b、c 配比方式下 Top（10）的 Y 值，并选取 Y 值最大的前 n 个词作为最终关键词，根据每篇阅读文本人工标记关键词的个数确定各个 Final（n）的 n，使之与相应的人工标注个数一致。

（8）本方法所得的 Final（n）对比人工标记的关键词，统计所有配比方式下的准确率。

（9）选取符合实际应用需要的 n，对算法的性能进行性能测试，重点对算法的实时性、响应性及资源消耗性进行实际验证。

4．结果分析

1）系数比例分配

将 TF-IWF、位置分布及词距及 20% 为步长，分别统计三种特征项的各种组合方式下关键词提取准确率的平均值和标准差，为便于观察和结论分析，而将特征项配比按词距升序及 TF-IWF 降序进行排列，结果如表 4-14 所示。

表 4-14 系数比例分配下的准确率统计表

特征项配比			准确率	
TF-IWF（a）	位置分布（b）	词距（c）	平均值	标准差
1	0	0	0.7	0.202 264 443
0.8	0.2	0	0.7	0.202 264 443
0.6	0.4	0	0.7	0.202 264 443
0.2	0.8	0	0.68	0.204 541 661
0.2	0.8	0	0.67	0.204 541 661
0	1	0	0.66	0.214 502 055
0.6	0.2	0.2	0.68	0.191 084 904
0.4	0.4	0.2	0.68	0.206 237 96
0.2	0.6	0.2	0.67	0.215 283 44
0.2	0.6	0.2	0.67	0.215 283 44
0	0.8	0.2	0.65	0.213 267 615
0.6	0	0.4	0.68	0.201 677 106
0.4	0.2	0.4	0.67	0.215 923 085
0.2	0.4	0.4	0.67	0.210 777 78
0	0.6	0.4	0.65	0.214 247 664
0.2	0.2	0.6	0.66	0.211 890 996
0	0.4	0.6	0.64	0.218 219 496
0.2	0	0.8	0.66	0.208 285 004
0.4	0	0.8	0.67	0.210 777 78
0	0.2	0.8	0.64	0.218 219 496
0	0	1	0.64	0.226 748 73

可以看出，词距权重 c 为 0 时，准确率达到最高，此时随着位置权重 b 的增大和 TF-IWF 的降低，准确率持续下降。由此可知：对于中文短文本关键词提取而言，TF-IWF 一种方法就能够达到 70% 的准确率，但关键词出现位置及词距两种特征是无效的，其对中文短文本关键词判断不仅没有帮助反而会降低 IF-IWF 的效果。

2）关键词提取数量

Final（n）中的 n 的具体值非常重要，n 与算法性能和准确率都有关系。为了寻找最为恰当的 n，本书对 n 取 1 ~ 15 的平均准确率进行了统计，结果如图 4-11 所示。考虑到中文短文本长度已经很短，对于 300 字以内的短文而言不太可能具有 15 个以上的关键词，因而本项实验 n 最大定为 15。此外，由于词频分布和词距对准确率的影响非常之小，故而为了将其结果更为清晰地展现，对图 4-11 进行了放大处理，缩略了中间的部分空白。

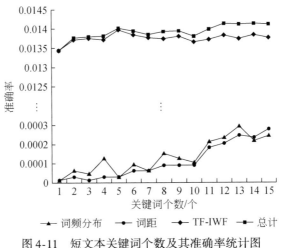

图 4-11　短文本关键词个数及其准确率统计图

可以看出，虽然词频分布和词距对准确率的提高贡献有限，但相对而言词频分布还是要优于词距。总准确率几乎都是由 TF-IWF 决定的，但随着单篇关键词提取数量 n 的上升，TF-IWF 的准确性却并未发生太大变动。值得注意的是，当 $n=5$ 时，即对短文本提取 5 个关键词的情况下，TF-IWF 的准确率最高。考虑到实际应用场景，n 取 5 也是较为合理的。

3）性能测试

个性化推荐对实时性有较高的要求，偏好数据的动态获取及推荐应答必须在用户所能接受的容忍时域之内，用户不会用更长时间的等待来换取更高的推荐精准度，而这个心理容忍阈值一般认为是 8 秒，用户最满意的时间则是 2 秒。这里使用上述实验确定的 5 作为每篇短文本关键词提取个数，在 Web 服务器和数据库未做任何优化的情况下，对算法进行压力测试。设定程序执行时间为 300 秒，rampup 为 10 秒，时间序列间隔为 5 秒，模拟两个群组 A、B，每群 100 人共 200 人对 Web 服务器目标页面的并发持续访问。结论如表 4-15、图 4-12 及图 4-13 所示。

表 4-15　压力测试下算法性能汇总表

请求数量	最小耗时	最大耗时	平均耗时	标准差	错误
18 979	0.041	2.996	1.548	0.335	0

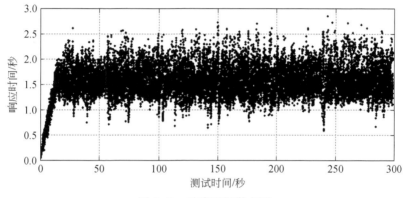

图 4-12　响应时间散点图

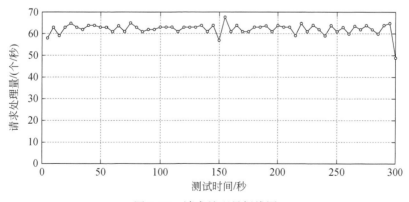

图 4-13　请求处理量折线图

300 秒内，A/B 两组共 200 人发出了 18 979 次访问请求，全部请求均被正确应答。虽然极差值较大为 2.996−0.041＝2.955 秒，但从图 4-12 的散点图中可以看出，数据集中度较好，其标准差仅为 0.335，说明 1.548 秒的平均值具有代表性。一方面，1.548 秒平均响应时间低于 2 秒的满意阈值说明本算法的实时性已经达到用户满意的程度；另一方面，系统 50~70 个/秒的吞吐量则说明算法也具有良好的稳定性。由于实验的目的性仅为探讨算法性能，故并未对服务器组件进行任何优化及负载均衡处理，在这种情况下上述结论已能够满足中小网站的正常运营需求。

同时必须看到，研究也存在局限和有待改进之处：首先，眼动实验被试单一，其身份都是大学生，不同行业从业者是否具有不同的浏览行为从而导致屏幕视觉热区具有差异不得而知；其次，各项实验中的网页样本的选取全部是中文网页，本方法对于其他文字的页面（如英文、阿拉伯文页面）是否也能够得到同样的结论也有待考证；再次，本书并未将计算量大、处理速度较慢的语义特征考虑在内，但由于结果证实结构信息的无效性，后续研究可以尝试将 TF-IWF 和语义因素相互结合，从而进一步提高提取的精准度；最后，研究结论适用于类 PC 平台（如台式计算机、笔记本计算机及网络电视），但随着智能手机和平板计算机的日益普及，移动终端的人机交互界面变得更小、对运行资源占用和响应时间的要求更为苛刻，移动设备上是否也存在类似的屏幕视觉热区、是否有足够的处理资源满足实时提取的要求，都有待后续研究深入探索。

4.4 总　　结

本章首先经由心理学眼动实验发现了屏幕视觉热区的存在，分析了基本影响因素并由用户行为数据进行了验证。由于网页类型也是影响屏幕视觉热区的因素之一，在网页类型判别问题上本书不仅打破传统僵化的页面分类，总结提出了导航、交流和认知三种网页机能类型，而且在页面降噪及判别特征项方面也取得了突破：双中线法在有效降低页面噪声的同时极大提高了运算速度，仅内容块链高比和面积方差两个特征项便得到了较好的准确度、稳定性及良好的通用性。考虑到用户浏览行为具有实时和持续的特点，为获取用户实时浏览行为进而识别用户实时偏好，今后的研究重点将聚焦在算法运行效率上，即解决如何在降低计算时空消耗的同时进一步提升判别准确度的问题。

在特定类型网页内的屏幕视觉热区中，用户实时关注的内容都属于短文本范畴。继而，本书对短文本的定义、特征进行了分类阐述。出于提取用户偏好的目的，将短文本的来源限定为用户浏览时对应屏幕视觉热区视域范围内的文本，最后选取 TF-IWF、位置分布和词距三个特征构建模型并进行验证，结果表明尽管 TF-IWF、词距以及位置分布是关键词提取中已被证实有效且经常使用的特征。然而短文本不同于以往，除了词本身的统计信息指标 TF-IWF 外，结构化信息特征，如位置分布、词距都不再适用，关键词识别难度变得更大。最后，实验数据表明，在模拟 200 人并发访问并且服务器未进行任何优化的情况下，本算法的平均处理时间低于用户满意的 2 秒阈值更远低于容忍的 8 秒阈值，完全能够满足个性化推荐的实时性需求。

5 基于屏幕视觉热区的用户偏好建模

5.1 基于商品特征自组织层次聚类的用户偏好模型

5.1.1 研究背景

用户偏好的表示与建模是个性化推荐系统的基础功能，偏好模型的质量决定着个性化推荐服务的最终质量。因此，用户偏好的表示及模型的建立已经成为学界研究的重要聚焦点。用户偏好本质上归属于用户心理范畴，由于人的心理受到外在情境、相关记忆、当下情绪等方面的影响而具有不稳定性和模糊性，导致对同一事物的认知和感受在不同时期、不同情境下存在差异。然而，即使特定时刻的偏好表征是动态的、不稳定的，特定用户在某一段较长的时期内，其偏好仍旧存在稳定性，即心理学中所说的兴趣。在心理学中，人的兴趣和其他人格特征一样都是人的特质，表现为在很长时间内的稳定。

在电子商务中，用户的主要行为是对电子商务网站页面的浏览。虽然功能各异，但就重要性而言，商品页面是用户偏好的直接或间接表达，因而商品页面、收藏页面就比购物篮页面、结算页面、帮助页面、参与活动页面、跳转页面等更为重要。收藏页面中的商品种类有限而且新鲜度、新颖度较低，无法代表用户更为全面的偏好，在这个角度上，用户浏览过的所有商品页面才是建立完整的、系统的、科学的用户偏好模型的数据来源和分析依据。在本书中，即从用户浏览历史出发，试图用商品的聚类映射为用户的偏好模型。

5.1.2 相关研究

用户偏好，即个体用户特性所决定的对于某种信息服务的需求特征信息的组合。用户偏好信息的获取一直是个性化推荐系统的一个瓶颈，也是实现个性化推荐十分重要的一环，准确真实的用户偏好信息直接决定了个性化推荐的有效性。

目前，获取用户偏好信息主要分为两种方式，显式获取和隐式获取。

显式获取是指用户主动提供偏好兴趣的相关信息，通常包括用户的注册信息、文字评价和评分信息，借助数据库和交互式技术，有效聚合用户的反馈信息。综合来看，显式获取的优点在于其获取途径简单便捷，同时由用户提供的偏好信息较为具体全面，准确性较高。但显式获取也存在若干不足，最显著的是给用户带来不便，不便于用户随时修改偏好信息，反馈的实时性难以得到保证；此外部分用户并不愿意提供自己的兴趣偏好；最后，部分用户不经常输入评分信息和文字评价，且用户浏览项目大大多于其所评分和评价的项目。目前单独运用显式获取方式得到用户偏好的研究较少。陈一峰等通过用户个人在搜索引擎客户端主动填写获得用户个人偏好信息，再结合用户提供的偏好信息从领域本体中映射得到用户个人的信息偏好。Leung Cane Wing-ki 等提出一种新颖的概率评价推理框架，该框架从评论中提取用户态度和产品特征的词语后估计情感走向，允许相同词语有不同的情感走向，再将从用户评论中提取的用户偏好映射到数值等级量表。

隐式获取主要是通过数据挖掘和应用技术从用户浏览行为中获取偏好和兴趣信息，获取途径主要包括用户行为分析、Web 日志挖掘、用户历史记录等。隐式获取的优点在于不受用户愿意参与与否的限制，且不给用户增添额外负担。缺点是信息获取难度偏大，且用户偏好信息的可信度较低，用户记录等信息涉及用户隐私，过度使用可能会引起用户的反感。隐式获取用户兴趣目前主要应用数据挖掘、机器学习等技术，通过客户端软件或 Web 服务器获取能够反映用户偏好的行为数据，通常来说包括用户的浏览行为、操作行为、标记行为和浏览路径等。邵秀丽等利用隐性方式从客户端采集用户浏览内容、浏览时间和操作时间等信息并进行权重设置，进而构建用户兴趣模型。刘枚莲等通过 Web 服务器，主要提取了用户对商品的总浏览时间、有效浏览时间、浏览频率和有效浏览频率，结合再次浏览商品的概率及对商品的遗忘概率进行用户兴趣度矩阵的构建。刘慧君等在分析用户访问行为的基础上，提出了路径选择兴趣度和页面浏览兴趣度，从而构建用户路径选择兴趣矩阵表和浏览兴趣矩阵。但该方法在获取用户偏好信息的时间阈值设置上还有限制，无法实现动态获取用户偏好。也有学者将用户偏好获取与心理学结合起来以提高偏好提取的精确度，如王立才等提出一种基于认知心理学的移动用户偏好提取方法提取用户偏好。部分学者从语义学角度出发进行用户偏好提取，Lyes Limam 等从查询日志中抽取全局描述，再根据查询词的语义关系组织分类目录，最后利用查询词聚类算法获得用户兴趣。这种方法虽然使分类目录中对象间的联系合理性得到了提高，但聚类仅依靠查询词并不够可靠。总的来说，利用隐式获取途径可以获取多种用户偏好信息，且方法多样，但是其准确度与动态性还需要进一步提升。

显式获取和隐式获取各有利弊，学者们将两者结合起来以更好获取用户偏好。宫玲玲等在个性化新闻推荐系统中综合采用显式与隐式方式，通过用户从领域本体中手动添加兴趣偏好初始化用户兴趣模型，后期再从 Web 服务器和客户端软件隐性采集用户的浏览行为信息更新。王洪伟和邹莉的研究中，一方面利用 Web 服务器的数据，对用户注册信息进行挖掘，另一方面基于向量映射对用户的 Web 日志上用户使用记录数据和内容数据进行分析，提取用户短暂兴趣，同时也会通过用户反馈信息对用户偏好文档进行更新。同时运用显式获取与隐式获取确实可以弥补两者的不足，相对于一种方法的运用能获得更全面准确的用户偏好，但过程相对复杂，用户主动提供的信息与隐式获取的信息也许会存在矛盾，因此仍需要加强研究如何更好地将两种方式结合运用。

获取用户偏好后进行用户偏好的建模为个性化推荐做好准备工作。用户偏好模型主要有三种表示方式，分别是空间布尔模型、向量空间模型和潜在语义索引模型。布尔模型是给定一系列从文档中抽取，用来描述文档特征的具有二值逻辑的特征变量，如关键词等。为了对传统的布尔模型进行改善，有学者提出扩展的布尔模型信息检索系统，该模型介于布尔查询处理和向量处理模型中间，在传统的布尔模型基础上增加了权重的概念。Salton 等提出的向量空间模型是将用户偏好文档用具有最高权值的文档关键字组成的向量表示。语义结构可以反映数据间最主要的联系模式，因此构建潜在语义索引模型的目的，正是利用字项与文档对象之间的内在关系形成信息的语义结构。

在获取用户建模过程中，聚类分析方法是较为常用的。根据学者们的研究，聚类分析通常被划分为五种：划分法、层次法、基于密度的方法、基于网格的方法和基于模型的方法。划分法即将数据集划分为 k 个簇，以迭代的方式保证相同簇内的数据记录越近越好，不同簇间的数据记录尽量远离。层次法是对给定的数据集进行层次式的分解，直到满足某种条件为止。基于密度的方法的指导思想为只要一个区域中的点的密度大于某个阈值，就把它加到与之相近的聚类中。该方法能克服基于距离的算法中只能发现"类圆形"的聚类的缺点。基于网格的方法需将数据空间划分为具有有限个单元的网格结构，其所处理的对象是以单个的单元为对象，突出优点是处理速度快。基于模型的方法是给每一个簇假定一个模型，再去寻找能够很好满足这个模型的数据集。不同的聚类分析方法适用于不同领域的数据集，产生的聚类结果对结论有巨大的影响，因此对聚类结果进行评估就显得尤其重要了。目前聚类评估指标主要分为三类：外部标准、内部标准和相对标准，此外还有基于概率和统计的方法。外部标准又称为"面向已知数据集的聚类评估指标"，即在聚类前已经知道了数据集的类结构时聚类结果的评价标准。当数据集的类结构未知时，内部标准是仅通过数据集自身的特征来评价聚类结果，如 K-means 算法的迭代控制方程实质上就是一种内部标准。相对标准由于其重点在于评价聚类质量，因此运用最为广泛，主要考虑了簇内紧凑度和簇间分离度两方面的因素。

5.1.3 研究假设

1. 形式化定义

正常浏览电子商务网站时，假设用户 u 在特定时间段 t 内浏览了 N 个网页，由于用户 u 可能重复访问同一页面，因此 t 时间段内用户浏览的商品数量 $M \leqslant N$。令 Page 代表网页集合，则有：

$$\text{Page} = \{p_1, p_2, \cdots, p_n\}$$

相应的，令 Time 代表用户在每个网页上停留时间集合，则有：

$$\text{Time} = \{t_1, t_2, \cdots, t_n\}, \text{且} \ t = t_1 + t_2 + \cdots + t_n$$

令 Rate 代表网页访问频率，则有：

$$\text{Rate} = \{r_1, r_2, \cdots, r_n\}, \text{且} \ r_1 + r_2 + \cdots + r_n = 1$$

对于每个商品而言，其属性的种类和个数都可能与其他商品不同，因而可以将商品与其属性记作向量，则有 Feature：

$$\text{Feature} = <f_1, f_2, \cdots, f_x>, x \text{为商品属性的个数}$$

时间段 t 内，用户浏览过的所有商品集合 Commodities 可以定义为

$$\text{Commodities} = \{c_1, c_2, \cdots, c_m\}$$

以上定义可以用于对用户行为进行描述，对于用户内在心理的说明也必须明确定义，为了与集合 Page 相区分，本书假设用户偏好集合为 Like，有：

$$\text{Like} = \{l_1, l_2, \cdots, l_y\}, y \text{为用户感兴趣的商品个数}$$

然而，对于不同的商品用户的兴趣也不同，如果将喜好按程度排列，那么可以将兴趣度集合定义为：

$$\text{InterestLevel} = \{il_1, il_2, \cdots, il_z\}, z \text{为兴趣度的等级。}$$

2. 提出假设

假定，h 个用户 t 时间段内访问了数量不等的电子商务网站产品页面，建立

特定商品集合与其商品特征集合之间的向量映射关系 f_{FG}，并用不同的商品特征来标示不同的商品，则有：

f_{FG}：Feature→Commodity，进而

$$Commodity = <f_1，f_2，\cdots，f_x> \tag{5-1}$$

同时，对于特定用户 u 的偏好而言，建立用户偏好集合与其浏览过的商品集合之间的向量映射关系，用不同的商品集合来表征不同的用户，则有：

F_{UC}：Like→Commodity，进而

$$Like = <c_1，c_2，\cdots，c_m> \tag{5-2}$$

将式（5-1）代入式（5-2）中，得到向量矩阵：

$$Like = \begin{bmatrix} f_{11} & \cdots & f_{1x} \\ \vdots & & \vdots \\ f_{m1} & \cdots & f_{mx} \end{bmatrix} \tag{5-3}$$

事实上，用户在不同网页上停留的时间不同，访问的次数也不同。停留时间和访问频率高的网页，对于用户也更有意义，其偏好程度也就越高。然而，停留时间和访问频率也具有直接相关性，即总停留时间越长的网页，被用户造访的频率也越高，反之用户访问频率越高的页面，总停留时间也就越长。因此，Time 和 Rate 都可以作为对式（5-3）进行修正的权重指标，有：

$$Like_q = f（Like，Time_q，Rate_q） \tag{5-4}$$

式中，$Time_q \in [0，1]$，$Rate_q \in [0，1]$。

但 Time 和 Rate 权重修正指标是否有差异，还需实证验证，因此，提出假设：

假设 5.1　Time 与 Rate 权重修正指标对于 $Like_q$ 无差异。

上述假设重要性在于如果 Time 和 Rate 两者对于 Like 的修正最终结果没有显著影响，那么在实际计算时则可以仅计入两者之一，从而减少计算复杂度提高运算速度。

接下来，对 $Like_q$ 进行聚类分析，本书选用稳定性较好的 K-means 方法，自动计算分类结果并以聚类树图 $Cluster_{computer}$ 形式呈现，同时在用户脑海中也存在一个商品认知树图 $Cluster_{user}$，通过两颗树图的比对，可以确知本方法的可用性，因而提出假设：

假设 5.2　$Cluster_{computer}$ 和 $Cluster_{user}$ 的结果对用户认知而言无差异。

同时，还必须考虑到另一种实际情况，即用户看过的商品中不同类别下的商品数量可能会相差较大。例如，用户 user1 在 t 时间段内浏览了 A、B、C、D 四类商品，而这四类商品数量也许是 50 个、50 个、50 个和 50 个，也许是 10 个、

20 个、120 个和 50 个,也许是 20 个、50 个、110 个和 20 个等多种复杂的情况,本算法的稳定性主要表现为对于不同数量的商品类别能否得到相同的区分结果。因此,提出假设:

假设 5.3 Cluster 对 A、B、C、D 四种不同商品数量分布情况下分类结果无差异。

5.1.4 实验验证

1. 语料库及词集相似度

1)语料库训练

为了计算 Like 向量矩阵中各个不同网页的相似性,需要比较代表每个网页向量的词汇之间的相似性。研究使用 Google 开源词向量工具 Word2vec 训练上述网页词集语料中的词语向量,以获得语料中词语与词语之间的潜在语义关系,然后利用这些词向量之间的潜在关系计算目标集词向量之间的相似度,进一步计算网页关键词集合的相似度;并使用结巴分词工具对测试集语料进行分词处理,采用 TF-IDF 算法提取网页文本关键词获得目标词集 $<f_{11}, f_{12}, \cdots, f_{1x}>$。

具体过程如下:

(1)对淘宝首页商品类目进行提取,并利用随机数生成器确定每类宝贝的样本数量。

(2)在 Ubuntu 12.04 操作系统中,自行开发 Python 爬虫分别下载淘宝集市(taobao)和天猫(tmall)商品网页文本原始语料共计 22 000 篇。

(3)使用结巴分词工具对原始语料文本进行分词处理,根据中文停用词表(含 1028 个中文停用词)去除文本内常见停用词,获得目标网页词集语料。

(4)使用 Word2vec 软件对目标网页刺激语料进行训练,得到 vectors. bin 模型文件。该文件就是文档中词语和对应向量,向量维度为训练时设置的参数大小。

(5)在 vectors. bin 基础上,使用 Gensim 软件计算两个词汇之间的相似度。

2)网页词集相似度算法

上述操作能够计算两词之间的相似度,但每个目标网页均由一组词向量构成。本书以用户即时偏好为偏好提取单位,以网页词集为偏好聚合单元,设计了网页词集相似度算法。据此,定义网页文本相似度算法为:

$$AMS = \sum Avg \left(Max \left\{ sim_{ij} \right\} \right) \tag{5-5}$$

Input：网页文本集合 W；网页词集 T = {P_1，P_2，…，P_m}，网页关键词集 = Tf { f_{11}，f_{12}，…，f_{1x}}；目标网页关键词集 T_k = {w_{k1}，w_{k2}，…，w_{kx}}；停用词集 T_{sw}；相似度计算函数 Sim_AMS ()。

    Output：网页关键词集相似度矩阵 S_T。

    Step：

    #Step1：提取网页关键词，TF-IDF 算法

    #Step2：分词，去停用词

@ stopword = for word in open（"停用词表"）

    If w_{kx} of T_k in @ stopword：

        Continue

    Else if：

        For keyword in T_k：

            For word in T_i：

                调用 Sim_AMS ()

    #Step3：相似度计算结果输出，T_s

    #Step4：矩阵聚类，绘制聚类系谱图

    // ψ =dist (S (T_s))

    //R. hcluster (ψ)

如上述算法伪代码描述所述，研究对网页关键词集相似度矩阵 S（T）运用离差平方和计算词集相似度之间的距离，并用系统聚类方法对结果进行聚类并画出聚类系谱图。

2. 可用性验证

1）数据获取

a. 招募被试

由于本实验将采用真实的电商访问记录进行分析，首先无法获取淘宝、京东、当当或亚马逊的数据，也无法获得更小的电商网站个人日志信息。因此，研究将数据来源选定在本校大学生中，由于个人浏览记录涉及隐私，所有数据都是在征得被试本人同意的前提下由被试主动提供的。前两日在华中师范大学信息管理学院的本科生、研究生课间休息时，发放被试招募联系卡共计 115 张，第三日在华中师范大学图书馆发放招募联系卡 83 张，三天共发放联系卡 198 张。第四日，主动联系 198 位同学，最终确认参与者为 47 人。

b. 采集原始数据

虽然浏览器具有直接呈现历史访问记录的功能，但常见的 IE 在历史记录中按天计、Chrome 中也隐去了秒，因此若要得到精确的访问顺序和停留时间必须对浏览历史的原始数据进行分析。所幸的是，绝大多数浏览器都是使用 history 文件记录的访问历史信息，然而不同浏览器该文件保存的位置不同、格式也有差异，甚至同种浏览器不同版本的 history 文件也存在较为明显的不同，如 IE6、IE7、IE8 和 IE9 四个版本的 history 格式都发生了变化。在 47 人中，29 人提交的是 360 安全浏览器的历史记录文件，7 人提交的是 IE 浏览器的历史记录文件，6 人提交的是 360 极速浏览器的历史记录文件，3 人提交的是搜狗浏览器的历史记录文件，其余 2 人提交的是猎豹和欧朋浏览器的历史记录文件。

由于 history 文件本质上是一个小型的 Sqlite 数据库，因此通过 Navicat for SQLite 软件分别建立 Connection 将每个人的历史记录文件进行导入，如图 5-1 所示。经核实 47 人中只有 8 人的数据为可用，30 人为空或记录过少（与被试浏览器设置有关，如关闭浏览器自动清空浏览记录开关默认开启），7 人无法读取（提交了错误的 history 文件）。同时必须指出，尽管仍有 2 人为男同学，数据量也足够多，但有效数据却极少，故也被排除而只保留女同学数据进行分析，主要原因在于男同学淘宝记录非常稀少而且极为离散。

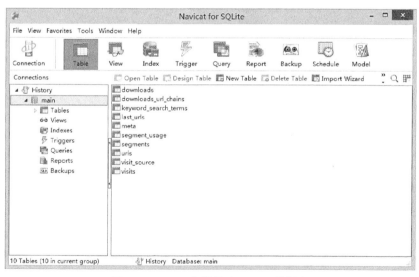

图 5-1　history 文件导入 SQLite 数据库

c. 数据析出与清洗

每个被试的 history 数据库中都含有近 10 张左右的数据表，大致可分为下载记录表 downloads 和 downloads_url_chains，搜索词记录表：keyword_search_terms，段记录表 segments 和 segment_usage 等，元数据记录表 meta，访问记录表 urls、visit_source、visits 及 last_urls 等。其中 urls 记录有用户访问的 url 地址（url）、网页标题（title）、访问次数（visit_count）、直接输入网址登入次数（typed_count）、最近访问时间（last_visit_time）、隐身访问（hidden）和图标（favicon_id）等字段信息，如图 5-2 所示。

图 5-2　history 文件中的 url 表

而在另一张数据表 visits 中，则存放着特定 url 的访问时间（visit_time）、前一个页面（from_visit）、页面处理时间（transition）、段 ID（segment_id）和停留时间（visit_duration）等重要信息，如图 5-3 所示。

使用 SQL 命令提取与研究直接相关的字段：url、title、visit_time、visit_duration，并将其导出为 Excel 表格进行清洗。数据清洗时，首先通过正则表达式剔除 url 中不含 taobao 或 tmall 的链接，接下来将 17 位 visit_time 末尾补 0 并编写 Python 程序利用 subprocess 调用 Shell 命令 "w32tm.exe /ntte" 将 18 位时间戳转换为 10 位 Linux 标准时间戳，继而再将 visit_duration 字段中的微秒时间转化为秒。最后，删除购物篮、结算、商品类目等页面，只保留淘宝集市和天猫的宝贝

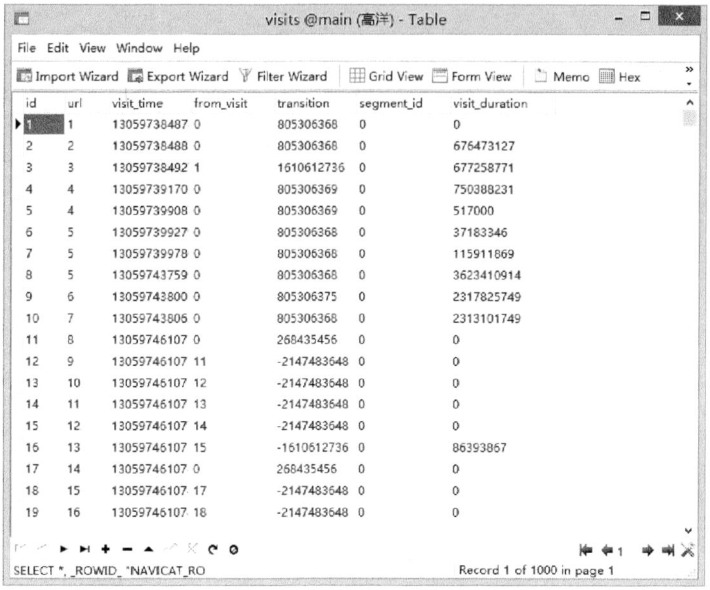

id	url	visit_time	from_visit	transition	segment_id	visit_duration
1	1	13059738487	0	805306368	0	0
2	2	13059738488	0	805306368	0	676473127
3	3	13059738492	1	1610612736	0	677258771
4	4	13059739170	0	805306369	0	750388231
5	4	13059739908	0	805306369	0	517000
6	5	13059739927	0	805306368	0	37183346
7	5	13059739978	0	805306368	0	115911869
8	5	13059743759	0	805306368	0	3623410914
9	6	13059743800	0	805306375	0	2317825749
10	7	13059743806	0	805306368	0	2313101749
11	8	13059746107	0	268435456	0	0
12	9	13059746107	11	-2147483648	0	0
13	10	13059746107	12	-2147483648	0	0
14	11	13059746107	13	-2147483648	0	0
15	12	13059746107	14	-2147483648	0	0
16	13	13059746107	15	-1610612736	0	86393867
17	14	13059746107	0	268435456	0	0
18	15	13059746107	17	-2147483648	0	0
19	16	13059746107	18	-2147483648	0	0

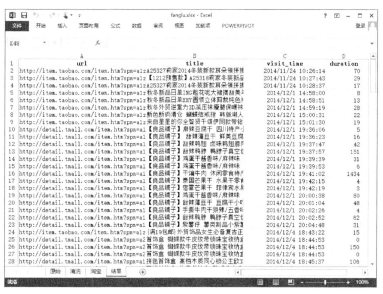

图 5-3　history 文件中的 visit 表

页面，并按照 visit_time 升序排列，完成数据清洗，如图 5-4 所示。

	url	title	visit_time	duration
2	http://item.taobao.com/item.htm?spm=a1z	A25327莉家2014冬装新款耳朵领拼接	2014/11/24 10:26:14	70
3	http://item.taobao.com/item.htm?spm=a1z	【1212預售款】A25318莉家冬装新	2014/11/24 10:27:43	29
4	http://item.taobao.com/item.htm?spm=a1z	A25327莉家2014冬装新款耳朵领拼接	2014/11/24 10:28:37	17
5	http://item.taobao.com/item.htm?spm=a1z	秋冬新品日单ING粗花呢大裙摆甜美	2014/12/1 14:58:00	8
6	http://item.taobao.com/item.htm?spm=a1z	秋冬新品日单EHY圆领立体剪裁纯色	2014/12/1 14:58:51	13
7	http://item.taobao.com/item.htm?spm=a1z	秋冬外贸逆重力3D减压袜瘦腿保暖袜	2014/12/1 14:59:19	28
8	http://item.taobao.com/item.htm?spm=a1z	断色断码清仓 蝴蝶结戒指 韩版潮人	2014/12/1 15:00:31	22
9	http://item.taobao.com/item.htm?spm=a1z	来自星星的你全智贤千颂伊同款带钻	2014/12/1 15:01:30	19
10	http://detail.tmall.com/item.htm?spm=a1	【良品铺子】麻辣豆腐干 四川特产	2014/12/1 19:36:06	5
11	http://detail.tmall.com/item.htm?spm=a1	【良品铺子】 甜辣薄豆干 鲜美豆腐	2014/12/1 19:36:23	16
12	http://detail.tmall.com/item.htm?spm=a1	【良品铺子】甜辣鸭翅 卤味鸭翅膀	2014/12/1 19:37:47	42
13	http://detail.tmall.com/item.htm?spm=a1	【良品铺子】甜辣鸭脖 鸭脖子真空	2014/12/1 19:37:57	151
14	http://detail.tmall.com/item.htm?spm=a1	【良品铺子】鸡蛋干酱香味/麻辣味	2014/12/1 19:39:39	31
15	http://detail.tmall.com/item.htm?spm=a1	【良品铺子】鸡蛋干酱香味/麻辣味	2014/12/1 19:39:53	6
16	http://detail.tmall.com/item.htm?spm=a1	【良品铺子】干煸牛肉 休闲零食特	2014/12/1 19:41:02	1434
17	http://detail.tmall.com/item.htm?spm=a1	【良品铺子】泰国芒果干 水果干零	2014/12/1 19:42:15	4
18	http://detail.tmall.com/item.htm?spm=a1	【良品铺子】宿雾芒果干 菲律宾水	2014/12/1 19:42:19	3
19	http://detail.tmall.com/item.htm?spm=a1	【良品铺子】鸡蛋干酱香味/麻辣味	2014/12/1 20:00:38	80
20	http://detail.tmall.com/item.htm?spm=a1	【良品铺子】甜辣薄豆干 豆腐干小	2014/12/1 20:01:04	48
21	http://detail.tmall.com/item.htm?spm=a1	【良品铺子】手撕牛肉干狠辣/五香	2014/12/1 20:02:26	4
22	http://detail.tmall.com/item.htm?spm=a1	【良品铺子】甜辣鸭脖 鸭脖子真空	2014/12/1 20:02:52	62
23	http://detail.tmall.com/item.htm?spm=a1	【良品铺子】紫薯仔 薯类制品小紫	2014/12/1 20:04:48	31
24	http://item.taobao.com/item.htm?spm=a1z	{满19包邮} 外贸饰品女生必备复古正	2014/12/4 18:43:22	15
25	http://detail.tmall.com/item.htm?spm=a2	首饰盒 蝴蝶款牛皮纹带锁珠宝收纳	2014/12/4 18:44:53	0
26	http://detail.tmall.com/item.htm?spm=a2	首饰盒 蝴蝶款牛皮纹带锁珠宝收纳	2014/12/4 18:44:53	150
27	http://detail.tmall.com/item.htm?spm=a2	首饰盒 蝴蝶款牛皮纹带锁珠宝收纳	2014/12/4 18:44:53	0
28	http://detail.tmall.com/item.htm?spm=a1	拼色首饰盒 高档木质同心锁公主欧	2014/12/4 18:45:37	106

图 5-4　导出字段的数据清洗结果

d. 绘制树图

结果如图 5-5 ~ 图 5-12 所示。

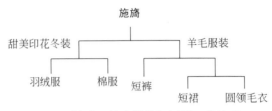

图 5-5　被试 1 的聚类偏好树图（剪枝后）

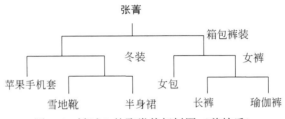

图 5-6　被试 2 的聚类偏好树图（剪枝后）

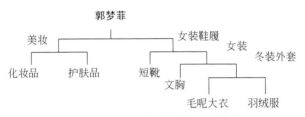

图 5-7　被试 3 的聚类偏好树图（剪枝后）

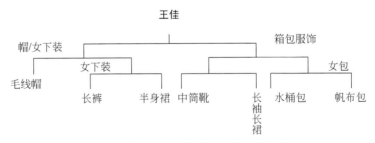

图 5-8　被试 4 的聚类偏好树图（剪枝后）

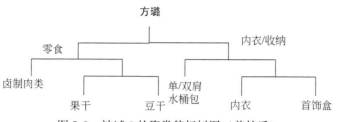

图 5-9　被试 5 的聚类偏好树图（剪枝后）

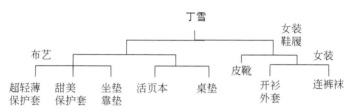

图 5-10　被试 6 的聚类偏好树图（剪枝后）

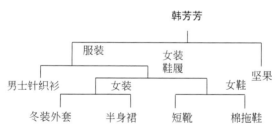

图 5-11　被试 7 的聚类偏好树图（剪枝后）

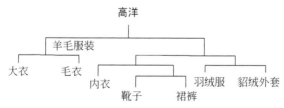

图 5-12　被试 8 的聚类偏好树图（剪枝后）

e. 问卷设计与发放

结合已绘制的偏好树图，为每位被试分别设计问卷。问卷均为评分题，共分为两个部分，即正向题和负向题，从正反两个方面验证偏好树图中所呈现的商品类型与用户感兴趣的商品类型的一致性。正向题即是将本书聚类算法得出的剪枝后的树图，根据人们的日常习惯，按层级从上至下，从部分到整体，分别呈现给被试，让被试对树图中展现的偏好分类与实际情况对比，并对其相符程度进行评分。正向题评分为 7 个等级，1~7 表示从很不符合程度到非常符合。为了更有效地说明树图中的商品能表示用户偏好，剪枝商品亦将纳入考虑范围之内。此问卷中负向题的设计，是从偏好树图的剪枝的商品中抽取 TOP5，并让被试将其与树图中相似商品进行比较，评分同样分为 1~7，共 7 个等级：若同树图中相似商品喜爱程度相同则为 7 分，反之，若同树图中相似商品比较而言完全不喜欢则为 1 分。这样便可以利用正向和负向题项分别了解树图与被试偏好相符及不相符的具体程度，并以此为依据对本方法进行评价。

问卷设计好后，打印后交给相应被试，被试作答前进行相应指导，解释说明聚类树图、正向及负向题项的含义。最后进行问卷回收，共计发放问卷 8 份，回收有效问卷 8 份。

2）假设 5.1 验证

为了解 Time 和 Rate 对用户偏好的影响，笔者以 Like 向量矩阵作为对照组，采用三类权矩阵 Time、Rate 及 Time 和 Rate 组合权矩阵 Rate~Time 对 Like 向量矩阵进行加权得到 Lt、Lr 和 Lrt 矩阵，采用层次聚类对 Like 向量矩阵进行系统聚类。使用聚类正确率来评价三类加权矩阵对偏好的修正效果。需要说明的是，由于 Time 和 Rate 本身是大于 0 而小于 1 的数值，因此组合权重按照下式计算：

$$Rate \sim Time = 1 - (1-Rate) \times (1-Time) \tag{5-6}$$

聚类正确率即等于正确的聚类结果数目/参与聚类的网页总数，CorectPages 即聚类树中符合上述一级、二级商品分类的网页数，TotalPages 即聚类中呈现的所有被试网页数。经统计，三种加权方法的聚类正确率如表 5-1 所示。

$$Accuracy = \frac{CorrectPages}{TotalPages} \tag{5-7}$$

表 5-1　三种加权方法的聚类正确率

被试 ID	原兴趣矩阵 Like 矩阵/%	三种加权方法的聚类正确率/%			统计	
		Lt	Lr	Lrt	均值/%	方差
1	84.00	78.67	93.33	85.33	85.33	0.0525

被试 ID	原兴趣矩阵 Like 矩阵/%	三种加权方法的聚类正确率/%			统计	
		Lt	Lr	Lrt	均值/%	方差
2	80.95	75.24	85.71	87.62	82.38	0.0478
3	83.33	80.13	86.54	89.74	84.94	0.0358
4	85.90	87.18	89.74	91.03	88.46	0.0203
5	84.00	85.14	91.43	89.43	87.50	0.0304
6	83.33	81.14	84.43	87.28	84.05	0.0221
7	83.98	85.94	78.13	82.81	82.72	0.0287
8	82.86	76.19	88.57	90.48	84.52	0.0557
均值	83.54	81.20	87.24	87.96	84.99	0.0275
方差	0.012 222 469	0.039 710 422	0.041 684 263	0.024 729 851	—	—

将上述结果导入 SPSS，对上述数据进行独立样本 t 检验，如表 5-2、表 5-3 和表 5-4 所示。

表 5-2　Like 与 Time 加权正确率差异性检验

项目		方差方程的 Levene 检验		均值方程的 t 检验			
		F	Sig.	t	df	Sig.（双侧）	均值差值
正确率	假设方差相等	6.025	0.028	-2.120	14	0.052	-3.691 25
	假设方差不相等	—	—	-2.120	8.195	0.066	-3.691 25

表 5-2 中，Levene 检验 Sig 值为 0.028<0.05，因此 t 检验的 Sig 值为 0.052>0.05，表明 Time 矩阵与 Time 加权后在聚类的偏好表达上不具有统计差异性，使用 Time 对 Like 进行修正并不能显著提升聚类算法表达偏好的正确率。

表 5-3　Like 与 Rate 加权正确差异性检验

项目		方差方程的 Levene 检验		均值方程的 t 检验			
		F	Sig.	t	df	Sig.（双侧）	均值差值
正确率	假设方差相等	10.172	0.007	1.405	14	0.182	2.340 00
	假设方差不相等	—	—	1.405	8.314	0.196	2.340 00

表 5-3 中，Levene 检验 Sig 值为 0.007<0.05，因此 t 检验的 Sig 值取 0.182>0.05，表明 Like 向量与 Rate 加权后的 Like 向量在聚类的偏好表达上无显著差异性，使用 Rate 对 Like 进行修正不能显著提升偏好表达的正确率。

表 5-4　Like 与 Time_Rate 加权正确率差异性检验

项目		方差方程的 Levene 检验		均值方程的 t 检验			
		F	Sig.	t	df	Sig.（双侧）	均值差值
正确率	假设方差相等	4.011	0.065	−3.998	14	0.001	−4.421 20
	假设方差不相等	—	—	−3.998	10.227	0.002	−4.421 20

表 5-4 中，Levene 检验 Sig 值为 0.065>0.05，因此 t 检验的 Sig 值为 0.002<0.05，表明 Like 向量与 Time～Rate 加权后在聚类的偏好表达上存在显著差异性，由于加权后平均值的提升，故而使用 Time 和 Rate 组合加权对 Like 进行修正能显著提升偏好表达的正确率。

综上所述，使用 Time 或者 Rate 对 Like 向量进行修正不能有效提升 Like 向量偏好表达的正确性，但是同时使用 Time 和 Rate 共同加权却能显著提升 Like 向量对偏好表达的提升效果，故假设 5.1 成立，即 Time 与 Rate 权重修正指标对于 $Like_q$ 无差异。但是，在后续的 Like 计算中需要引入 Time～Rate 加权修正来进一步提升准确率。

3）假设 5.2 验证

8 位被试数据汇总如表 5-5 所示，不同被试偏好树图中叶节点数量不同，因此其正向题项中有的被试有 6 项有的只有 4 项，负向题项中统一选取剪枝权重 TOP5 进行提问。

表 5-5　偏好树图评分表

姓名	正向题项						负向题项				
	A1	A2	A3	A4	A5	A6	B1	B2	B3	B4	B5
郭梦菲	7	7	6	3	5	7	2	1	1	1	2
张菁	6	5	3	5	5	—	5	1	1	1	2
王佳	6	6	5	4	5	—	2	3	5	4	3
方璐	6	7	7	7	—	—	2	1	1	4	1

续表

姓名	正向题项						负向题项				
	A1	A2	A3	A4	A5	A6	B1	B2	B3	B4	B5
施旖	7	7	6	6	—	—	3	2	1	1	2
高洋	6	7	5	4	5	—	2	1	1	3	1
丁雪	7	6	5	7	—	—	2	2	1	1	2
韩芳芳	7	7	6	6	—	—	2	3	1	1	2

将表 5-5 中的数据录入 SPSS 中进行分析，设定三个变量 username、answer 和 flag 分别表示被试姓名、题项答案和正负向标识。首先，对正向题项和负向题项的均值进行分析，正向均值为 5.84，负向均值为 1.93，且标准差变化并不明显，如表 5-6 所示。

表5-6　正负向题项均值表

项目	正负标识	N	均值	标准差	均值的标准误
题项答案	正向	37	5.84	1.143	0.188
	负向	40	1.93	1.118	0.177

继而，对比正向、负向得分的差异显著性，在 SPSS 中对数据进行独立样本 t 检验，分析结果如表 5-7 所示。

表5-7　正负向题项差异性检验

项目		Levene 检验		均值方程的 t 检验					95% 置信区间	
		F	Sig.	t	df	Sig.（双侧）	均值差值	标准误	下限	上限
题项答案	假设方差相等	0.251	0.618	15.178	75	0.000	3.913	0.258	3.399	4.426
	假设方差不等	—	—	15.165	74.246	0.000	3.913	0.258	3.399	4.427

方差 Levene 检验 F 值为 0.251 过小，Sig 值为 0.618 远大于 0.05 水平，说明两独立样本总体方差不相等，存在方差不齐性。在"假设方差不等"一列中，

Sig 值为 0.000 远小于 0.05 水平，意味着两组样本存在显著统计差异。

进一步地，由于计算出聚类树图中的用户偏好商品及其特征标识并无重要程度之分，因此可以将正向题项的计算值都取 7，而将负向题项的计算值都取 1，两者一起构成 $Cluster_{computer}$ 的值，对于被试真实偏好感受 $Cluster_{user}$ 则使用原始数据。为了对比两者的差异，在 SPSS 中进行单样本 t 检验，分别与两组的中间代表值 6 和 2 进行对比，结果如表 5-8 所示。

表 5-8　计算结果与用户认知差异检验

项目	t	df	Sig.（双侧）	均值差值	差分的 95% 置信区间	
					下限	上限
正向	−0.863	36	0.394	−0.162	−0.54	0.22
负向	−0.424	39	0.674	−0.075	−0.43	0.28

$Cluster_{computer}$ 与 $Cluster_{user}$ 的正向和负向上的 Sig. 值分别是 0.394 和 0.674，在 0.05 水平下并不显著，远大于 0.05 水平。因此接受零假设，认为 $Cluster_{computer}$ 与 $Cluster_{user}$ 的结果没有差异，即 $Cluster_{computer}$ 和 $Cluster_{user}$ 的结果对用户认知而言无差异，假设 5.2 成立。

综上所述，对用户浏览过的商品进行聚类可以有效区分出感兴趣和不感兴趣的商品，而且在满分 7 分制的评分标准下，该方法提取的用户偏好经被试确认后平均值达 5.84，说明将聚类结果表示为用户偏好不仅是可行的，也是科学的。

3. 稳定性验证

一般来说，用户浏览电子商务网站时，不同类别下的商品页面浏览数量是不同的，研究采用正态分布来拟合这种数量差别，并根据平均分布来设置对照组，以此检验网页相似度算法的稳定性。由于高校在校生是电子商务的主要消费群体之一，具有典型性，研究选择高校在读研究生、本科生浏览频率最高的服装、数码和图书三大类商品进行实验，并通过上述二级分类来对本算法的稳定性进行检验。实际选取夹克、羽绒服、牛仔裤、皮鞋、旅游鞋、登山鞋、手机、笔记本计算机、计算机和互联网、小说和教辅共计 11 个二级类目，所有子类都分属鞋服、数码、图书 3 个一级类目。

1）样本选取

首先，从淘宝网中对 11 个二级类目下按照 Matlab 软件生成的随机号随机抽取特定类别下随机生成编号的 5 个页面，共计 55 个页面模拟第一种用户访问行为，并将其称为"偏好均等"，如图 5-13 所示。

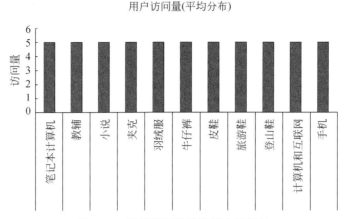

图 5-13 无偏好下的模拟用户访问量

其次，用 Matlab 软件按照正态分布拟合出三种不同的类目分布情况下的商品数量，并从淘宝网中选取相应类目下采用等距抽样的方式抽取指定数量的样本。具体而言，先进入淘宝网特定类目下，将商品按照热卖程度降序排列，每个页面上选择由上至下的第 15 个商品作为样本，当前页面选取完毕后，进入下一页面继续在相同位置进行选取。如图 5-14、图 5-15 和图 5-16 所示，分别表示用户偏好数码产品、偏好鞋服和偏好图书的抽样样本量设计。

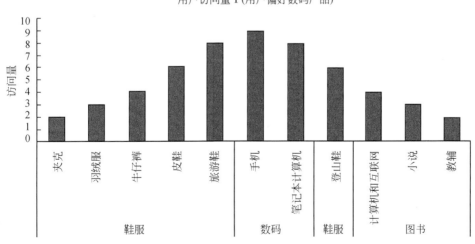

图 5-14 数码产品偏好下的模拟用户访问量

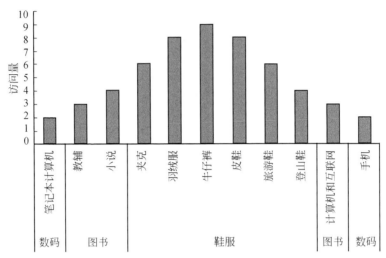

图 5-15　服装偏好下的模拟用户访问量

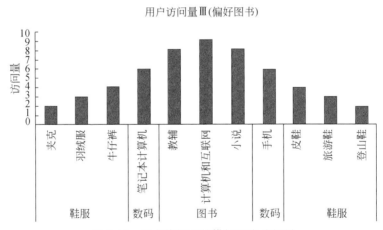

图 5-16　图书偏好下的模拟用户访问量

2）聚类结果

使用 Python 语言自行开发爬虫程序分别抓取每类样本下的网页源文件并抽取"宝贝标题"、"宝贝特征"和"宝贝详情"三个部分的文字信息并分词，继而选取每个网页中的 TOP10 作为该网页标识特征向量内容，利用已训练完毕的语料库计算网页相似度，最后使用 R 语言输入结果并以可视化树图形式进行展现。通过分层聚类算法，分别得到这四个样本的树图，如图 5-17 ~ 图 5-20 所示。

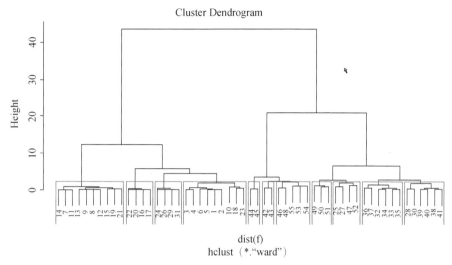

图 5-17　无偏好下的访问聚类图

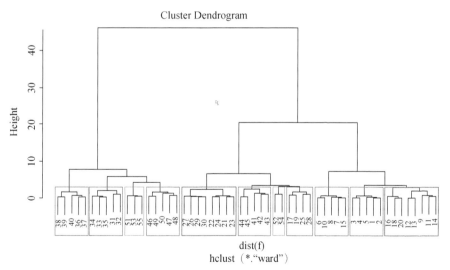

图 5-18　近似正态分布下用户访问量 I （数码）

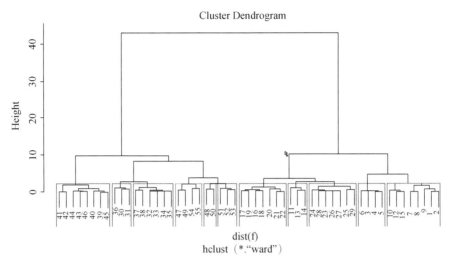

图 5-19 近似正态分布下用户访问量Ⅱ（图书）

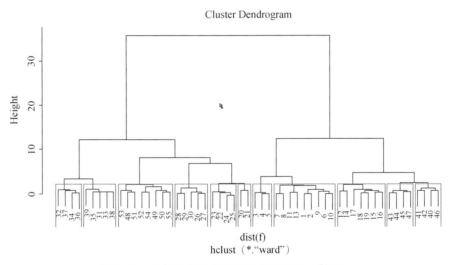

图 5-20 近似正态分布下用户访问量Ⅲ（鞋服）

使用正确率 Accruacy 来检验聚类算法在不同用户偏好的情境中是否普遍存在良好的稳定性。聚类正确率即等于正确的聚类结果数目/参与聚类的网页总数，CorectPages 即聚类树中符合上述一级、二级商品分类的网页数，TotalPages 即聚类中呈现的所有被试网页数。

如表 5-9 所示，平均分布下聚类正确率为 81.81%，三种正态分布下的聚类正确率分别为 82.22%、85.45%、74.55%。这一正确率表明聚类算法具有良好的稳定性，能适应不同的用户偏好的情境。

表 5-9　基于商品特征的自组织聚类算法正确率表

四种抽样类别正确率				统计	
平均分布	正态分布 I	正态分布 II	正态分布 III	均值	方差
81.81%	82.22%	85.45%	74.55%	81.01%	0.0021

将上述数据录入 SPSS 进行分析，单样本 t 检验结果如表 5-10 所示。可知本算法在三类商品数量的三种正态分布情况下，正确率方差仅为 0.0021，与平均分布相比，统计差异不显著（$P = 0.146 > 0.05$）。因而原假设成立，即假设 5.3 成立，算法对不同商品数量分布情况下分类结果一致，说明其具有良好的稳定性，平均正确率达到 81.01%。

表 5-10　不同偏好下正确率的差异验证

项目	t	df	Sig.（双侧）	均值差值	差分的 95% 置信区间	
					下限	上限
Accuracy	2.324	2	0.146	0.5 607 333	−0.477 612	1.599 079

5.2　基于商品特征自组织层次聚类的网络用户会话切分研究

5.2.1　研究背景

用户偏好的识别与获取一直是个性化推荐系统的一个瓶颈，也是实现个性化推荐十分重要的一环，准确真实的用户偏好信息直接决定了个性化推荐的有效性。传统的偏好识别主要针对于群体，而个性化推荐系统中的主体是一个个的用户，如何识别个体用户的偏好，影响着个性化推荐服务的最终质量。已有研究证明，用户浏览过的所有页面才是建立完整的、系统的、科学的用户偏好模型的数据来源和分析依据,可以从用户浏览历史出发,以页面内容的聚类映射为用户的偏好模型。用户在浏览 Web 站点过程中进行的点击、查看等操作反映了用户的真实兴趣,代表了用户的行为与偏好。而用户的偏好又可细分为短期偏好和长期偏好。对用户访问 Web 站点这一行为进行会话切分,可准确侦测用户的短期偏好,通过对用户的长期追踪,也可发现用户的长期偏好。因此,本书以会话作为识别用户偏好的单元,提出了一种基于用户认知的网络用户会话切分方法。

5.2.2 相关研究

会话是指用户从登陆某 Web 站点的时刻开始,直至离开此站点的时刻为止,进行的一系列浏览行为所构成的集合。通常来看,用户都有短时间内对站点进行多次访问的经历,这种情况下服务器日志将登记用户全部访问行为。会话切分就是将某个特定用户访问站点的活动集合划分到相应的用户会话。

传统的会话切分方法主要包括两大类:基于时间的启发式方法和基于引用的启发式方法。根据对用户访问行为的几种不同假设,主要有四种识别会话的模型:页面类型模型、参引长度模型、最大前向参引模型和时间窗口模型。而学界对会话切分方法的关注点主要集中于对时间窗口模型中时间阈值的改进。

庄力可等采用 Gauss 假设的方法来设定不同单用户 IP 的阈值,并在相邻页面访问时间间隔超出阈值时切分会话。朱晋华等通过下载时间、阅读时间等多个参数来综合定义用户对页面的浏览阈值,并依据用户对页面的浏览兴趣度来处理掉会话中的无关的页面和链接页面。方元康等提出一种基于框架网页与页面阈值的会话识别算法,减小了框架页面的存在对会话识别的真实性和效率的影响。蔡浩等和戴智丽等都尝试在最常用的 Timeout 方法的基础上,通过动态计算会话中请求记录间的平均时间间隔,个性化地调整页面的时间阈值。王新房等提出一种 Markov 链模型结合动态时间阈值的会话识别新算法,采用 Markov 链模型创建候选会话,采用 DT2 探测会话的结尾。张娥等在对用户访问行为的合理假定基础上,提出基于综合最大前向参引模型和时间窗口模型的新方法。Huang 等利用信息论的方法计算请求序列的信息变化动态识别会话边界,不依赖任何时间阈值,对参数的选择要求比较高。

但是这些方法过于强调用户浏览的时间阈值、网站的拓扑结构和用户的浏览路径,而恰恰忽略了用户真正关注的页面的具体内容,导致会话切分的准确率和效率降低。用户在访问 Web 站点过程中产生的认知活动是一个逐渐积累的过程,且认知能力是用户和各种信息系统交互时的一个重要影响因素。因此，本书提出了一种基于用户认知的会话切分方法。该方法不依赖时间阈值，而是直接从用户浏览的兴趣点出发，对用户访问的页面进行自动聚类，将属于同一类的页面访问记录划分为一个会话，并以此作为识别用户偏好的单元。

5.2.3 用户商品类别认知的时间因素分析

关于用户认知的问题多见于学习理论，在线认知行为更常见于网络学习，电子商务浏览下的认知研究则并不多见，特别是对于中间具有间隔时间段的非连续认知过程而言更是如此。因此，本书将首先借助访谈法，解释该问题隐含的内在规律。

2014 年 12 月 18 日至 21 日草拟访谈大纲并列出七项问题，22 日至 23 日对华中师范大学信息学管理学院管理科学与工程专业 2013 级硕士共计 10 人进行初步访谈，24 日修改访谈大纲和问题的文字表述形式并将问题删减至 5 项。最后，于 25 日至 31 日对华中师范大学信息管理学院情报学、管理科学与工程专业的本科生、硕士生、博士生共 20 位受访者（表 5-11）进行半开放式访谈。

表 5-11 访谈对象统计信息表

专业	学历	性别		合计	
		男	女	人数	比例/%
情报学	本科生	1	2	3	15
	硕士生	2	1	3	15
	博士生	1	2	3	15
管理科学与工程	本科生	3	1	4	20
	硕士生	1	3	4	20
	博士生	2	1	3	15
合计		10	10	20	100

经过对访谈笔记和录音的整理分析，初步发现：

（1）10 分钟、15 分钟、30 分钟或 1 个小时等时间段并不能有效区分出受访者对商品的不同感知，90% 的受访者都表示"自己上网浏览商品时不存在明确的时间界限"。

（2）对于连续的 10 分钟、15 分钟、30 分钟或 1 个小时等时间段的会话，所有受访者都表示"不能确定这种连续会话中是否一定会有不同的商品类型关注"。

（3）所有受访者都认为，个人近期访问的焦点是一个持续的过程。例如，有多位女性受访者指出"买衣服时，在作出最后购买决策前会有一段较长的时间来浏览同类型的宝贝，仔细比较、在头脑中想象试穿的效果，在同类型中挑选两三款最适合的进行最终 PK"，这样的时间段少则两三天到一周，多则半个月到一个月。

（4）此外，也存在 10 分钟内就可以完成的完整的购物行为，典型代表就是话费、点卡、游戏币充值。这类宝贝在淘宝和京东首页直接购买即可，无需比较。

在认知心理学理论基础上对上述访谈内容深入分析，可以得出如下结论：

（1）几乎所有受访者在特定时间段内浏览的商品都不是单独认知和记忆的，而是和受访者之前的已有记忆补充、建构在一起，心理认知是按照商品类别、功能类别构建的。

（2）认知图式并不具有明确的时间性，即心理构建出的认知图式是一种积累，各个部分距今的时间并无重要意义，有意义的是整个图式对个人作为知识构成和判断依据的价值。

（3）在询问最近一个兴趣点时，发现用户一般通过近 20 多天，5~10 次，相似宝贝之间间隔 1~4 次，共计 5~15 个小时来建构一个有意义的认知图式。

5.2.4　网络用户会话时间段确证

在访谈基础上，本书对用户在实际网络购买行为中的会话感知进行进一步的分析。从用户真实的浏览记录中得到商品网页停留时间（duration）、访问次数（times）、距今时长（days，以天计）等信息，利用问卷测算用户对这些网页的偏好程度（preference）及印象深度（impression），继而从认知心理学视角探究用户偏好、印象与浏览行为的关系，进而揭示出用户会话心理时间的具体特征。

首先，对访谈对象进行回访，招募被试。向被试提出获得个人网购浏览记录的要求，在征得被试同意的前提下采集 History 文件。其中回访被试 20 名，同意提交访问记录者 12 名。由于人数过少，又进行了第二轮被试招募（此次选择人流量较大的图书馆）。经过两天的招募，仅有 15 人同意参加，但提交的 15 份 History 文件中只有 6 份是可用的。继而，对 18 份 History 文件进行数据清洗，去除 3 份无效文件后，将其余 15 份文件中的三个字段"url、visit_time、visit_duration"利用 Navicat for SQLite 软件抽取并导入 Excel 表格。对 Excel 中的 15 人数据分别按照偏好程度（Preference）及印象深度（Impression）进行统计汇总，结果如表 5-12 和表 5-13 所示。

表 5-12 访问次数与访问时间下的偏好程度平均值

Days	Times							均值
	1 次	2 次	3 次	4 次	5 次	6 次	7 次	
1	2.5	4	6	7	—	—	—	4.875
2	3	4	4	7	—	—	—	4.5
3	—	3	—	6	—	—	—	4.5
4	2.5	4	5	5.5	—	—	—	4.25
5	2	6	6	6	—	—	—	5
6	2.8	5	—	5.5	—	—	—	4.433
7	—	4	4	—	—	—	—	4
8	—	4.5	5		5	—	—	4.833
9	2.5	4	—	—	—	—	—	3.25
10	2	—	—	—	5	—	—	3.5
12	4	3.5	5	5	5	—	—	4.5
17	4	—	—	—	—	—	—	4
20	3	—	—	—	—	—	—	3
21	—	5	—	—	—	—	—	5
22	—	3.5	—		6	—	—	4.75
23	—	5	—	4	6	—	—	5
24	1	—	—	—	—	—	—	1
25	3	—	6	—	—	—	—	4.5
26	2	—	—	4	7	—	—	4.333
27	4	4.5	4	—	—	—	—	4.167
28	3.4	4	6		7	—	—	5.1
29	1	1	—	6	6	7	—	4.2
30	2.75	4	5	—	—	—	—	3.917

续表

Days	Times							均值
	1 次	2 次	3 次	4 次	5 次	6 次	7 次	
31	6	—	5	—	—	—	—	5. 5
32	1. 5	3	5. 5	—	—	—	—	3. 333
34	1. 67	5	—	—	—	—	—	3. 335
35	5	3	4	—	—	—	—	4
36	2	3	4	—	—	—	—	3
37	1	—	4	—	—	—	—	2. 5
38	2	—	—	5	—	—	—	3. 5
39	2	3	—	—	—	—	—	2. 5
40	—	3	—	—	—	—	6	4. 5
41	—	—	5	—	—	—	—	5
42	2	—	4	—	7	—	—	4. 333
52	2	6	—	—	—	—	—	4
53	2	—	3	4. 5	—	—	—	3. 167
54	3. 3	4	6	—	—	—	—	4. 433
55	5	6	—	—	—	—	—	5. 5
58	1. 3	—	—	—	—	—	—	1. 3
均值	2. 652	4. 039	4. 825	5. 458	6	7	6	

表 5-13　访问次数与访问时间下的印象程度平均值

Days	Times							均值
	1 次	2 次	3 次	4 次	5 次	6 次	7 次	
1	3	5	5	7	—	—	—	5
2	—	3	—	6	—	—	—	4. 5

续表

Days	Times							均值
	1 次	2 次	3 次	4 次	5 次	6 次	7 次	
3	2	6	4	—	—	—	—	4
4	1	4	7	—	—	—	—	4
5	1	6	7	6	1	—	—	4.2
6	4	3.5	—	7	—	—	—	4.833
7	—	3	5	—	—	—	—	4
8	—	5	6		5	—	—	5.333
9	1	5	—	—	—	—	—	3
10	1	—	—	—	7	—	—	4
12	5	4.7	7	7	7	—	—	6.14
17	5	—	—	—	—	—	—	5
20	1	—	—	—	—	—	—	1
21	—	5	—	—	—	—	—	5
22	—	3.5	—	—	6	—	—	4.75
23	—	3	—	6	7	—	—	5.333
24	1	—	—	—	—	—	—	1
25	1	—	6	—	—	—	—	3.5
26	1	—	—	4	7	—	—	4
27	2.5	2.5	5	—	—	—	—	3.333
28	2.4	3	7	—	7	—	—	4.85
29	1.5	2	—	7	7	7	—	4.9
30	1.5	3	6	—	—	—	—	3.5
31	5	—	3	—	—	—	—	4
32	1	3	5	—	—	—	—	3

续表

Days	Times							均值
	1 次	2 次	3 次	4 次	5 次	6 次	7 次	
34	1. 3	7	—	—	—	—	—	4. 15
35	4	3	5	—	—	—	—	4
36	1. 5	3. 5	—	—	—	—	—	2. 5
37	1	—	5	—	—	—	—	3
38	2	—	—	5	—	—	—	3. 5
39	3	3. 5	—	—	—	—	—	3. 25
40	—	4	—	—	—	6	—	5
41	—	—	4	—	—	—	—	4
42	3	—	6	—	7	—	—	5. 333
52	1. 5	6	—	—	—	—	—	3. 75
53	2	—	4	7	—	—	—	4. 333
54	1. 7	4	7	—	—	—	—	4. 233
55	2. 5	3	—	—	—	—	—	2. 75
58	1. 7	—	—	—	—	—	—	1. 7
均值	2. 132	4. 008	5. 474	6. 2	6. 1	7	6	—

　　其次，按访问次数对比用户偏好程度与印象深度的平均值，如表5-14 和图5-21所示。由表5-14 和图5-21 可知，用户偏好程度（问卷中使用更为通俗的"喜爱"）与印象深度高度相关，用户越感兴趣的商品其记忆越深刻。但是，同一商品的浏览次数下偏好程度与印象深度具有不同的关系：当某商品仅被访问过一次时，对商品的记忆程度平均要高于喜好；浏览两次时，两者达到均衡；同一商品被多次浏览时（3～5 次），对商品的喜好要高于印象；在更多次的访问后（大于5 次），喜好和记忆程度又一次等同起来。这充分说明，在用户浏览商品以及同时发生的认知过程中伴有情感的影响，对商品的喜爱这类正向情感随着访问次数的增多强化了相应的记忆，而不喜欢或者厌恶的负向情感又会比记忆表现得更为明显。

表 5-14   用户偏好程度与印象深度平均值对比 I

访问次数	1 次	2 次	3 次	4 次	5 次	6 次	7 次
喜爱	2.652	4.039	4.825	5.458	6	7	6
印象	2.132	4.008	5.474	6.2	6.1	7	6

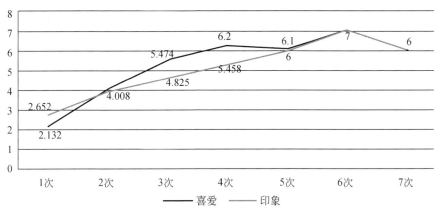

图 5-21   用户偏好程度与印象深度平均值对比 I

最后，按距今时长对比用户偏好程度与印象深度，如表 5-15 和图 5-22 所示。在长达 60 天的网购时段中，虽然偏好与印象有时变动很大，但总体上两者还是保持较高的同步性，在这个过程中能够明显看出存在四个不同的阶段，按照时间由近及远将其依次编号为 Ⅰ、Ⅱ、Ⅲ、Ⅳ。

表 5-15   用户偏好与印象程度平均值对比 Ⅱ

距今时长	喜爱	印象	距今时长	喜爱	印象
1	4.875	5	5	5	4.2
2	4.5	4.5	6	4.433	4.833
3	4.5	4	7	4	4
4	4.25	4	8	4.833	5.333

续表

距今时长	喜爱	印象	距今时长	喜爱	印象
9	3.25	3	32	3.333	3
10	3.5	4	34	3.335	4.15
12	4.5	6.14	35	4	4
17	4	5	36	3	2.5
20	3	1	37	2.5	3
21	5	5	38	3.5	3.5
22	4.75	4.75	39	2.5	3.25
23	5	5.333	40	4.5	5
24	1	1	41	5	4
25	4.5	3.5	42	4.333	5.333
26	4.333	3.5	52	4	3.75
27	4.167	3.333	53	3.167	4.333
28	5.1	4.85	54	4.433	4.233
29	4.2	4.9	55	5.5	2.75
30	3.917	3.5	58	1.3	1.7
31	5.5	4	—	—	—

从第1日至第8日，偏好与印象的曲线稳定、变化较小。第9日至第25日，两者产生极大的波动。第26日至第42日，曲线又回归稳定。第43日之后，两者再次呈现出剧烈波动的态势。从而，总体上显现出偏好与印象以稳定开端，随后稳定与震荡相交的特点。此外，从时间上看，Ⅰ区（稳定）间隔7天，Ⅱ区（震荡）间隔16天，Ⅲ区（稳定）间隔16天，Ⅳ区（震荡）间隔17天（以本次最长时间为界限）。除去Ⅰ区7日以外，Ⅱ、Ⅲ、Ⅳ三个区几乎都为16日，即使由于研究数据最大日期所限不考虑Ⅳ区，Ⅱ、Ⅲ两区都呈现完全相同的时间段长度。对于为何会出现稳定区与震荡区交错出现的现象，有待后续研究中阐明。在扩大样本量的同时希望能够以情绪或情感为突破口，让这一有趣的现象得到合理、科学的解释。

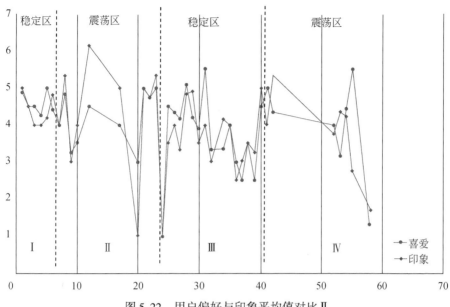

图 5-22　用户偏好与印象平均值对比 Ⅱ

心理学研究指出，人的记忆分为短时记忆和长时记忆。按照艾宾浩斯遗忘曲线，1 天后人们就将遗忘约 33.7% 的内容，随后遗忘速度减慢，6 天后仍能记忆约 25.4%。那么就存在一个关键性的问题：如前所述偏好程度和印象深度高度相关，那么如果浏览过的商品随着时间遗忘使得印象慢慢减淡，那么对相应商品的喜好也应该衰减。可是，这却与实际并不相符，因为人们的兴趣和爱好具有稳定性，在较长的一段时间内不会产生很大的变动，即使对特定商品的印象已然不再深刻，也并不意味着已经不再喜欢，对商品喜爱的程度不该因此而降低。究其原因，则是因为印象虽由记忆决定却不等同于记忆，在个体商品层面上对于某个特定的商品而言必然随时间而慢慢遗忘，但在某类商品的总体层面上印象却并非一定随时间变淡。印象只是记忆的骨骼和意义，也许细节上确实存在遗忘，但构建后的印象加入了用户情感因素的解释使之意义变得更为丰富，对人的作用和价值也就越大，进而成为知识的一部分而凝结下来。因此，正是情感的存在才导致物品对人形成了不同的意义，在认知过程中逐步通过记忆的碎片拼合出轮廓渐明的图式，这个图式也才能够在较长时段中对人的认知产生积极的影响。这同时也佐证了访谈的结论，用户对商品的认知是一个逐渐积累的过程，其时间间隔远远长于 10 分钟、15 分钟或半个小时。

真实的用户会话绝不能用短暂的时间段进行区分，而应该在更长的时间段中逐步分辨。从图 5-22 中可以看出，第一个稳定区 I 区是用户近期心理的综合稳定区间，也是最适合成为表征用户短期偏好的区间。因此，研究将 7 天作为短期偏好的一个节点，7 天内用户浏览过的商品聚类树图视为用户短期偏好的内容，而长期偏好即是所有数据记录的时间段内的总体图式。

5.3　基于屏幕视觉热区的用户偏好复合模型

5.3.1　研究背景

本章 5.1 节提出基于商品特征自组织层次聚类的用户偏好建模方法并验证了该方法的可用性及稳定性，特别是该方法与时间因素无关且聚类质量较高，因此具有很强的通用性。5.2 节对用户会话进行实证研究，从认知心理学视角探究用户的偏好及印象等心理特征表现及其规律，并指出用户短期偏好的日期阈值是7 天。

必须明确指出的是，上述两节依旧是通过传统的用户网络行为数据来源——网页浏览记录来进行研究的。虽然使用这样的数据源并不影响结论的科学性和正确性，但是实际上由于用户需求是一种心理发展的受情境影响的层次性表达，不同商品类别网页甚至同类网页用户浏览的时间都可能存在较大差异，更何况重复访问同一网页时浏览的网页位置都不尽相同，因此，简单地使用网页浏览记录的，从而以单个网页作为用户行为分析单元的方法便显得粗糙和模糊。因此，可以引入本书第 4 章提出的基于屏幕视觉热区的用户偏好提取方法，将用户偏好识别的粒度进一步缩小，从而把偏好分析的基本单元由单页网页页面细化到网页内用户注视的不同内容区域上来。由此，便可以得到更为精准的用户偏好模型。

5.3.2　用户偏好复合模型逻辑体系

用户偏好是一种用户心理倾向，也是用户意向性的体现，是个体与外在世界交互认知中逐渐形成和积累起来的。在电子商务领域中，在商品类别维度上，用户具有多样的需求，不同需求又对应着不同的偏好，从整体上看呈现出倒立的树状形态；而在时间维度上，不同时间段中又有明显的差异性，按时间长度可以将其划分为即时偏好，短期偏好和长期偏好三种类型。其中，即时偏好指的是用户在当前浏览页面中的偏好，一般时间大约在 10 秒至 5 分钟之间；短期偏好是指用户近期的偏好，在本书中特指 7 日内的偏好；长期偏好则是指有用户长期稳定的偏好，尽管理论上应该将全体历史访问记录都纳入长期偏好的分析中，但由于个体的成熟，工作、学习、生活情境的变化，使得更早的兴趣点对未来需求预测准确度大为降低，故本书中以整年为分析单元，即将自当前天数算起向前推至 365 天内的偏好视为长期偏好。

用户偏好的复合模型是用户偏好的结构化建模，呈现品类偏好与即时、短期、长期三种时段偏好相互交叉的复杂情况。由于只有一部分即时偏好可以归入更为稳定的短期偏好、而短期偏好中也仅有部分能够归入更为稳定的长期偏好，因此从数量上看，长期偏好要低于短期偏好，短期偏好又低于即时偏好如图 5-23 所示，即时、短期和长期偏好有交集也有差异，即时偏好与短期偏好共有的子集占比较低，而短期偏好与长期偏好共有的子集所占比重则相对较高，这是由于短期偏好比即时偏好离散程度更低，从而更加接近于长期偏好。在即时、短期和长期偏好中，偏好虽都呈现出树状结构的组织形态但树的深度和密度则有很大差别，即时偏好的树图短而稀疏，长期偏好枝繁叶茂，短期偏好则处于两者之间。

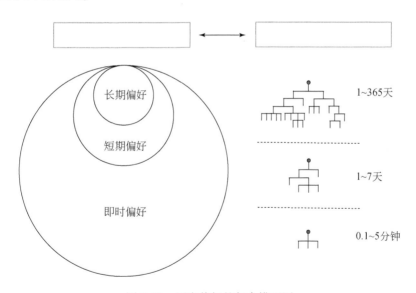

图 5-23 用户偏好的复合模型图

5.3.3 用户偏好复合模型的构建

1. 形式化描述

在用户访问电子商务网站时，对于区块体系有：

将当前用户集合记为 U，当前用户记作 u。用户 u 访问的所有页面集合为 P，其中商品浏览页面记为 Pc，有 Pc ≤ P，其中对于正在访问的当前商品页面 Pc_i 而言，按照内容组织和浏览形式可将其分为两大类不同的区块 CS，CS = ｛CSnormal，CSbrowse｝。

CSnormal 区块是网页自身的内容组织框架，包含商品标题区 Commodity Titles Section（CTS）、商品参数区 Commodity Parameters Section（CPS）以及商品详情区 Commodity Details Section（CDS），而商品标题区又可细分为主标题区 Main Title Section（MTS）和副标题区 Sub Title Section（STS）两类，如图 5-24 所示。CSbrowse 区块则是用户浏览页面过程中产生注视的所有区块，可能位于 CSnormal 的某个区块中，也可能横跨这些区块。

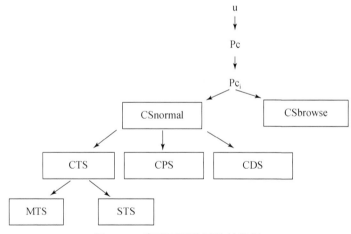

图 5-24　商品页面的区块结构图

对于用户在不同区块中的注视时间而言：

令 Time 代表用户在每个网页上停留时间集合，则有：

$$Time = \{T_1, T_2, \cdots, T_n\}, \; n\;为商品页面总数$$

对于每一个具体页面 Pc_i，T_i 分布于各个 CSbrowse 区块内，有

$T_i = \{ T_{s_1}, T_{s_2}, \cdots, T_{s_m} \}$，$m$ 为商品页面用户注视的区块总数

于是，可以将 T_i 和 Time 使用如下公式进行表示：

$$T_i = \sum_1^m T_{sj} \tag{5-8}$$

$$Time_{ij} = \sum_1^n \sum_1^m T_i \tag{5-9}$$

时间以外的另一个重要权重指标则是访问频率集合 Rate，其值为不同页面访问次数与总次数的比例，Rate 集合元素之和为 1。

$$Rate = \{ R_1, R_2, \cdots, R_n \}，且 R_1 + R_2 + \cdots + R_n = 1$$

用 $F_{keyword}$ 表示短文本关键词提取算法，θ 代表权重矩阵归一化计算，Rate 权重矩阵全部置为 1，则可将用户即时偏好 $UserPrefer_{Current}$ 定义为：

$$UserPrefer_{Current} = Top\Big(F_{keyword}\Big(\sum CSbrowse \Big) \cdot \theta\Big(\sum_1^t T_{sj}, Rate \Big), \omega\Big) \tag{5-10}$$

用户即时偏好 UserPrefer 便是用户在最初浏览当前页面时起至某一时刻 t 内，所有注视区域内关键词加权计算后降序排列的前 ω 个结果。由于即时偏好是实时获取的，因此 UserPrefer 的值在不同时刻也是不同的。

实际上，用户的短期偏好是即时偏好在时间维度上的累积和形变。如果将时间延长并将基于商品特征自组织层次聚类方法表示为 $F_{cluster}$，那么用户的短期偏好 $UserPrefer_{Short-term}$ 则可以定义为：

$$UserPrefer_{Short-term} = F_{cluster}\Big(\sum_1^7 UserPrefer_{current} \cdot \theta\Big(\sum_1^t T_{sj}, Rate \Big) \Big) \tag{5-11}$$

由于长期偏好和短期偏好提取方法相同，差异仅在时间长度，于是用户的长期偏好 $UserPrefer_{Long-term}$ 可以定义为：

$$UserPrefer_{Long-term} = F_{cluster}\Big(\sum_1^{365} UserPrefer_{current} \cdot \theta\Big(\sum_1^t T_{sj}, Rate \Big) \Big) \tag{5-12}$$

用户短期偏好和长期偏好分别反映用户 7 天及 1 年内在目标电子商务网站浏览过程中形成的偏好体系。

2. 实现方案

理论上，对于用户即时偏好、短期偏好和长期偏好的计算都应该严格按照上述定义进行。但是，现实中往往受软硬件及带宽资源所限，并不一定能够满足严格条件下的计算要求。因此，以 5.1 节的相关结论为依据，完全可以在降低微小精度的基础上实现对计算资源的极大节约，从而获得更高的稳定性及用户体验。

所以，在此提出精度优先和性能优先两种基于屏幕视觉热区的用户偏好复合模型实现方案。

1）精度优先方案

即时偏好：在持续浏览过程中，使用正则表达式标识出含有"item. taobao. com"及"detail. tmall. com"信息的 URL 作为监控目标页面。判断页面类型并加载 JS 代码，当用户页面滚动间隔长于 2s 后激活屏幕视觉热区识别及内容提取模块，并对文字的标题、字体、粗细、字号及临近标签等 CSS 样式信息进行分析，构建重要性权重向量。继而，使用短文本关键词提取算法得到用户即时注视区域中的关键词，使用 Hash 算法抽取的页面 URL 摘要作为页面 ID 随同注视时间一同存入数据库中，并触发 Trigger 对当前页面数据进行聚类，聚类结果作为用户即时偏好。

短期偏好：从数据库中筛选出 7 天时间内的全部数据，使用基于商品特征自组织层次聚类方法得到聚类树，该聚类树即为用户短期偏好。

长期偏好：与短期偏好相似，所不同的是聚类数据时间期限为 365 天以内。

由于短期偏好较即时编号更为稳定，而长期偏好又比短期偏好更为稳定。因此，短期偏好和长期偏好的 Trigger 触发更新时间为 1 天和 1 周，即短期偏好每天更新一次而长期偏好每周更新一次。

2）性能优先方案

在 5.1 节语料库的训练中已经指出，以图片形式出现的商品介绍提取的效果并不总是高于商品主副标题及参数栏，故而在实时性要求非常高的情况下可以采取将网页主副标题及参数信息近似作为该网页用户即时偏好的做法。在这种情况下，用户即时偏好仍旧按照严格方式实施生成，只是在计算用户短期和长期偏好时进行简化运算，用页面商品标题和参数代入聚类计算。

在实际执行中，是通过数据库中的触发器根据精度优先或性能优先不同的情况调用不同自定义函数而实现的。在研究中数据库选用 MySQL，其触发器伪代码如下所示：

```
BEGIN
#Step 1:
@ count = (select Scheme from projectset_info where id = 1);
if @ count = 0 then
    调用 Precision_priority ()
else
```

```
    调用 Performance_priority ()
#Step 2:
Do other things
end if;
END
```

5.3.4 实例例证

1. 插件开发

1）基本原理

Chrome 浏览器为开发人员提供了良好的接口，可分为 Browser Actions 和 Page Actions 两种不同的浏览器图标驻入形式，以及 Popup Pages 和 Background Pages 两种不同的运行方式。与 Page Actions 把程序图标置于地址栏中不同，Browser Actions 将应用图标显示在工具栏上，这也是最为常见的选择。Popup Pages 属于 Browser Actions，需要点击才能启动，而 Background Pages 则不同，该 Page 在插件加载时开始运行，通过注册函数便可以在不同的时机下执行相应的预设函数。

Chrome 插件的基本开发语言与网页编写脚本大致相同，面向 XHTML、CSS 和 Javascript 语言。与网页开发不同，Chrome 插件的开发必须了解浏览器常用事件，遵守文档、参数配置等方面的开发规范。

研究的目的是获取用户浏览淘宝页面的详细操作，可是现实中未必用户访问的每个网页都是淘宝网页，即便访问了淘宝页面，但登录窗口、购物车、在线支付，以及这些页面之间的跳转页面都不属于研究的目标页面，也予以排除。因此，Javascript 脚本中需要完成如下功能：第一，使用正则表达式确定当前 URL 是否为商品页面；第二，在商品页面加载时预加载屏幕视觉热区内容抽取 JS 代码；第三，判断页面活动状态，将形成注视行为的屏幕视觉热区的内容予以保存并记录不同文本标签及 CSS 的字体样式、大小等附加信息作为权重。由于 JS 无法直接对中文进行分词，也无从运行 TF-IWF，于是使用 Python 开发一个常驻内存的服务，让其随机开启并实时监控 SQLite 数据库中的 Original 表内容变化，随即将更新内容进行分析和 TF-IDF 排序，将 TOP5 的关键词和注视时间等信息存入 Output 表中同时将本条 Original 表中的记录标记为已处理，对于已处理的原始内容在用户间隔操作长于 1 分钟时予以批量删除。

2）开发方案

a. 搭建开发平台

硬件环境：HP Envy 17 NoteBook。主要参数如下：Intel Core i7-4700MQ，四核八线程；8G 内存；1TB 机械硬盘容量；AMD Radeon HD 7850M，1GB 显存容量。

软件环境：Windows8.1 专业版，64 位；jquery1.7.2.min.js；SublimeText 3.0。

b. 主要过程

首先，选取 Browser Actions 下的 Background Pages 后台运行方式，填写 background_page 中的各项配置信息，确定插件名称、版本号、概要、页面名称、图标位置及许可等信息。注意，由于监视程序不需要 Popup Pages 的弹出式窗口，因此选择 Page Actions 让应用图标呈现在地址栏中即可。在 background_page.html 页面中，添加 Javascript 函数 InsertFunction ()，在该函数中注册屏幕视觉热区内容提取的 JS 代码，并设置 hook 令 tab 更新时自动触发，伪代码如下：

```
//* ---InsertFunction 伪代码, Kai Liu---*
function InsertFunction (tabId, changeInfo, tab)
{
    //判断当前 URL 是否为淘宝商品页面
    Flag = IsTaobaoGoods (url)
    If Flag == True:
        //挂载屏幕视觉热区 JS 代码
        chrome.tabs.executeScript (tabId, {file:" EyeTrace-
JS.js"});
}
//注册事件的响应函数
chrome.tabs.onUpdated.addListener (InsertFunction);
//* ---The End of the Code---*
```

其次，在 EyeTraceJS.js 脚本书件中根据对页面 scroll 事件监控判断注视形成的条件是否得到满足，如果形成注视则提取屏幕视觉热区内的文字并记录注视时长。特别地，绝大多数商品页面中商品介绍是以图片形式展现的，在这种情况下 JS 中记录的则是图片地址及其注视时间。随后，将数据实时存入 SQLite 数据库的 Original 数据表中，并在 TorP 字段（Text or Picture）按相应类别进行标记。

最后，添加触发器 Trigger 令 Original 使用效果较为稳定且社区活跃的

Pytesser 项目进行文字识别，将图片 URL 地址全部转化为文字，使用 TF-IWF 算法提取 TOP5 关键词，与注视时间及商品 ID 一起保存至 Output 表中，以待后续分析。插件安装后运行时如图 5-25 所示。

图 5-25　EyeTraceJS. crx 插件运行图

2. 实例例证

本章前两节的实验中已经验证了方法的合理性和适用性，但被试选取都较为单一，均为在校大学生，而在校大学生不仅购买力相对较弱，需求面也较为狭窄，虽然是网购主要人群之一，具有典型性，但并不具备代表性。因此，在此选取一名普通的男性企业员工数据进行实例分析。

姓名：×ד

性别：男

年龄：39 岁

婚否：已婚

家庭主要成员：妻子、孩子（女孩）

任职单位：浙江省嘉宝物流

网购次数：2 ～ 5 次/周

主要网购网站：淘宝、当当、京东

淘宝注册日期：2006 年 5 月 6 日

当当注册日期：2007 年 10 月 28 日

京东注册日期：2012 年 2 月 17 日

该参与人于 2015 年 1 月 31 日提交了 History 文件，数据清洗后保留其 2014 年全年完整的浏览信息，从中过滤出淘宝、当当、京东三家电商浏览记录，参与人并无亚马逊、拍拍、新蛋、凡客、唯品会等浏览记录。这说明被试网购平台选择非常集中，进一步分析证实了这个结果，2014 年被试淘宝、当当和京东的浏览量如表 5-16 所示，能够看到淘宝占绝大部分，均值达到 80.6%，而京东与当当之和也不及 20%。因此，研究选取参与人主要的购物平台——淘宝网进行分析。

表 5-16　参与人 2014 年网购平台访问信息表

行为信息	淘宝		京东		当当	
	数量	比例/%	数量	比例/%	数量	比例/%
商品数/个	1783	80.4	348	15.7	87	3.9
URL 总访问次数/次	2577	80.5	439	13.7	184	5.8
总停留时间/分	1718	80.9	299	14.1	107	5
均值	—	80.6	—	14.5	—	4.9

经参与人许可，在其个人 DELL 笔记本（型号：XPS13D）中 360 极速浏览器上安装了自行开发的 DurationExtractTool.crx 插件，用于识别用户实时眼动视觉热区并将注视时间大于 2s 区域内容的关键字及停留时长进行客户端日志记录。受时间所限，测试从 2015 年 1 月 1 日开始至 2015 年 1 月 31 日结束，31 天完整的访问数据尽管不够全面、远小于提取长期偏好的时间要求，但可以得到非常精确的即时偏好和短期偏好，对于时间区段为 365 天的长期偏好，在本例中则基于 History 文件中 2014 年 2 月 1 日至 2015 年 1 月 31 日的淘宝浏览记录而得到，利用基于商品特征自组织层次聚类方法，引入 Time ~ Rate 权重体系对结果进行修正和完善，最终结果如图 5-26 所示。

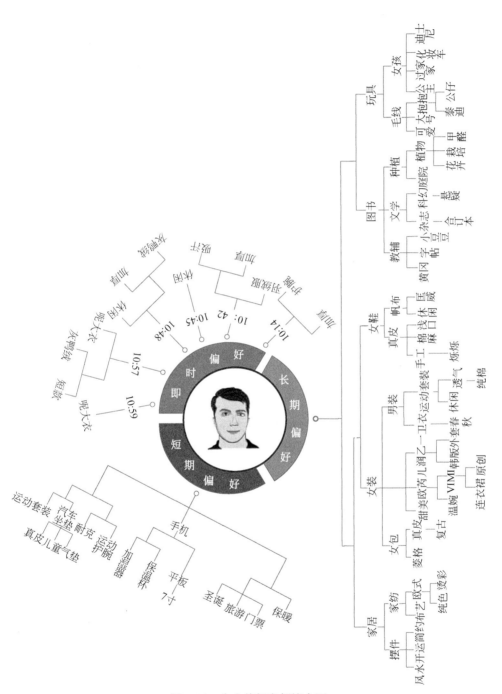

图 5-26 个人偏好实例综合图

5.4 总　　结

用户偏好获取是个性化推荐系统的基本任务，研究着眼于商品特征，通过聚类手段将其提炼并有机组织，以求如实反映用户的真实偏好。通过实际数据验证，本方法可以有效区分出用户感兴趣和不感兴趣的商品，验证了采用聚类结果表示用户偏好思路的可行性、科学性及该方法的稳定性与可靠性。

继而，本书以会话作为识别用户偏好的单元，提出一种基于用户认知的网络用户会话切分方法，更加科学合理地确定了会话切分的时间阈值。研究发现，将7天内用户浏览过的页面进行自动聚类，聚类结果可表示用户的短期偏好，而将用户浏览过的所有页面进行自动聚类，聚类结果则可表示用户的长期偏好。结合眼动实验确定的屏幕视觉热区，通过自动聚类的方法和设置时间阈值来动态地获取网络用户的即时、短期和长期偏好。这样不仅能够有效地对用户行为进行实时识别，更可以从用户注视的文字和图片中分析并提取偏好，从根本上解决偏好数据稀疏、精准度低的问题。

最后，偏好体系基本是用户个人生活的一种全方位投射。例如，本例中参与人的长期偏好透露了家庭成员信息，能够较为容易地推断出该用户已经结婚并育有一女，根据女孩喜爱的玩具能够推断出孩子进而全家人的年龄段。通过消费记录又能够大致评估出该家人的消费能力，而且对比即时偏好、短期偏好和长期偏好，可以准确获知家庭不同成员的主要网购兴趣点。基于即时、短期和长期的偏好体系，完全能够根据将来的浏览行为判断出该账号的使用者的真实身份，进而为其提供更为个性化的推荐服务。未来研究的重点应该放在如何进一步提升本方法的计算效果与效率的问题上。

6 基于在线商品评分修正的推荐解释

6.1 研究背景

传统推荐系统的核心问题是推荐的准确性，然而高准确性并不能得到消费者同等程度的认可。近年来，以用户为中心的评价指标的出现为推荐系统研究注入了新的活力。其中，用户满意成为学界关注的焦点。事实上，用户满意的影响因素有很多，除了推荐的准确性外，推荐解释、推荐多样性和新颖性、推荐列表的呈现方式以及交互式推荐方法等都是重要因素之一，本章则重点关注推荐解释。推荐解释一般被认为是对推荐结果的印证或证实，其实其更为重要的价值在于使用具体描述而使问题变得清晰。因此，推荐解释是对推荐项目的关键描述，具有增强推荐系统透明性、识读性、可信性、有效性、信服性的作用，有助于用户对项目质量和适用性的进一步了解而成为购买决策的外部判断依据。

推荐解释的生成机制非常清晰，一般可分为相关性和语意性两种。相关性即指基于项目的和基于协同过滤及其混合方式的推荐，而语意性则从用户角度出发，直接从商品评论信息中寻找推荐因由。由于评论者与购买者之间是弱连接关系，不存在意见领袖且内容针对性极强，因此参考相关商品的在线评论（online reviews）来降低购买风险便成为网络购物中不可或缺的一环。然而并不是所有评论都有用，相对于两条观点矛盾的评论而言，真实性具有明显偏差的评论危害更甚，如给予了好评却发现评论中其实购买者并不满意，或者给了中评后评论中却满是怨言。在如此的好评率及其具体程度的基础上进行的推荐乃至作出的解释都不够准确，因为推荐机制的底层数据真实性的问题并未得以解决。这种偏差，不仅影响了评论质量和评论有用性，更影响潜在用户对电商平台以及零售商家的感知信任，还增加了用户的认知负荷而导致购买意愿的降低。

文本分析历来是学术界共同着力解决的一个重要问题，但是现有方法和工具并不能有效解决语义识别问题，其原因在于自底向上的方案过于繁琐、精细，才使其效率低下、普适性差。如果将眼界放得更为开阔，那么不难发现在人文社会科学领域特别是功能语言学中该问题早已有了成熟的理论和分析工具。更可以说，功能语言学自从诞生之日起就与词汇打交道，如今已对词汇的语法、语意乃至语用问题进行了几近彻底的研究。本书尝试将功能语言学理论和分析工具移植到管理科学中来，结合计算机科学的方法解决问题。具体而言，借助于语言学领域的评价理论和话语标记理论，着重针对评论内容与评分不相符的偏差类型，即失衡评分偏差现象进行修正，降低评论内容和评价评分之间的差距，实现对在线商品评论评分修正。个性化推荐理论中首次使用"另类"的分析手段，这种看似"疯狂"的尝试横跨文学、管理科学与计算机科学三个学科，该尝试对于理论发展及现实应用都具有十分重要的意义。

6.2　相　关　研　究

6.2.1　偏差类型

在线商品评论的真实性问题源于评论偏差的存在。在线商品评论信息存在不同类型的偏差，本书介绍两种类型：评论得分偏差和评论有用性偏差。

1. 评论有用性偏差

研究发现，顾客的有用性投票本身就带有偏差，包括失衡投票偏差、优胜者偏差以及早期评价偏差。失衡投票偏差是由有用性投票得分与评论内容不符所造成的，优胜者偏差是由得票越多越容易被默认为权威的观念所造成的，早期评价偏差是因为越早的评价被认为越有用这一观念所造成的。因此，由于三种偏差的存在，该研究认为有用性投票的分数并不客观。

2. 评论得分偏差

从产生原因出发，评论得分偏差主要分为顺序偏差、自我选择偏差和操纵评论偏差三种类型。

1）顺序偏差

研究指出人们在获取新信息时会受到第一印象的干扰，即早期的评论得分会对后期评论者的得分造成影响，从而带来在线商品评论偏差。Kapoor 和 Piramuthu 对顺序偏差随时间的动态变化进行深入研究。Sikora 和 Chauhan 基于亚马逊等 19 个网站的数据，具体地研究了顺序偏差的特征，发现体验型商品和搜索型商品的在线商品评论的评级存在显著的顺序偏差，体验型商品的评论顺序偏差受评论者的个性特征的影响，而搜索型商品在线评论顺序偏差则同时受评论本身和评论者个性特征的双重影响。

2）自我选择偏差

消费者的自我选择偏差最早由 Li 和 Hitt 提出，指出如果早期的购买者与潜在消费者对某一商品持有不同的偏好，在线商品评论将受到潜在消费者自我选择偏差的影响，同时，潜在消费者也很难克服与早期购买者所持不同偏好所带来的影响，进而影响其购买决策。他们的研究成果为在线商品评论偏差的研究奠定了基础，之后国内外研究在线评论真实性问题的学者也逐渐增多。国内学者龚诗阳等，提出自我选择偏差可能会导致在线评论影响力的减弱，进而影响商品销售数量。

3）操纵评论偏差

国外研究发现网站卖家会为了提升自身信誉、提高交易量来操纵评论，研究较多的操纵评论行为主要存在于书籍评论、音乐唱片评论以及酒店评论等多个行业，并且虚假评论所占比例已达到不容忽视的地步。据 Bing 分析，Amazon（美国）网站中虚假产品评论数量约占 1/3；又据 Michael 和 Georgios 分析，Yelp 网站该比例则为 16%；而且我国的淘宝、京东商城等电子商务网站也承认其电子商务平台上存在数量可观的虚假评论。国内着重于对虚假评论的识别与挖掘，主要通过两种方式进行：一种是从虚假评论的主题、句法、语法、词法、语气等角度着手分析，探察虚假评论与真实评论之间的差异，进而对虚假评论进行鉴别；另一种方式是综合统计学、信息科学、计算机科学、心理学等多学科知识，对评论者、评论对象和评论本身等进行深入挖掘，从而识别虚假评论及其源头所在。

6.2.2　偏差原因

国内外学者大多通过问卷调查、结构方程、实证研究等方式探索了在线商品评论的偏差现象背后的原因。本书将从心理层面、经济层面和制度层面对已有的相关文献进行梳理。

心理层面上，在线评论发表动机是消费者在自我调节的作用下，为了实现某个特定的目的而在网络上发表评论的内部动力。不同的发表动机会带来评论不同程度的主观偏差。Sundaram 等认为积极评论相关的动机有利他动机、产品相关、自我提升、帮助公司，消极评论相关的动机有利他动机、降低焦虑、报复公司、信息搜寻。例如，消费者对于商品质量存在怀疑，出于信任平台动机，也会作出好评，同样的，也有可能出于报复商家的动机，消费者加重语气，释放负面情绪，恶意放大商品缺点。国内学者用类比和归纳的方式提出 8 项基于网络购物平台的消费者产品评论发表动机，分别是情感相关动机、娱乐放松动机、信任平台动机、支持平台/商家动机、惩罚平台/商家动机、信息回报动机、经济回报动机和提升消费质量动机。从众心理也会引起主观偏差，消费情境下也同样存在着从众行为。当在线评论一致性水平越高时，消费者所需投入的心理资源越少，从众倾向越大。当商品得到早期购买者的一致评价时，阅读评论的潜在消费者会出于从众心理，顺从评论的倾向，作出相应购买决策。

经济层面上，由于在线商品评论的评分是评论中的关键指标之一，其评分的高低通过情感因素的中介作用，间接影响商品销量。卖家因此产生操纵评论得分的动机，人为地推高自身评分或者拉低竞争对手评分，进而产生虚假评论。Staddon、Chow 对亚马逊网站的书籍评论进行实证研究，发现书籍作者为提升销量，委托熟人进行评价，造成评论者偏差。Mayzlin 则指出互为竞争对手的酒店，也存在在线评论的操纵行为，积极评论和负面的操纵性评论都会增多，并且，通常情况下，企业的这种操纵性策略是商品真实质量的单调递减函数。国内对评论操纵行为的相关研究主要集中在现象描述、动机分析以及虚假评论的识别方面，卖家在淘宝、易趣、拍拍等购物网站中，为了提升自身信誉、交易量以及卖家之间的恶性竞争的"信用炒作"行为已得到众多学者的关注。孟美任与丁晟春发现虚假评论信息发布的推销、诋毁、干扰、无意义四大动机，除无意义动机之外的虚假评论信息发布者均是卖家为吸引流量，提升自身信誉或为报复打压行业竞争对手，实现利益最大化的一种隐藏式行为。

制度层面上，主要涉及网站评价机制，也可称为在线声誉系统/机制、在线反馈系统/机制、信用评价体系等。Resnick 等定义网站的评价机制为收集、整合参与者对某种产品、服务，或个体的评价信息，并进行广泛的人际传播的工具和机制。这种传播积累之后形成个体或者群体对现有产品和服务的评估。潜在消费者通过网站评价机制获取其他消费者传递的产品质量信息，可以减少信息不对称，降低交易中的信用风险。因此，网站评价机制的科学性对在线商品评论的真实性也至关重要。罗英和李琼、谈晓勇和任永梅均在研究中发现 C2C 网站评价机制存在信用度相关因素单一、评价级别太少、评价双方关系不平等、评价率不透明等方面的问题。李雨结则以淘宝网为例探讨网站"默认好评机制"和"退货交易关闭机制"带来的在线评论的偏差。

6.2.3　影响机理

1. 立场倾向

在线评论可以从两个层面进行划分，评论一致性和评论不一致性。评论的不一致性就造成了评论真实性偏差，进而使消费者陷入模糊、矛盾、犹豫的购买决策困境。目前的国内外的学者在并未考虑评论真实性存在偏差的前提假设下，发现在线评论对消费者的购买意愿、购买决策等具有显著影响。Hankin 经研究发现，积极的评价会积极影响消费者的行为意图，消费者会优先选择购买评论最好的产品，对评论很差的产品则没有购买意愿，而且会对负面评论的出现相当敏感。Senecal 通过实证研究发现顾客评论能够鼓励消费者购买被推荐产品，此概率是不参考评论的顾客的两倍。

2. 用户体验

在用户体验中，研究较多的评论可信度、评论感知有用性、感知风险、感知信任等因素则在购买意愿中起到中介作用。感知有用的可信评论信息质量较高，可以减少交易过程中的不确定性，降低感知风险，影响消费者的购买意愿和购买行为。在线商品评论影响力的大小以及网络营销的成功取决于其可信度，而可信度和购买意愿之间关系的研究可追溯至 Azjen 和 Fishbein 的理性行为理论。在此基础上，Chau 等验证了在线评论对卖方可信度的正向作用以及卖方可信度对消费者决策的正向作用。国内的李念武、岳蓉研究了可信度如何影响消费者对商家的信任和购买行为，发现正面评论的可信度会显著正向影响消费者对商家的信任程度，但并不显著影响购买意愿，购买意愿受到对商家信任的显著影响，也进一步显著作用于购买行为。反之，负面评论的可信度同时负向显著影响消费者对商家的信任和购买意愿。毕继东从消费者感知的视角，借鉴了 TAM 理论，并结合我国消费者的实证分析发现在线商品评论的感知易用性和感知有用性间接正向影响购买意愿，而感知风险则负向影响购买意愿。张宁则利用问卷调查的方法研究了在线评论对经济型酒店顾客购买决策的影响，发现信息的可靠性、评论内容和接收者，通过感知风险的中介性，作用于顾客的购买意愿，影响购买决策。

3. 评论质量

现阶段关于评论的研究集中在评论偏差、评论的真实性和评论质量三个方面，这三者均对消费者的购买决策、购买意愿有显著影响，并且与评论效价、评价有用性等方面相关。

1）评论真实性

评论质量对于消费者的购买决策有着重要作用，王远怀利用结构方程模型，验证了网络购物环境中，在线评论是影响网络购物意愿的关键因素，评论质量显著影响网络购物意愿。基于前人研究成果，李宏等基于态度功能理论、ELM 理论和选择性假设理论，研究了负面在线评论质量对消费者满意度和购买选择的影响。研究结果表明，负面在线评论质量对消费者对产品的满意度以及购买决策具有显著影响。

2）评论有用性

从评论的内容特征、评论者特征以及产品类型三个因素构建了评论感知有用性的理论模型，利用模型进行回归分析，实证结果表明评论质量对评论有用性有正向影响。

3）评论有效性（效价）

评论有效性主要从评论内容的语言特征、语义内容、情感倾向等多个特征维度来探索文本特征对用户可感知的评论有效性的影响力，研究评论质量的评估和"有用评论"的自动识别，以获取高质量的用户评论。研究证明，依据评论内容可有效探测评论质量，辨识高质量评论，有助于提高评论的效用价值。

4）评论可信性

基于精细加工可能性模型，提出在线评论质量通过中枢路径和边缘路径影响消费者的感知信任，继而影响其购买意愿。研究表明消费者由于持有对某网站的信任，才能放心地在该网站购物，信任度的提高对购买意愿的提升有显著影响。Lee 等以韩国的网上商城的客户为研究对象，探讨感知信任与忠诚度的关系，指出准确真实的评论内容会帮助客户建立对商家或网站的信任度，进而正向显著影响客户的忠诚度，而不可靠的失真评论会导致客户对商家的不信任，对卖家的能力和动机产生怀疑，负向显著影响客户的忠诚度，从而对消费者的购买决策带来影响。

6.2.4　偏差矫正的方式

李雨洁根据在线商品评论的分布，提出商品评论均值作为品质无偏估计量的条件，以此来纠正偏差，并且从电子商务网站、消费者、卖家三个方面分别提出避免偏差产生的对策：对于网站，改进"默认好评"机制和"退货交易关闭"

机制，鼓励消费者积极参与购后评价，加强对操纵评论行为的监管；对于消费者，积极地发表评论，甄别有用信息，建立正确期望；对于卖家，在准确、如实地发布商品信息的基础上，规范自身的交易行为，规避虚假交易与评论，遵守良好的网络交易秩序。

此外，还有学者通过对评论质量进行分析，使得评论更加客观真实，从而尽可能地避免产生偏差，帮助消费者作出正确的购买决策。靳健等从两个方面提取特征对在线评论进行描述，并构建了一种 Co-training 算法来判断评论的质量。陈涛等运用层次分析法和模糊综合评价法建立了在线评论文本信息质量等级的评价指标体系确定指标权重，构造了隶属函数并确定隶属度以降低评价主观性。

国内外学者关注的偏差类型包括评论有用性偏差和评分偏差，其中评分偏差主要涉及的是顺序偏差、自我选择偏差、操纵评论偏差。然而，本书通过随机抽样调查发现，现实环境中存在大量的评论得分与评论内容不一致的现象。仅就淘宝评论的随机抽样调查就发现，女装类、美容护肤类的在线商品评论的准确率分别为 68.33%、70.33%。这种评论评分与评论内容之间的偏差，即失衡评分偏差，与顺序偏差、自我选择偏差、操纵评论偏差一样，同属于评论得分偏差范畴，但并未受到国内外学者的重视。众多前人的实证研究均是基于评论真实性的假设前提下开展的，忽视了评分和内容不一致现象的存在，极大地影响了研究的科学性和准确性。同时，大量存在的失衡评分偏差也极大地影响了消费者的购物体验以及消费者对网站、商家的信任，进而影响其购买决策。因此，纠正失衡评分偏差，无论是从理论角度还是现实角度都显得尤其重要。

目前针对不同类型的偏差矫正，国内外学者都进行了许多有益的尝试，主要涉及的是宏观层面的改进措施、建议和相关算法改进。但是现有方法和工具并不能有效解决语义识别问题，基于这一现状，本书基于语言学视角，率先在情报学领域引入评价理论和话语标记语，从语义和语用层面修正评论评分，纠正失衡评分偏差，使评分之与评论内容相一致。

6.3 评价介入理论

6.3.1 理论简介

评价理论（appraisal theory）是由 Martin 和 White 提出并不断加以完善，用于表达作者或说话者观点、态度和立场的语言资源，主要应用于新闻的态度研究、学术书评、文学小说人物形象分析等研究。评价系统包括介入（engagement）、态度（attitude）和级差（graduation）三大次系统，如图6-1所示。态度是指心理受到影响后对人类行为、文本/过程及现象作出的裁决和鉴赏。级差指态度的增衰，其程度可分级。介入用于研究态度来源，主要涉及自言和借言。

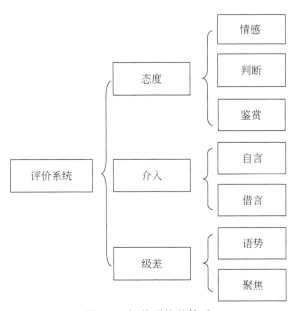

图 6-1　评价系统的体系

　　介入系统是对话性的语言学的发展。对话性不仅指人与人之间直接的、面对面的、发生的口头交际，也指任何一种形式的言语交际，如一本书、一种行为、一部电影等。话语的这种对话性进而被看成是话语或语篇中存在两个以上相互作用的声音，它们形成同意和反对、肯定和补充、问和答等关系。介入主要是指语言使用者通过语言将不同的态度介入对他人、地点、事务、事件和事态的评价上。

　　Martin 和 White 认为，介入系统是用来描述那些把某一话语或语篇构建为一个多声的场所的意义类型，这一多声性的话语场所混杂了对先前话语、不同观点的话语以及（作者）期待产生的话语。根据话语对话性特点的不同，话语中可以呈现不同的介入类型，如图6-2所示。

图 6-2　介入理论体系

王振华和路洋认为，"介入"指语言学意义上的"态度"介入，也就是说，人们在使用语言表达态度的时候，要么单刀直入、直陈所思，要么假借他人的观点、思想、立场等直接表达自己的思想、观点或立场。直陈所思和间接表达就成了表达态度的来源，介入的两个构成成分形成了一个系统，即 Martin 理论中的自言和借言。

自言构成一种立场，作者或暗示他所表述的命题是不证自明的、合理的，在当前交际语境中共知的，因而不必考虑其他不同观点；或暗示忽视不同观点是他认为这些观点没价值、不相关、误导、信息不充分，或不值得注意。

借言包括话语收缩和话语扩展两个子系统，话语收缩是挑战、反对或是压制某种话语声音的存在，话语扩展可以允许某种声音的存在并给予一定的空间。话语收缩包括弃言和宣言两个系统，话语扩展包括引发和摘引两个子系统。具体而言，每个子系统含义解释如下：

弃言（disclaim）是指某些话语立场或声音被直接拒绝、替换或被认为"不合适"。弃言又具体分为否定（deny）和对立（counter）。否定仅仅是对某一观点或现象的排斥或是挑战，而对立则意味着用某一观点或立场去取代已有的立场或观点，即用某种话语声音取代另一种。与否认话语策略相反，宣称（proclaim）则是明确地提出某一观点，进而排除其他的选择和立场。宣称这一话语策略具体表现为认可（concur）、断言（pronounce）。

引发（entertain）是作者由于对某事情或观点不确信或故意避免一种绝对表达而产生的一种对话空间，通过引发说明某一话语或声音只是许多可能的声音或观点中的一个，即作者的声音引发了不同的对话性声音。表达话语扩展的另一话语策略是摘引（attribute），即作者明显地把话语中的某些观点通过他人的话语呈现出来，作者本身的话语则退到后台，摘引可分为承认（acknowledge）和疏远（distance）。

6.3.2 基于评价介入理论的在线商品评论体系

1. 在线商品评论中的话语策略

根据消费者是否能够在购买前获得产品质量的客观评估程度，可以将产品分为搜索型产品和体验型产品。搜索型产品是那些主要属性可以通过可获得的信息来客观评估，消费者在购买前就能够了解商品的质量的产品，如智能手机、品牌笔记本、知名钢笔。体验型产品则在使用之前很难获得它的质量信息，产品性质是主观的，且难以比较，需要个人感官意识进行评论和衡量，如餐饮美食、彩妆等。

中国互联网网络中心 2015 年发布的报告显示，淘宝网以 87% 的优势占网络购物市场品牌渗透率第一位。因此选取淘宝网作为研究国内电子商务在线评论的网站代表。本书结合在线商品实际评论分别对话语策略加以介绍，从淘宝网选取五类商品作为研究对象，搜索型产品为手机和家具，体验型产品为女装和美容护肤品，介于搜索型产品和体验型产品之间的产品为书籍类，如表 6-1 所示。

表 6-1　五类商品类型基本属性

商品类别	属性
女装	做工、款型、面料、颜色、厚薄、长度、价格
美容护肤	收缩毛孔、清爽、去污、补水、美白、紧致、保湿、味道
手机	外观、运行速度、性价比、待机时间、电池、内存、画面质量
家具	质量、做工、颜色、款式、材质、工艺
书籍	纸质、印刷、包装、字体、价格、正版

1）自言

自言的典型特征是作者试图通过他/她自己的声音压倒其他的声音，强调作者所认为的都正确的，没有多少辩驳的空间。作者说/写什么被认为是基于事实或给定的信息或知识，是不存在争议的。

结合在线商品评论的特性，自言可分为三种情况：① 客观评论商品。根据商品所具备的属性进行客观评论（如表6-1所示），没有明显的个人干预，对读者来说少有讨论余地。② 评论者没有直接谈论商品，而是谈及与商品无关紧要的话，如物流、卖家赠送的礼物、卖家服务等。评论者希望借此激起读者的兴趣以及产品的好奇心，但不论产品是好是坏，他/她不承担任何责任，因为他/她从来没有说它是否是好的。③ 评论者用简短的文字直陈想法，仅仅是想表达愤怒或对卖家、淘宝的不满。在这些评论中，评论者不关心读者是否会相信他们描述的产品的明显缺点，他们直接写出自己的想法。对他们来说，其他人不会购买产品固然最好了，可当时对卖家的惩罚如果不能达到这个效果至少他们可以表达出不喜欢。

例1：大衣的料子是比较一般的，实际颜色比图片暗一些，夹棉的还是挺厚实的，总体不错，喜欢。

例2：衣服很喜欢！卖家态度很好的！物流也快，很满意的一次购物，以后还会来的！全5星。

例3：有点薄。

例1中评论者客观评价大衣的面料、实际颜色、材质，不附带任何感情色彩，例2中评论者称赞卖家态度好、物流快，不涉及衣服各项属性本身，例3中通过简短的话语来表明对商品的态度，毋庸置疑，讨论空间小。

2）对立

对立是评论者企图用一种声音替代另一种声音，在线商品评论中分为两种情况：①评论者原以为商品不好，但收到实物后，觉得比想象中好，超出意料。可以用"但是""就是"进行表达对立的立场，转折后的内容表示好感或让步，没有表示不满，还可以通过惊喜、真的没有想到、完全超出想象、出乎意料等关键词进行判别。②与第一种情形相反，这种情况下，评论者原以为商品还不错但实则不满，关键词是"但是""就是""居然""没想到"。两种对立话语策略判别的关键在于转折词后面所衔接的内容，是出乎意料的满意还是所表现出的不满。

例4：衣服很厚，保暖想很强，开始以为这么便宜不会很保暖的，结果看见衣服真的出乎意料啊. 很好的衣服，客服也很热情，不厌其烦地给解决问题。

大多数情况下，对立多用于表示不满，但是在好评中，恰好相反。如例 4，评论者在收货以前认为衣服价位低，不会很保暖，与后期的出乎意料形成鲜明对比，使得衣服很好这一观点深入人心。

例5：快递挺给力的，也挺厚，不是会起球球的面，可是收到宝贝后，洗了洗居然掉色特别严重，白色的盆子上染了一圈黑色，整体还算满意吧。

前面分析了评论者通过使用"对立"这种话语策略表达对商品的称赞，但更多情况下，评论者不满商品时会加重问题的严重性。例 5 中，对于商品厚实、不起球表示满意的同时作者也认为不会褪色，运用"居然"来表达结果出乎作者意料之外，来加重褪色这一问题的严重性。

通过这种话语策略，对于评论者常规猜想而言，取而代之的是出于意料之外。在评论者和读者之间，对立资源可以突出评论者观点和评论者提出的问题的严重性，增强评论的主观色彩，也符合商品在线评论的特点：评论是为了引导读者去支持评论者的立场和观点，评论者的观点可以引发问题和促进双方的互动、增强对话性。

3）否定

与对立中用一种话语声音代替另一种话语声音不同，否定中仅是否定一种话语声音。要么是否定卖家的产品，要么否定已买产品的顾客。当评论者与卖家或已购买产品的顾客意见不一样时，希望通过评论拉拢潜在购买者与自己站在同一立场，并劝说潜在购买者不要购买产品。这一话语策略通过"不""不是""不值""不好"，以及"没有""没""不一样"等关键词加以表达。

例6：书收到，但感觉不是正版，不过不影响阅读。

例7：用了三天才来评价，感觉没什么特别的效果，味道和感观都像酸奶，涂在脸上有点干，所以用量大，估计这瓶用不了几天就没了。性价比不高，偏贵！也没有有的 mm 说的那么玄乎好到用一下就变润变白！反正我用了三天没什么变化。给后面的 mm 做个参考。

例 6 是评论者对商家的否定，否定商家所承诺的书是正版这一说法，评论者认为书并非正版，例 7 是评论者对卖家和已购买者的否定，评论中，评论者首先批评产品使用效果不明显，并且不值卖家制定的价格，其次，对已购买者的说法进行否定，为了避免使自己的言论过于主观，反复强调自己并非一时冲动，而是经过三天的试验才来做此评论的，加强自身评论的客观性。

通过上述实例可以发现，"否定"多是评论者对商家的不满，因此在中评和差评中的比例要高于好评中的比例，后文将会具体讨论否定在借言中占重要地位的原因。

4）引发

通过引发说明某一话语或声音只是许多可能的声音或观点中的一个，即评论者的声音引发了不同的对话性声音。以下三种情况均属于运用"引发"话语策略：①评论中包含"可能""应该""个人感觉"等关键词，表达评论者的不确定；②使用问句，表示对卖家的质疑，多为表示不满，常见于中差评；③"希望下次"，以委婉的方式对卖家进行建议，语气偏柔和，好评居多。

例8：洁面乳还行，润肤水哪像是补水的，简直像补油的，涂在脸上像涂了层腊一样，感觉油腻腻的，有点难受，<u>可能</u>是不太适合油性或混合性肤质吧，卖家态度很好。

例8中评论者详细介绍使用产品后的感觉，将原因归咎于是自己是油性或混合性肤质，而该产品也许不适合。"可能"表明评论者个体差异是其中原因之一，还有待协商，也存在其他可能性。因此评论者虽对商品功效存有质疑态度，但并没有肯定自己的想法。

例9：我读书少，<u>你别骗我好吗？ 这真的是灰色吗??</u> 店家抱歉了，真心给不了好评。穿着好老气。

评论中出现问句也属于"引发"的一种类型，评论者使用问句不是为了得到回答，而是换另一种表达方式来增强自己的情感，通常是用于表达不满和批判。如例9，买家通过"你别骗我好吗""这真的是灰色吗"两个问句来表达对卖家的不满和质疑，间接向潜在购买者说明买家的描述与实际不相符，并且产品有色差，然后评论者为了避免自己这种强硬的态度会对潜在购买者产生适得其反的效果，故又委婉地对卖家表示歉意，以此来提高评论的真实性。

例10：手机是正品，这一点不用怀疑，就是物流慢了一点，东西收到后出了点小问题，送的套子是坏的，通过客服又给免费补发了一套，客服自始至终很不错，还是挺满意的一次网购，<u>希望卖家督促好你们的员工，下次发东西时检查好，免的承担不必要的损失！</u>

评论者以委婉的语气对卖家提出建议，语气较柔和，也属于引发策略的一种。

前两种话语策略相较于最后一种，多用于中评和差评，究其原因，可能是买家在对产品满意并给予好评时，心情愉快，语气柔和，容易让潜在购买者感受到对产品的赞美，与此相反，当买家对产品或卖家不满意时，需要获得其他人的信任或劝说潜在购买者，因此需要运用更多的话语策略来增强评论的情感和客观性。

5）摘引

评论者明显地把话语中的某些观点通过他者的话语呈现出来，自己的观点则退到后台。第一种是通过引用身边的人对物品的评价来书写评论，如"××说""据说"；第二种是评论者本身并不相信卖家或客服的话语，只是通过引用卖家或客服的话语，来证明自己评论的真实性，增加自己言论的可信度。

例11：没见到本体　不过据说是还可以的　就是字大了点　毕竟价格便宜嘛。

例12：宝贝很好，超级喜欢。同事看了都说漂亮，真是物超所值。

例13：买相同尺码的两条裤子，尺码竟然不一样，和卖家沟通后，可以换货，但是要我自己出邮费，还说相同的尺码相差大是正常的。

大多数情况下，评论者是替他人购买商品并作出评论时，会进行摘引，另一种情况是，评论者为了对自己的观点加以证实，会引用他人话语，起到强调的作用，如例11和例12。例12中，评论者表明自己对产品喜爱的同时，引用同事的话语来进一步证实产品不错。还有一种情况是，评论者引用卖家的话语；例13中，评论者陈述卖家的话语"相同的尺码相差大是正常的"，表示对卖家的批判，是一种疏远态度。

6）宣言

宣言则是明确地提出某一观点，进而排除其他的选择和立场。有两个方面，第一是表示认可，通过"果然""确实"等关键词加以判别；第二表示断言，如"绝对""实话实说""事实是""明显""真的"等（宣言多见于两种极端：极好、极坏）。

例14：收到宝贝后立马扫了一下二维码，绝对是正品，试用了一下，味道很清香，乳和霜一点都不油腻，很好吸收，真的不错。

例15：看了很多家店，最后选择在这家店买，果然没让我失望，裤子质量很好，穿上刚好，穿着也舒服，还便宜，很喜欢。

例14属于宣言中的断言，是态度明显语言极端的一种说法。评论者通过"绝对"来证明产品的可信度，更容易使潜在购买者信任。因此，大多数情况下，在好评、差评这两种极端的评论中断言出现的频率会高于中评，表现评论者对产品的极为满意和极为不满两种态度。例15中，评论者运用"果然"来表明和自己当初预想的一样或是很多人都和评论者一样持有这种想法，评论者

表示充分认可，给潜在购买者印象深刻，达到非常令人信服的效果。

2. 不同类型产品的话语策略比较

将评价理论运用到在线商品评论中，研究不同商品类型评论的话语策略存在的差异，并进行比较。每类产品分别从淘宝网抽取 300 条评论，由于淘宝网上大多数店铺评价中好评数量极大程度上高于中评和差评的数量，所以为了便于我们对中评、差评的研究，故将后者比例稍作放大，保持 3∶1∶1 的比例进行抽取评论，即好评 180 条、中评 60 条、差评 60 条，每类产品 1500 条评论五类共计 6000 条，并根据上述话语策略的特性分别对抽取的评论进行判定，结果如表 6-2 所示。

表 6-2　五类商品好评、中评、差评分布状况

商品类别	评论等级	自言 X/条	比例 R1/%	借言 Y/条	比例 R2/%	总计 Z/条
女装	好评 Z1	99	47.83	108	52.17	207
	中评 Z2	26	36.11	46	63.89	72
	差评 Z3	23	29.11	56	70.89	79
美容护肤	好评	113	59.16	78	40.84	191
	中评	24	36.36	42	63.64	66
	差评	18	27.69	47	72.31	65
手机	好评	130	69.89	56	30.11	186
	中评	25	38.46	40	61.54	65
	差评	17	22.97	57	77.03	74
书籍	好评	114	56.72	87	43.28	201
	中评	24	37.50	40	62.50	64
	差评	22	35.48	40	64.52	62
家具	好评	156	75.36	51	24.64	207
	中评	27	39.71	41	60.29	68
	差评	24	33.80	47	66.20	71

有些评论运用了上述介绍的一种介入资源，有的评论则运用了不止一种介入资源，如例 15 同时运用宣言和自言两种话语策略。所以总计各类型评论运用话语策略数量，好评往往大于 180 条，中评大于 60 条，差评也会大于 60 条，好评、中评、差评运用话语策略数量相加之和会大于 300 条。如女装，180 条好评

中自言（X）运用99次，借言（Y）运用108次，总计运用话语策略207次，分别用 X/Z、Y/Z 得到自言、借言分别占好评总计数量的比例。例如，女装类，好评中自言所占比例 R1 = 47.83%，借言所占比例 R2 = 52.17%，其他商品类型依此类推。上述数据以柱状图的形式呈现，如图6-3所示。

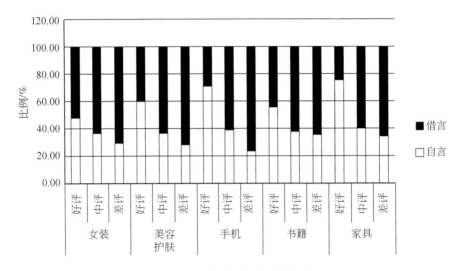

图 6-3　五类商品评价分布状况

可以看出，五类商品中，自言在各级评论中所占的比例均是：好评>中评>差评，与此相反，借言在好评中所占比例最小，在中评居中，在差评所占比例最大。在好评中，评论者主要讨论产品以及卖方提供的服务有多好以及如何满足他们的需求。对于阅读评论的潜在购买者来说，他们已经被产品所吸引，或者可以说他们喜欢产品，因此很容易直接告诉他们产品是好的，这就是为什么自言资源在好评中占领先地位。相反，差评充满了对卖方的指责，评论者很难试图说服读者他们感兴趣的产品并没有那么好，因此，必须采取各种手段，即运用借言资源来达到评论的目的。

3. 不同商品话语策略比较

将五种类型商品的好评、中评、差评运用的话语策略进行求和，并分别计算所占比例，数据如表6-3与图6-4所示。

表6-3　五类商品话语策略分布比例 （单位:%）

商品类别	自言	对立	否定	引发	摘引	宣言
女装	41.34	22.91	16.76	7.54	8.10	3.35
美容	48.14	15.22	17.70	9.32	5.28	4.35
手机	52.92	18.15	15.69	4.92	3.38	4.92
书籍	48.93	19.88	12.23	7.95	5.20	5.81
家具	59.83	17.63	12.72	2.02	5.78	2.02

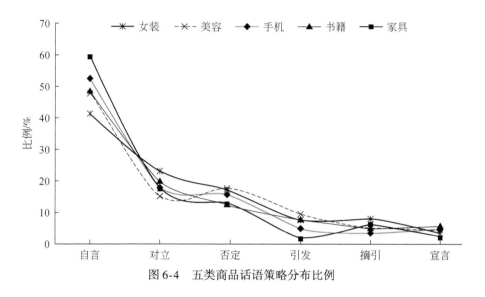

图6-4　五类商品话语策略分布比例

　　搜索型产品中自言所占比例大于中间型产品大于体验型产品，即"家具>手机>书籍>美容>女装"。对于搜索型产品，用户在购买前就能通过搜集信息来客观了解分析产品的质量，对这类产品在购买前的感知和购买后的实际使用效果差异较小，如数码相机、家具用品等，所以评论者更倾向于客观地评论商品。对于体验型产品，则恰好相反，产品的实际效用与预期价值容易存在较大差异（如餐饮美食、服装、美容护肤产品等），所以评论者在不符合预期或是不确定使用效果不明显的情形下，倾向于运用其他的话语策略来警示潜在购买者。一般而言，搜索型产品运用自言的比例会大于体验型产品。

　　将五种类型商品的借言进行比较，对立和否定所占比例最大，具有非常重要的地位。究其原因，可能是网上购物不同于传统购物，商品的优点和缺点不能通过网页或卖家文字、图片介绍进行了解，特别是对服装、美容护肤品等体验型商品而言，买家的个人体验和判断标准不同，带来了极强的主观性，所以对立是借言中运用最多的话语策略。

6.3.3 现有评价体系的不足

现有的淘宝评价机制通过消费者在成功购买商品后给予好评、中评、差评来界定商品的优劣，买家对卖家对以下四项：宝贝与描述相符、卖家服务态度、卖家发货速度、物流公司服务，分别作出的 1~5 分（1 分表示非常不满；2 分表示不满意；3 分表示一般；4 分表示满意；5 分表示非常满意）的评分，并通过均值计算求出该店铺中四项服务的得分，作为该店铺商品的评价，其中购买者最为看重且买家店铺默认显示的即"宝贝与描述相符"这一项。这种评价机制的优点在于简单快捷，但由于当下环境复杂，过低的商品评分会导致商家店铺得分低于平均水平，从而销量减少，利润降低，所以不少商家为了提高商品得分，在买家进行差评后会通过各种渠道，如发短信、打电话等方式劝说其修改评论等级。这也造成当今淘宝评价机制的不健全，好评、中评、差评这三类等级评论无法与 1~5 分的分级评论相对等，如买家通过评论来表达其对购买商品的不满，并打出 1~2 分的低分，但进行商品等级评论时为避免受到卖家的干扰，被迫作出好评或中评的选择。

因此，对随机抽取的 6000 条评论进行语用层面的分析，修正淘宝评价机制造成的不准确性，如例 16，买家愿意作出好评，但经过分析，买家虽表示出对衣服的喜爱，夸赞衣服款式不错的同时，也对有色差、掉毛等现象表示不满，在这条评论中，有评论商品优秀的一面，也涉及不满的一面，我们将此条好评修正为中评。同理，例 17 评论通过两个"不是"表示对商品的否定，将其由中评修正为差评；例 18 中原评论为差评，但进行分析后，买家肯定了商品是正品，并称赞价格便宜、卖家态度好，没有表现不满，所以修正为好评（符号"→"表示"修正为"）。

例 16：这件款式不错，就是没有图片那么好看，掉色，沾毛，喜欢他们家的衣服，嘿嘿。（好评→中评）

例 17：不是很补水，还有吸收不是很好，不适合我。（中评→差评）

例 18：手机是正品，比别的店铺便宜好多，顺丰确实给力，还很负责，一定要本人签收，全 5 分。（差评→好评）

本书从淘宝网选取五类商品作为研究对象，搜索型产品为手机和家具，体验型产品为女装和美容护肤品，介于搜索型产品和体验型产品中的中间产品为书籍类。每类商品好评 720 条，中评 240 条，差评 240 条，共 1200 条评论。分别根据上述原则对其评级状态进行重新修正，如女装类，1200 条评论中有 820 条评论是评级状态和评论内容完全统一的，准确率达到 68.33%，全部结果如表 6-4 所示。

表 6-4 五类商品准确率

商品类别	正确条目数/条	准确率/%
女装	820	68.33
美护	844	70.33
书	884	73.67
手机	900	75.00
家具	976	81.33

从表 6-4 可知，手机、家具等搜索型产品的准确率要明显高于书籍类，而书籍这一类中间型产品的准确率均高于女装、美容护肤等体验型产品。究其原因，对于搜索型产品，消费者在购买前就能通过搜集信息来客观了解分析产品的质量，对这类产品在购买前的感知和购买后的实际使用效果差异较小，如数码相机、家具用品等，更符合消费者预期，因此评论多客观，较少存在对产品不满意但作出较好评级，而较差评价内容的情况。对于体验型产品，则恰好相反，产品的实际效用与预期价值容易存在较大差异（如餐饮美食、服装、美容护肤产品等），所以评论者在不符合预期或是不确定使用效果不明显的情形下，倾向于作出较好评级，但在评价内容中表达自己的不确定或不满意。所以，一般而言，搜索型产品的准确率会高于中间型产品，并高于体验型产品。

6.4 话语标记

6.4.1 基本概念

作为言语系统中一类重要的语言表达形式，话语标记（discourse markers）常常独立于句法之外，具有语义提示作用和语用制约作用，主要用于表明对话单位间各类关系的语言单位。话语标记不仅是话语表达上起联结作用的形式标记，也是话语理解时起引导作用的形式标记。前者为话语标记的篇章功能，后者为话语标记的人际功能，将篇章功能和人际功能紧密联结起来的是话语标记的元语用功能，即在元语用意识的指导下对语言进行合语境、合交际目的的选择功能①。国外语言学界对话语标记和类似现象的研究始于20世纪70年代，并在20世纪八九十年代才日渐兴盛起来。与国外相比，汉语话语标记研究从21世纪初才真正引起汉语学界的重视，起步比较晚，语料来源也大多源自北京大学CCL语料库（网络版），研究内容主要是针对不同语言中单个或某种类别话语标记的意义和功能进行详细描述。

本书通过前期的调查分析发现，由于评论发布者发布评论较为随意自然，具有鲜明的口语色彩，属于自然真实的语言应用，因此，在线商品评论中含有丰富的话语标记，也是话语标记语料的重要来源。鉴于话语标记本身是作用于话语层次，借助于评论中大量特征词汇，本书将建立一套评价体系，对商品评论进行深层次的挖掘，赋予基于话语标记的评论评分，进而起到对失衡评分偏差的精细化修正的作用。

6.4.2 在线商品评论的话语标记类型

在线商品评论中常见的话语标记主要包含有坦言性话语标记、阐发性话语标记、理据性话语标记、断言性话语标记、评价性话语标记。商品评论中不同的话语标记语，具有不同的语用功能，传递出不同的信息。可信度的衡量可以借助于坦言性话语标记，评论立场的衡量可借助于阐发性话语标记、断言性话语标记和理据性话语标记，情感倾向的衡量可借助于评价性话语标记。

1）坦言性话语标记

坦言性话语标记如"说实话""说实在的""说白了""实不相瞒""说心里话""平心而论"等，突出了信息真实程度、说话人的坦诚程度以及评论的公平性和公正性等语用信息。例句19中的坦言性话语标记"说实在的"，强调了评论者坦诚地表达了自身使用商品后的真实感受，使人信服；例句20中的坦言性话语标记"平心而论"，突出了评论者是出于一个相对客观公正的角度，对所购买的商品进行评价，反映出了性价比的问题。

---

① 周明强. 2013. 坦言性话语标记语用功能探析. 当代修辞学, 5: 57-64.

例19：说实在的，试用装的味道有点儿不一样，看不到什么活酵母的作用。

例20：大衣含有近40%的羊毛，样子还算大方，平心而论，400多块的价格很合适。

2）阐发性话语标记

阐发性标记语如"以我之见""在我看来""以我看""就我个人而言"等，主要强调个人建议、意见等相对主观的语用信息。评论者在例21表达了与产品使用后的功效发挥的情况，而例22中则表达了与产品的一些属性相关的信息。两种产品均有不甚如意的地方，但是评论中所包含的阐发性话语标记"就个人而言""以我看来"，则进一步强调了评论者的感受是出于自身考虑的想法，比较主观，不一定适用于其他消费者。

例21：就个人而言，这款面霜用着舒服，皮肤更多的改善还需要时间，会持续使用的！

例22：毛呢裙质量过关，当然，以我看来，再长点更好。

3）理据性话语标记

理据性标记语如"通常情况下""一般来说""理论上来说""道理上来说""有人说""据说"等，主要具有增强说理、劝说的理据性的语用功能。例23中的评论者借助于理据型话语标记"普遍来说"，通过强调普遍正常情况来侧面反映对于所送礼品的不满，例句24中则借"朋友"之口，相对客观委婉地表达了产品的功效。

例23：不祈求你们多慷慨，但是普遍来说，送的东西不要太次好吗？

例24：包装很精致，还送了礼品！据朋友说，补水效果还不错。

4）断言性话语标记

断言性标记语如"我敢肯定""不客气地说""我敢说"等，主要表达了以言行事的决心的语用功能，主观性极强。例句中的断言性话语标记"我敢拍胸脯保证""我敢肯定"，表达了评论者非常肯定自身对于商品所持的看法，主观性极强。

例25：手机触屏太差，完全跟不上节奏与速度。我敢拍胸脯保证，绝对不带恶意中伤的。

例26：屏幕边缘触控灵敏，还得多摸索。机子查了，我敢肯定没问题。

5）评价性话语标记

评价性标记语如"太棒了""正好""值得庆幸的是""太可惜了""无语的是"等，可表达说话人喜悦、庆幸、惋惜、反讽等不同的情感态度。例27中的衣服的质量出乎评论者意料之外，评价性话语标记"令人惊喜的是"，表达了评论者的惊喜之情；例28中评论者则借助于评价性话语标记"搞笑的是"，表达了对店家服务态度的嘲讽之意。

例27：没寻思衣服能好到哪去，<u>令人惊喜的是</u>，收到货后发现可以跟好几百块的衣衣媲美！

例28：店家迟迟不发货，<u>搞笑的是</u>，我一要求退款，店家却神速发了货！

6.4.3 基于话语标记理论的商品评论修正体系

在线商品评论中含有丰富的话语标记，具有鲜明的口语色彩，属于自然真实的语言应用。鉴于话语标记本身是作用于话语层次的，本书将借助于评论蕴含的大量的话语标记，构建在线评论的话语标记库，并建立一套评价体系，对商品评论进行深层次的挖掘，赋予评论与内容相匹配的评分，对失衡评分偏差进行精细化修正。

首先，依照在线商品评论的话语标记词库，对评论进行逐条检测，识别评论中所含的话语标记；通过识别出的话语标记，从可信度、立场、情感三个维度挖掘评论内容。其中，可信度维度包含真实坦诚性、公平公正性，立场维度包含评论立场的主观性和客观性，情感维度包含正向情感、负向情感和中性情感等具体属性指标。其次，参照问卷调查结果，获取检测出的话语标记的可信度、立场、情感属性值并进行比较，分别得到可信度、立场和情感三大维度

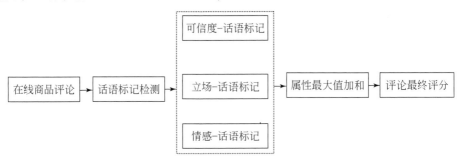

图 6-5 基于话语标记的在线商品评论修正体系

的最大值。最后，利用提出的属性最大值加和的修正算法，结合评论自身的评级状态（好评、中评和差评），得到基于评论中的话语标记的评论最终评分，进而对在线商品评论内容与评分不一致的情况的细粒度的修正，如图 6-5 所示。

6.4.4　在线商品评论话语标记库

坦言性话语标记、阐发性话语标记、理据性话语标记、断言性话语标记、评价性话语标记内涵丰富，每一类型中话语标记语数量巨大，目前并没有学者针对庞大的汉语言话语标记进行系统的总结归纳。针对这一现状，并结合本书的研究领域和研究目的，构建一个小型的基于在线商品评论的常见话语标记库显得尤其重要。

构建商品评论的话语标记库时，本书主要从两方面开始着手：一方面，收集国内外的有关话语标记的相关论文中涉及的话语标记，并依据坦言性话语标记、阐发性话语标记、理据性话语标记、断言性话语标记、评价性话语标记等六大类别对这些具体话语标记进行归类；另一方面，利用网络爬虫在淘宝网上随机抓取了 5000 条普通商品评论，利用频次统计法，对在线商品评论领域中的坦言性话语标记、阐发性话语标记、理据性话语标记、断言性话语标记、评价性话语标记等话语标记中出现频次较高（频次≥50 次）的话语标记进行保留。同时，本书在构建在线评论的话语标记词库时，考虑到在线商品评论与传统功能语言学的差异性，摒弃功能语言学领域常见的"以我之见""一般道理而言"等一些在自然语言中出现频率较低的、文学性较强、非口语化的话语标记。

基于在线商品评论的话语标记库中收录的评论中高频常见的话语标记，根据其主要凸显的语义和语用信息，将其划分为可信度—话语标记、立场—话语标记和情感—话语标记，其中可信度主要包含真实坦诚性和公平公正性，主要来源于坦言性话语标记；立场主要涉及主观立场和客观立场，分别来源于阐发性话语标记、断言性话语标记和理据性话语标记；情感主要包含正向情感、负向情感和中性情感，来源于评价性话语标记，如表 6-5 所示。

表 6-5　常见在线商品评论的话语标记库举例

话语标记	属性	实例		类别
可信度类话语标记	真实坦诚性	实话实说/说实话；说实在的/实在；说心里话；真心/真的/真是		坦言性话语标记
	公平公正性	说句良心话；凭良心说；平心而论		
立场类话语标记	主观立场	个人觉得/感觉/认为；就个人而言；我敢说/我肯定；肯定是/简直是/绝对是/必定是/确实是/必须是/完全是		阐发性话语标记、断言性话语标记
	客观立场	据××说/听××说/××都说；普遍来说/一般来说；应该是		理据性话语标记
情感类话语标记	正向情感类	强	让人惊喜/又惊又喜/惊奇/惊讶的是；大、超爱/赞；太、很、非常、特别棒/满意/喜欢；棒棒哒/超值	评价性话语标记
		中	挺好的/还不错/还可以/凑合吧	
		弱	好在；庆幸的是/幸运的是/幸好	
	负向情感类	强	搞笑的是/好笑的是/讽刺的是；无语了/无言/无力吐槽	
		较强	忍无可忍的是；太差/不爽/郁闷	
		中	失望的是	
		弱	还行吧/就这样吧/还可以吧；就是/只是；可惜的是/遗憾的是	
	中性情感类		竟然/居然；出乎意料/出人意料/意想不到/没想到的是	

6.5　基于评价介入理论和话语标记的在线评论修正方法

　　为了获取普通消费者对六种不同话语策略的差异性和重要程度以及五大类型的话语标记在可信度、立场和情感三大维度的凸显程度的认知情况，分别设计问卷 I 基于评论介入理论的商品评论阅读调查和问卷 II 基于话语标记理论的商品评论的阅读调查，对上述问题进行调查。

问卷测试者共计 203 人，回收有效问卷 Ⅰ 和问卷 Ⅱ 各 132 份。其中，有效问卷的测试者年龄均为 20～35 岁，其中男性占 41.6%，女性占 58.4%，且均具有 1 年及以上的网上购物经验。

6.5.1 评价介入理论修正体系

1. 指标权重

基于评价介入理论的商品评论阅读调查主要是了解消费者对六种话语策略的差异性和重要程度认知情况。差异性是指添加关键词前后两个句子的差异性，重要程度是指该关键词的重要程度，即将原始评论作为第一条评论，去除关键词后的评论作为第二条评论，测试者通过比较这两条评论，判断出两个句子间的差异性以及关键词的重要程度。

由于淘宝网站评价机制的原因，无论是买家还是卖家都无法获取买家给予商品的具体分数，所以本书假设，好评的原始分值对应为 4.5 分，中评为 3 分，差评为 1.5 分。测试者还需根据评论对应的分数来判断该评论的分值应做加权处理还是减权处理。

差异性和重要程度设定为 5 个等级，等级 1 为差异性非常小，重要程度非常低，等级 5 为差异性非常大，重要程度非常高。与其他话语策略不同的是自言，因为自言这种话语策略没有关键词，所以不存在差异性，并且评判的也非关键词的重要程度，而是整个句子的重要程度。

收集汇总问卷 Ⅰ 的数据，通过计算得出每类话语策略的均值，结果如表 6-6 所示。

表 6-6　话语策略差异性和重要程度

话语策略	差异性 X			重要程度 Y			极性
	好评	中评	差评	好评	中评	差评	
自言 A	0	0	0	3.55	4.31	4.40	+
自言 B	0	0	0	3.12	2.95	3.50	－
自言 C	0	0	0	2.81	2.79	3.38	－
对立 A	2.69	2.88	2.88	2.90	2.76	2.76	－

续表

话语策略	差异性 X			重要程度 Y			极性
	好评	中评	差评	好评	中评	差评	
对立 B	2.55	2.48	2.62	2.76	2.36	2.60	−
否定 A	3.24	3.36	3.50	3.31	3.31	3.88	−
否定 B	3.64	3.52	3.29	3.48	3.48	3.00	−
引发 A	3.24	2.67	2.74	3.00	2.71	2.60	+
引发 B	4.10	4.21	3.36	4.00	4.05	3.45	−
引发 C	3.24	2.74	4.02	3.48	3.02	3.79	−
摘引 A	3.33	2.50	3.62	3.40	2.64	3.90	+
摘引 B	3.81	3.98	3.52	3.76	3.86	3.71	−
宣言 A	2.55	3.10	2.90	2.45	3.19	3.00	+
宣言 B	3.07	3.10	3.40	3.17	3.33	3.93	+

2. 修正方法

根据差异性和重要程度的得分，计算出其权重 W_{AT}，即差异性的分值 X 除以5，重要程度的分值 Y 除以5，两者相乘，得到重要程度的权重 W_{AT}：

$$W_{AT} = (X/5) \times (Y/5) \tag{6-1}$$

自言没有差异性，所以自言的权重值：$W_{AT} = Y/5$。

淘宝的5分评价体系划分为三个区间，1~3分为差评，2~4分为中评，3~5分为好评，取中间值作为每个评价等级的基础值进行修正，即好评基础值4分，中评基础值3分，差评基础值2分。再根据调查问卷结果进行符号判断，符号为"+"，即在基础值基础上加上权重值，符号为"−"，即在原始值基础上减去权重值。

例如，某一条好评的评论运用话语策略自言 A，原始分值是4分，W_{AT} = 3.55/5 = 0.71，符号为"+"，即修正得分等于4加上0.71，修正为4.71分；某一条差评的评论运用话语策略否定 B，原始分值是2分，W_{AT} = (3.29/5) × (3/5) = 0.39，符号为"−"，即修正分数等于2−0.39 = 1.61。

依此类推，6类话语策略次分为14种类型，修正结果如表6-7所示。

表6-7 话语策略修正值一览表

话语策略	好评	中评	差评
自言 A	4.71	2.14	1.12
自言 B	3.38	2.41	1.30
自言 C	3.44	2.44	1.32
对立 A	3.69	2.68	1.68
对立 B	3.72	2.77	1.73
否定 A	3.57	2.56	1.46
否定 B	3.49	2.51	1.61
引发 A	4.39	2.71	1.72
引发 B	3.34	2.32	1.54
引发 C	3.55	2.67	1.39
摘引 A	4.45	2.74	1.43
摘引 B	3.43	2.39	1.48
宣言 A	4.25	2.60	1.65
宣言 B	4.39	2.59	1.46

6.5.2 话语标记理论修正体系

1. 指标权重

为了解不同类型的话语标记在可信度、立场和情感三大维度的体现程度，获取三大维度的属性代表值，本书选取了涵盖坦言性话语标记、阐发性话语标记、理据性话语标记、断言性话语标记、评价性话语标记等话语标记类型的28种话语标记，进行了问卷调研。其中问卷中选取的28个话语标记主要包含7种可信度类话语标记（"实话实说/说实话""说实在的""说心里话""真心觉得""说句良心话""凭良心说""平心而论"），6种立场类话语标记（"个人觉得/感觉""就个人而言""我敢说""我肯定""据××说/听××说""普遍来说"），6

种正向情感类话语标记（"让人惊喜的是""太/很/非常/特别棒""太/很/非常/特别满意""大赞""好在""庆幸的是/幸运的是"）以及 7 种负向情感类话语标记（"失望""可惜的是/遗憾的是""还行吧""忍无可忍的是""太差""搞笑的是/讽刺的是""太无语了"）和 2 种中性情感类话语标记（"出乎意料""没想到"）。

问卷中 28 个话语标记均采用双例句形式，调查用户在阅读含有话语标记的评论后对评其所体现出的可信度、主观/客观立场和情感倾向的感知情况。如"实话实说"：

句Ⅰ "衣服做工……，超……。缺点也有，帽子里线头……。"

句Ⅱ "衣服做工……，超……。实话实说，缺点也有，帽子里线头……。"

问卷填写者，结合自身网购经验，观察相较于句Ⅰ添加了话语标记"实话实说"的句Ⅱ，分别在真实坦诚性、公平公正性、主观性、客观性、情感倾向（正向/负向）等方面，是否有凸显作用，用户若明显感知到话语标记对相关属性的强调凸显作用，则在相应栏目进行勾选，否则不勾。

问卷回收后，将统计数据进行汇总，按照表 6-5 中话语标记实例的类型和程度轻重进行归类合并处理，然后对归类后的话语标记对可信度、主观性、客观性、正向情感和负向情感等各方面的突显程度进行均值求取，结果如表 6-8 所示。其中值得注意的是，中性情感话语标记自身情感倾向不明显，其在正向情感和负向情感的均值需要根据实际语境中具体判断。例如，"出乎意料"既可表示意料之外的满意，也可表示意料之外的不满，在具体的语境中"××出乎意料的好，满意"表达出的是一种正向情感。因此，借助表 6-8，"出乎意料"在此处对正向情感的凸显程度为 0.556，负向情感的突显程度为 0。

2. 修正方法

每个话语标记语本身内涵丰富，本书将其定义为五维向量 $word_m = (a_m, b_m, c_m, d_m, e_m)$，五个维度分别是可信度、主观立场、客观立场、正向情感、负向情感，并用英文字母 a、b、c、d、e 表示。假设单条评论中含有 n 个话语标记，每个话语标记均用五维向量表示，从 $word_1$ 到 $word_n$，不同向量的五个维度的值，各自代表不同话语标记在可信度、主观性、客观性、正向情感、负向情感突显程度，具体数值来源于表 6-8 在线商品评论的话语标记的属性均值。

表 6-8 在线商品评论的话语标记的属性值

话语标记	实例列举	可信度	主观性	客观性	正向情感	负向情感
可信度类话语标记	实话实说/说实话；说心里话；说实在的/实在；说句良心话；真心/真的/真是；凭良心说；平心而论	0.684	0.135	0.181	0	0
立场类话语标记	个人觉得/感觉/认为；就个人而言	0.509	0.406	0.085	0	0
	我敢说/我肯定；肯定是/简直是/绝对是/必定是/确实是/必须是/完全是	0.531	0.420	0.049	0	0
	据××说/听××说/××都说；应该是；普遍来说/一般来说	0.437	0.074	0.489	0	0
正向情感类标记	让人惊喜/又惊又喜/惊奇/惊讶的是；大、超爱/赞；太、很、非常、特别棒/满意/喜欢；棒棒哒/超值	0.175	0.235	0.021	0.569	0
	挺好的/还不错/还可以/凑合吧	0.192	0.208	0.048	0.480	0.072
	好在；庆幸的是/幸运的是/幸好	0.214	0.07	0.095	0.443	0.178
负向情感类标记	搞笑的是/好笑的是/讽刺的是无语了/无言/无力吐槽	0.149	0.110	0.066	0.010	0.672
	忍无可忍的是；太差/不爽/郁闷	0.146	0.157	0.029	0.019	0.649
	失望的是	0.190	0.191	0	0.012	0.607
	就是××/只是××；可惜的是/遗憾的是	0.239	0.148	0.084	0.026	0.503
中性情感类标记	竟然/居然；出乎意料/出人意料/出乎意外/意想不到/没想到的是	0.214	0.208	0.022	0.556/0	0/0.556

$$word_1 = (a_1, b_1, c_1, d_1, e_1)$$
$$word_2 = (a_2, b_2, c_2, d_2, e_2)$$
$$word_3 = (a_3, b_3, c_3, d_3, e_3) \tag{6-2}$$
$$\cdots$$
$$word_n = (a_n, b_n, c_n, d_n, e_n)$$

判断比较不同话语标记（$word_1$ 到 $word_n$）的同一属性的不同均值，分别获取可信度属性、立场属性、正向情感属性、负向情感属性的最大值 q_1、q_2、q_3、q_4，计算方式如下所示。由于单条评论中说话者立场相对独立，主要倾向于为主观或客观，因此本书将立场属性最大值 q_2 取自于主观立场属性最大值和客观立场属性最大值之间的较大值。

$$q_1 = \max\ (a_1,\ a_2,\ \cdots,\ a_n)$$
$$q_2 = \max\ (b_1,\ b_2,\ \cdots,\ b_n,\ c_1,\ c_2,\ \cdots,\ c_n) \qquad (6\text{-}3)$$
$$q_3 = \max\ (d_1,\ d_2,\ \cdots,\ d_n)$$
$$q_4 = \max\ (e_1,\ e_2,\ \cdots,\ e_n)$$

由于可信度、立场与情感态度是正向影响的关系，因此情感态度（q_3+q_4）的符号决定了评论话语标记的权重值的符号，即如果评论说话人立场坚定，内容真实可信，那么对评论所蕴含的情感态度具有加强作用，呈现出一种评论倾向的"马太效应"。同时，基于之前的问卷数据统计的结果，发现可信度、立场和情感态度在我们提出的评分修正体系中存在一定的比例关系，即可信度：立场：正向情感：负向情感 = 0.293：0.281：0.176：0.258。此外，通过实例考察，我们发现好评的评分区间为 [3, 5]，中评的评分区间为 [2, 4]，差评的评分区间为 [1, 3]。基于以上所述，设计出单条评论多项话语标记的权值总和 W_{DM} 计算公式为：

$$\alpha = \text{sgn}\ (q_3+q_4)$$
$$\beta = |\ 1-(1-q_1) \times (1-0.293)\ | + |\ 1-(1-q_2) \times (1-0.281)\ |$$
$$\gamma = |\ [1-(1-q_3) \times (1-0.176)] - [1-(1-q_4) \times (1-0.258)]\ |$$
$$W_{DM} = \alpha \cdot (\beta+\gamma)$$

$$(6\text{-}4)$$

然后在计算评论最终得分时，同时兼顾考虑情感极性和评论原始的评级状态（好评、中评、差评），设计了以下的评论最终评分的计算方法，即情感最终极性为正向时，最终得分由评论的所处评价状态区间的最小临界值与话语标记的权重加和求得（此时权值为正数）；若情感最终极性为负向时，最终得分由评论所处评价状态区间的最大临界值与话语标记的权重加和求得（此时权值为负数）。

好评：若 $(q_3 + q_4) > 0$，$\text{Score} = 3 + W_{DM}$

若 $(q_3 + q_4) < 0$，$\text{Score} = 5 + W_{DM}$

中评：若 $(q_3 + q_4) > 0$，$\text{Score} = 2 + W_{DM}$

若 $(q_3 + q_4) < 0$，$\text{Score} = 4 + W_{DM}$ $\hspace{2cm}$ (6-5)

差评：若 $(q_3 + q_4) > 0$，$\text{Score} = 1 + W_{DM}$

若 $(q_3 + q_4) < 0$，$\text{Score} = 3 + W_{DM}$

6.5.3　实例例证

本章结合评价理论和话语标记理论并运用于具体评论，针对评论内容与评分不相符的偏差类型即失衡评分偏差现象进行修正，降低评论内容和评价评分之间的差距，实现对在线商品评论的评分修正。

随机选取淘宝网站女装、美容护肤、书籍、手机、家具五大类目下的 3 款商品，共 15 个商品进行分析，如随机选取淘宝商家"韩都衣舍"的一款女装，2015 年 2 月 22 日下载该商品下的全部评论共 111 条（好评 88 条、中评 13 条、差评 10 条），如图 6-6 所示。

图 6-6　"韩都衣舍"某款女装

首先根据评价理论对所有评论进行分析，判断其运用的话语策略，如好评中有购买者评论："挺好看的，料子舒服，颜色很好，款式漂亮"，根据划分标准，该条评论客观分析女装的衣料、颜色、款式等属性，故判断其运用"自言"这种话语策略，具体来说属于自言中的第一种情况，对应表6-7，得到该条评论修正后的分数为4.71分，即原始分数为4.5分的评论通过评价理论中的话语策略分析，我们将其修正为4.71分。按照此种方法，我们对余下的评论进行话语策略判断。

然后，依照前面所构建的基于在线商品评论的话语标记库，对111条评论逐条进行话语标记检测，发现含有话语标记的评论共计50条，覆盖率达到45.05％。同时，50条评论中单条评论所含话语标记在1~3个之间，本书结合评论原始评级状态，利用上述的评分修正算法，对评论的可信度、立场和情感倾向进行分析计算，获得与评论内容匹配的最终评分。

经过话语标记的评论修正算法，原始评级状态为好评且含有话语标记的43条评论的最终评分区间为 [3.28，4.88]，原始评级状态为中评且含有话语标记的4条评论的最终评分区间为 [2.6，3.47]，原始评级状态为差评且含有话语标记的3条评论的最终评分区间为 [1.23，1.67]，详细指标见表6-9的实例分析。

表6-9　韩都衣舍女装的实例分析 I

编号	评级	话语标记	可信度	立场	情感	评分修正后
4	好评	就是	0.462	0.387	−0.434	3.72
9	好评	挺不错的；仅就个人而言；就是	0.653	0.573	−0.060	3.71
10	好评	挺不错的；只是	0.462	0.431	−0.060	4.05
12	好评	挺不错的；可惜的是；真的	0.777	0.431	−0.060	3.73
17	好评	真心；挺不错的	0.777	0.431	0.260	4.47
19	好评	真心；挺不错的；很喜欢	0.777	0.450	0.333	4.56
21	好评	还不错	0.429	0.431	0.260	4.12
24	好评	还不错；没有想到的是（负面）	0.444	0.431	−0.099	4.03
25	好评	还不错	0.429	0.431	0.260	4.12
27	好评	朋友都说；就是；仅是个人建议	0.653	0.633	−0.434	3.28
29	好评	还可以	0.429	0.431	0.260	4.12
30	好评	不错；比想象中好（正面）	0.444	0.431	0.323	4.12
31	好评	不错；遗憾的是	0.462	0.431	−0.060	4.05
32	好评	真心觉得；棒棒哒	0.777	0.450	0.645	4.87
35	好评	让人惊喜；平心而论	0.777	0.431	0.260	4.47
37	好评	挺好的	0.429	0.431	0.260	4.12
38	好评	挺喜欢的	0.417	0.450	0.645	4.51
39	好评	挺好的；不错的	0.429	0.431	0.260	4.12

续表

编号	评级	话语标记	可信度	立场	情感	评分修正后
40	好评	庆幸的是；很满意	0.214	0.450	0.255	4.15
42	好评	嫂子说；凭良心说	0.684	0.633	0.000	4.41
44	好评	还可以	0.429	0.431	0.260	4.12
46	好评	出乎意料（负面）	0.214	0.431	-0.671	3.45
50	好评	朋友都说	0.437	0.489	0.000	3.93
54	好评	很满意	0.417	0.450	0.645	4.51
57	好评	不错	0.429	0.431	0.260	4.12
58	好评	妹妹说；很喜欢	0.437	0.633	0.645	4.88
59	好评	就是	0.239	0.387	-0.434	3.72
60	好评	非常喜欢；只是	0.239	0.450	0.014	3.93
62	好评	很好	0.417	0.450	0.645	4.51
63	好评	惊喜	0.417	0.450	0.645	4.51
66	好评	很棒	0.417	0.450	0.645	4.51
70	好评	还可以吧；就是	0.239	0.431	-0.060	4.05
71	好评	还可以	0.429	0.431	0.260	4.12
72	好评	还不错	0.429	0.431	0.260	4.12
73	好评	她说；很喜欢	0.602	0.633	0.645	4.88
77	好评	凑合吧	0.429	0.431	0.260	4.12
79	好评	朋友都说	0.602	0.633	0.000	4.24
82	好评	同事们都说	0.602	0.633	0.000	4.24
84	好评	还可以	0.429	0.431	0.260	4.12
85	好评	不错	0.429	0.431	0.260	4.12
86	好评	她说；可惜的是	0.602	0.633	-0.434	3.33
87	好评	很喜欢；真的	0.777	0.450	0.645	4.87
88	好评	不错	0.429	0.431	0.260	4.12
92	中评	实话实说；还可以	0.777	0.431	0.260	3.47
93	中评	太郁闷了；居然	0.444	0.431	-0.548	2.58
98	中评	还可以；就是	0.239	0.431	-0.0597	3.05
99	中评	没有想象中；失望	0.444	0.431	-0.523	2.6
103	差评	搞笑的是	0.398	0.360	-0.572	1.67
104	差评	太无语了	0.398	0.360	-0.572	1.67
111	差评	没想到；完全是；太失望了	0.668	0.583	-0.523	1.23

通过结合评价理论和话语标记理论，部分含有话语标记的评论我们运用其进行修正评分，余下的部分采用评价理论进行修正，相应的话语策略及评分如

表 6-10 所示。

表 6-10 韩都衣舍女装的实例分析 II

编号	评级	话语策略	评分修正后	原始评分	编号	评级	话语策略	评分修正后	原始评分
1	好评	自言 A	4.71	4.5	56	好评	自言 B	3.38	4.5
2	好评	自言 C	3.44	4.5	61	好评	引发 C	3.55	4.5
3	好评	引发 A	4.39	4.5	64	好评	自言 A	4.71	4.5
5	好评	自言 A	4.71	4.5	65	好评	自言 C	3.44	4.5
6	好评	自言 A	4.71	4.5	67	好评	自言 C	3.44	4.5
7	好评	自言 A	4.71	4.5	68	好评	摘引 A	4.45	4.5
8	好评	自言 A	4.71	4.5	69	好评	宣言 A	4.25	4.5
11	好评	引发 A	4.39	4.5	74	好评	自言 A	4.71	4.5
13	好评	宣言 B	4.39	4.5	75	好评	对立 A	3.69	4.5
14	好评	自言 B	3.38	4.5	76	好评	对立 A	3.69	4.5
15	好评	自言 B	3.38	4.5	78	好评	自言 A	4.71	4.5
16	好评	对立 A	3.69	4.5	80	好评	宣言 A	4.25	4.5
18	好评	自言 A	4.71	4.5	81	好评	摘引 A	4.45	4.5
20	好评	引发 C	3.55	4.5	83	好评	引发 B	3.34	4.5
22	好评	否定 A	3.57	4.5	89	中评	对立 A	2.68	3
23	好评	自言 A	4.71	4.5	90	中评	引发 A	2.71	3
26	好评	自言 B	3.38	4.5	91	中评	宣言 A	2.6	3
28	好评	自言 A	4.71	4.5	94	中评	自言 A	2.14	3
33	好评	对立 B	3.72	4.5	95	中评	宣言 B	4.39	3
34	好评	宣言 B	4.39	4.5	96	中评	自言 A	2.14	3
36	好评	引发 A	4.39	4.5	97	中评	否定 A	2.56	3
41	好评	自言 A	4.71	4.5	100	中评	对立 A	2.68	3
43	好评	对立 A	3.69	4.5	101	中评	自言 A	2.14	3
45	好评	摘引 B	3.43	4.5	102	差评	宣言 A	1.65	1.5
47	好评	对立 B	3.72	4.5	105	差评	自言 A	1.12	1.5
48	好评	自言 A	4.71	4.5	106	差评	自言 A	1.12	1.5
49	好评	否定 A	3.57	4.5	107	差评	对立 A	1.68	1.5
51	好评	自言 A	4.71	4.5	108	差评	否定 A	1.46	1.5
52	好评	摘引 A	4.45	4.5	109	差评	自言 A	1.12	1.5
53	好评	自言 A	4.71	4.5	110	差评	宣言 B	1.46	1.5
55	好评	对立 B	3.72	4.5					

将上述 110 条评论原始评分和修正后的评分分别进行加和求平均数，得到该女装原始分数为 4.05 分，修正后的分数为 3.73 分，修正幅度为 0.32 分。

同样的，对随机抽取的 5 类共 15 种商品分别按照上述方法进行分析，结果如表 6-11 所示。

可以看出，利用话语标记理论对评论评分进行修正的评论数量占总体比例约为 34.09% ~ 48.48%，其他评论则默认采取评价介入理论进行评分修正。同时，根据修正前后的评分情况，可以看到女装、美容护肤两类体验型商品的修正幅度均大于书籍类，且大于手机、家具两类搜索型商品，这与前文抽样分析得到的各类商品的准确率相吻合，即准确率越高的两类搜索型产品，如手机、家具，经过评价介入理论和话语标记理论修正后评分变化的幅度也越小；而准确率越低的体验型产品女装、美容护肤产品，修正后评分变化的幅度也越大，中间类产品书籍类同样处于中间位置。

表 6-11　五类商品的修正得分

类别	种类	评论数量	含话语标记的评论比例/%	原始评分	修正后评分	修正偏差
女装	女装 1	111	45.05	4.05	3.73	0.32
	女装 2	195	39.06	4.23	3.88	0.35
	女装 3	257	35.00	3.89	3.61	0.28
美护	美护 1	84	38.10	4.2	3.79	0.41
	美护 2	123	46.05	4.09	3.74	0.35
	美护 3	239	35.23	3.76	3.47	0.29
书籍	书籍 1	96	41.67	3.89	3.59	0.3
	书籍 2	178	34.09	4.02	3.76	0.26
	书籍 3	261	38.14	3.99	3.76	0.23
手机	手机 1	65	43.08	4.02	3.98	0.04
	手机 2	157	37.69	4.15	4.06	0.09
	手机 3	247	39.82	4.09	4.06	0.03
家具	家具 1	66	48.48	4.16	4.11	0.05
	家具 2	179	32.97	4.01	3.98	0.03
	家具 3	288	44.08	3.99	3.91	0.08

6.6　基于在线商品评论的推荐解释风格

本章前述内容将功能语言学中评价理论和话语标记理论用于在线商品评论失衡评分偏差现象进行矫正，为第7章交互收敛式个性化推荐算法提供高质量的数据支撑。本节将主要探索所推荐解释中的两个核心问题：推荐解释的内容和形式。然而，实质上推荐解释的内容与形式密不可分，是同一个问题的两个侧面。尽管理论上推荐内容未必与推荐算法直接相关，但实际上推荐内容的确受限于具体的推荐算法，不同的推荐算法能够提供的推荐解释内容并不相同。因此，学界将推荐的内容与形式结合统称为推荐的解释风格（explanation styles）。常见的解释风格分为基于项目（case-based）的解释风格，基于内容（content-based）的解释风格、基于协同（collaborative-based）的解释风格、基于人口统计学（demographic-based）的解释风格以及基于知识和实用性（knowledge and utility-based）的解释风格等五种。然而，已有研究更多侧重于解释风格的影响却并未对解释风格进行对比，本书则采用实验方式对这一问题进行初步的探索。

首先，针对上述五种推荐风格，编写如下十种不同的推荐表达语句：

Ⅰ（Case-based）

　　Sentence1：我们向您推荐××。

　　Sentence2：您可能会购买××。

Ⅱ（Content-based）：

　　Sentence3：根据您刚才的浏览商品，我们为您推荐××。

　　Sentence4：我们猜您喜欢××。

Ⅲ（Collaborative-based）：

　　Sentence5：访问过该商品的用户，百分之××都会购买××。

　　Sentence6：您朋友中有百分之××都选购了××。

Ⅳ（Demographic-based）：

　　Sentence7：男性/女性更偏爱××。

　　Sentence8：大学生一般更喜欢××。

Ⅴ（Knowledge and utility-based）：

　　Sentence9：××屏幕更大、速度更快。

　　Sentence10：根据您的购买力，向您推荐××。

其次，设计实验网页，为了控制商品本身的品牌、颜色、款式、价格等因素对被试可能的影响作用。本实验将额外信息减少到最低，具体而言则是向被试推荐一款手机，不出现任何与手机相关的品牌、价格等信息，只选择黑色这种较为中性的产品图片而且所有配图均相同。一个被试访问十个页面，每个页面图片相同，不同的只是推荐解释。顺序访问的具体页面由系统随机在十个页面中抽选，且不重复。

最后，实验系统经测试完毕后，招募华中师范大学信息管理学院被试22人，年龄为22～26岁，具有至少1年的网购经历。在实验开始后，每人每个页面设置为10秒钟停留浏览时间，全部浏览完毕后，在问卷中勾选出印象最深刻、接受程度最高的三种表述。全体被试实验完毕后进行数据的整理与分析，数据统计如表6-12所示。

表6-12　推荐语句被选频次表

推荐风格	推荐语句	被选次数	总计	比例/%
Case-based	Sentence1	1	1	1.2
	Sentence2	0		
Content-based	Sentence3	9	12	14.1
	Sentence4	3		
Collaborative-based	Sentence5	14	31	36.5
	Sentence6	17		
Demographic-based	Sentence7	3	7	8.2
	Sentence8	4		
Knowledge and utility-based	Sentence9	19	34	40
	Sentence10	15		

基于知识和实用性（knowledge and utility-based）的解释风格与基于协同（collaborative-based）的解释风格不仅比例最高，而且远远超过其他解释风格。在实验结束后的回访中发现，对于基于知识和实用性的解释风格被试看中的是解释的含义，而对于基于协同的解释风格被试则更倾向于对商品整体性的评价，但多数被试表示不会因好友选择而导致自己也购买同样的商品。

基于上述结论，研究将采用对评论关键词聚类方法筛选出评论中的实意高频词作为语义解释，而将好评率的百分比作为符号解释。

6.7 总　结

本书创新性地引入语言学领域的评价理论和话语标记理论，并借助于其所蕴含的语义和语用信息，为解决电子商务领域在线商品评论内容与评论评分不一致的评论失衡偏差的现实难题作出了有益的尝试。本书通过对失衡评分偏差的纠正，有利于净化评论环境，消除评论中的噪声信息，提升评论质量，有助于为消费者提供更加精准可靠的推荐解释，进而促进其进行购买决策。同时，前文的实证分析极好地证明了本书所提出方法的有效性和可行性。

借助于评价理论，对不同类型产品的话语策略进行了比较，无论是搜索型产品，还是体验型产品，自言的所占比例是"好评>中评>差评"，借言所占比例是"好评<中评<差评"，并且搜索型产品中自言所占比例大于中间型产品大于体验型产品。同时，我们对淘宝现有评价机制的不足——准确率不高进行验证，并结合评价理论，从介入角度出发对淘宝产品的得分进行修正。

借助于话语标记理论，首次构建了基于在线商品评论的话语标记库，并对在线商品评论信息进行深层次的挖掘，实现了对评论内容真实反映出的可信度、评论立场和情感倾向进行量化测量，进而对在线商品评论评分完成精细化的修正，使之与评论真实内容更加匹配。

然而，在实践的过程中也遇到很多难题，有待改进之处主要有以下几个方面：第一，现阶段对评论的修正过程是人工操作，速度慢、耗时长、测试范围有限；第二，话语标记数量巨大，单就从话语标记相关论文和5000条商品评论入手去构建话语标记库，渠道少，词库规模小；第三，设计问卷调查不同话语标记在可信度、立场和情感的凸显程度时，问卷调查的样本少，数据的代表性和科学性有待验证；第四，可信度、立场和情感这三大维度之间有可能存在交叉影响的关系，而基于话语标记的修正算法中并未将此考虑其中。

当前存在的问题指明了未来研究改进的方向，一方面要开拓更多的话语标记收集渠道，扩建现有词库，同时增加调查样本，完善修正算法，使之更加科学适用；另一方面，基于成熟的中文信息处理工具和大数据处理平台，实现对大规模评论进行自动化、高效化、实时化的修正处理。

7 基于用户偏好复合模型的交互收敛式个性化推荐方法

7.1 研究背景

　　个性化推荐系统是一个方兴未艾的中外学术研究热点领域，诸多学者围绕推荐算法进行了大量工作并取得了十分丰富的成果。不少成果已然走出实验室实现了产业化，一场个性化推荐系统的应用推广热潮正轰轰烈烈地进行着。然而，随着实际应用的普及，越来越多的问题逐渐浮出水面，准确率、实时性、用户满意度及整体体验上存在许多缺陷，其中最为关键的——个性化推荐系统"个性的缺失"则是当下主流个性化推荐算法与生俱来的缺陷。之所以如此，是由于当前研究处于一种将人"剥离"的状态，把用户简单地抽象为不同维度的历史数据，利用历史数据进行精巧的数量分析从而形成对未来的预测。事实上，学界也渐渐发现"人"的重要性，近年来对于个性化推荐中多样性、新颖性等与"人"直接相关的研究颇受重视，推动了个性化推荐系统整体研究的进步。

　　然而，仅仅在历史数据分析的基础上引入多种类型的、更加新颖的、甚至令用户惊奇的商品或服务依旧无法撼动上述缺陷的本质根基。与经济学中的边际效用递减理论类似，行为主义心理学早已指出，相同模式形成的刺激其效果随次数的增多而递减。用户不可能总被多样、新颖的刺激而一直持续兴奋、持续满意，就像内啡肽这一种类吗啡的活性神经肽虽然可以使人产生愉悦感、使人精神放松从而有助于缓解抑郁症但却不能治愈抑郁症一样，个性化推荐系统中的单纯刺激其长期效果局限性非常大。个性化推荐系统"个性化"的根本还在于准确性，准确性的提升是用户满意度稳定提高的基础，毕竟用户在电子商务网站浏览过程中绝大多数时间都是在搜寻自己的预期目标，而非总在寻求"新、奇、特"。

　　实际上，人的购买行为是一个极为复杂的过程，甚至用户自己也无法明确知晓最终的决定。商品页面浏览实质上是一种学习过程，在学习中用户对当前商品与浏览过的其他商品进行比较和分析，用户对颜色、款式、风格或性价比的偏好都能够影响决策。纵然最初无法预测最终的结果，但用户在挑选的过程中却在不断地表露出自身的倾向，这种逐步积累的倾向同时反映了用户的认知过程。于是，用户的每一步操作都是其态度倾向的表达，都是富有意义、饱含分析价值的，缺少对个性化推荐系统与用户之间交互的关注便无法更精确地了解用户当下的需求。如果不能解决好即时推荐的问题，个性化推荐系统便失去了存在的价值。因此，本章将以用户的即时偏好、短期偏好和长期偏好为依据，以评论修正后的商品分数及其感知特征为数据支撑，以个性化推荐系统和用户的交互为突破口，提出交互收敛式实时个性化推荐方法，最终令个性化推荐系统扮演好用户的认知助手角色，而非越俎代庖干涉、误导或直接替代实际用户做决策：个性化推荐系统是因"人"的服务、为"人"的服务、需要"人"参与的服务——使其回归本位在用户享受网购便捷性的同时从根本上提升满意度。

7.2　相　关　研　究

早期，个性化推荐系统伴随着互联网的快速发展而产生，GroupLens System借助协同过滤算法成功地建立预测模型为用户提供与当前文章相关的其他内容。第二年，Ringo System 和 Video Recommender 相继上线，将个性化推荐系统的应用领域拓展至在线音乐和视频产业中。随后，推荐系统迅速成为学术界和产业界聚光灯下冉冉的新星，各种商业推荐引擎和学术研讨会如雨后春笋般涌现出来，如 Agents Inc.、Net Perceptions、ACM Recommender Systems Conference 等。推荐系统通过显性或隐性反馈方式获取用户偏好，隐性反馈推荐基于用户的点击或购买行为，如 Amazon；显性反馈推荐则基于用户自己的标注行为，如 YouTube。多数情况下，这类主动标注行为包含对项目进行评分或评论，对项目属性设置权重值，或直接说明个性需求（HP. com 中的 "help me choose" 功能）等。通过比较用户偏好与项目类目特征或与其他用户偏好的相似性产生推荐结果，前者称为基于内容的推荐系统而后者称为协同过滤推荐系统。个性化推荐系统中，交互的典型过程一般为：首先提取用户偏好，在收集偏好数据的基础上，推荐引擎开始对用户及其可能感兴趣的项目进行预测，最后选取指定数目的最佳结果返回给用户。交互动作的持续性有所不同，有些推荐系统中交互至此结束，也有些推荐系统用户将继续表达偏好并且接收推荐结果列表。

诚然，推荐引擎的核心是基于用户偏好而提供个性化推荐结果，算法精确程度越高为用户推荐的质量越好。因此，个性化推荐研究中绝大多数都是这一方向，早期的主要研究者有 McNee、Cosley、Ziegler 等，近期有 Adomavicius、Tuzhilin、Koren 等。该方向假设更好的算法得到更优质的推荐，更优质的推荐形成更高的满意度和感知系统有效性，从而带来更好的用户体验。然而，许多研究对此提出质疑，用户体验实际上是用户与系统交互过程中的主观感受，受到其他多种因素的影响，但是这些因素并未受到足够的重视。至此，另一支个性化推荐系统研究路径正式形成，诸多学者就多样性、惊喜性、情境、个体差异性及隐私关注等方面进行了积极的探索，形成了较为丰富的成果。随后，"用户中心路径"（means of user-centric）将上述因素进行整合使之共同发生作用。但就影响程度而言，影响用户满意度最重要的方面还是一般意义上的用户体验。特别在电子商务领域中，用户体验是电子商务企业生存的关键，网络购物中的各环节都将对用户体验产生影响。目前制约网上购物发展的一个重要问题就是电商平台未能给用户提供一个良好的购物体验环境和过程，主要表现在对用户认知因素研究不足、网站个性化推荐针对性不强和购物网站可用性不完善等三方面。然而用户体验本身却是一个较为模糊的概念，首要任务是对概念的梳理和定量化。从结构维度探究，用户中心评价体系在考虑用户个体及情境特征下，将客观体系（算法、用户界面特征）、主观体系（用户对客观体系的感知）、用户体验（在与系统交互过程中用户的评价）以及交互动作（用户的各种行为）四个方面进行的区分；从时间维度探究，用户体验可分解为短期体验和长期体验两种类型，尽管用户体验的主要目标是提高用户满意度和忠诚度，但传统模型下的感知可用性、感知易用性、趣味性不仅多基于短期评价而且受新产品设计的首次接纳行为影响，更进一步地，UX Curve 方法将视角聚焦在用户商品长期使用过程中的感受的变化上，并据此揭示改变的原因和转变的方式。

对于网站而言，用户重复访问网站的意愿即为用户忠诚，高度的认同感和承诺将引发用户的重复使用意愿和消费。而在用户为中心的视角下，基于融合TAM、TAM2 以及动机理论、创新扩散理论、理性行为理论、计划行为理论、动机模型的 UTAUT 模型，Yen-Yao Wang 和 Andy Luse 等使用引入信任的 UTAUT 模型对影响用户推荐系统使用意愿进行研究，结果发现尽管在协同过滤系统下被试需要付出更少的认知努力也更容易上手，但被试更倾向于使用基于内容而非协同过滤的推荐系统，社会影响力维度上两者则无明显差异。作者指出，用户使用推荐系统是期望其能够增强自身的购买决策和从更多选择中有效挑选产品，有趣的是，对于基于内容的推荐系统而言，用户对系统的信任非常重要，但是产品类型却与使用意愿无关，那些"新、奇、特"或让用户眼前一亮的产品并不总是能够影响用户的购买行为。

因此，一方面在基于内容的推荐系统中需要摒弃传统用户偏好提取的一套无差别的通用方法，用户需求因人而异，必须重视个体差异，并且每次都尽可能地提供更为丰富的选择列表；另一方面，在推荐系统中使用更多的互动，提供更加友好易用的环境，特别是提供即时帮助功能。此外，解释机制和即时帮助服务类型越丰富，就越能消除用户的社交不确定性，为了增强用户信任，系统需要尽量对推荐列表进行解释，详细说明推荐的理由。

7.3　基 本 原 理

从现有研究能够看出个性化推荐系统是推荐系统的发展方向，而决定个性化推荐系统感知服务质量的基本问题还是推荐结果的准确性，在此基础上还需重点解决感知易用性和多样性的提升。因此，本书提出个性化推荐系统当前面临的四个关键问题。

1. 用户共性永远不能代替用户个性

经典的协同过滤算法以用户之间的共性为依据进行推荐，该方法令推荐的准确性、多样性和计算速度得到革命性的提升，但是其基本思想决定了协同过滤算法进一步提升的空间将十分有限。真实世界中，用户与他人往往存在共同的偏好，利用用户之间的相似性产生推荐列表是一种高效、简洁的间接式方法，然而毕竟个体与个体之间的差异性是绝对的和稳定的而共性只是相对的和非稳定的，无论如何进行精巧的数学"修饰"也都无法突破共性的"天花板"。即使拓宽范围，将相似的其他用户偏好全部提取，其构成的集合也绝非真正的目标用户偏好，而该集合的代表性更值得怀疑：与"我"有共同兴趣的所有人的兴趣就是"我"的全部兴趣？如果需要进一步推进个性化的推荐系统的发展，就必须"抛弃"共性的前提，而真正从用户个体行为入手探察"个性"所在，基于协同过滤算法簇的个性化推荐系统实质上只是伪个性化推荐系统而已。

2. 用户个性标识依赖更为精细的用户偏好识别基准尺度

刻画用户个性的基本工具是用户偏好，按提取方式不同用户偏好又分为显性偏好和隐性偏好两种。显性偏好是用户主动表达的偏好，通常包含用户注册信息、文字评价和评分信息，显式提取方法简单便捷、信息全面、准确性较高，但却给用户带来不便，也不能及时反映用户偏好的变化，实时性难以得到保证。隐式获取则是从用户浏览行为信息中对用户偏好进行挖掘，获取途径主要包括用户行为分析、Web 日志挖掘、用户历史记录等。隐式获取不受用户愿意参与与否的限制，也不会给用户增添额外负担，但是获取难度大且必须控制在用户可容忍的隐私范围内。

在心理学看来，用户明确表达出的偏好经过意识加工，且不论经过意识加工的偏好能否及多大程度上代表理性选择，人脑中有着更多情绪、情感、直觉参与的判断和选择，是下意识或潜意识作用的结果，甚至在意识中也随处可见感性因素对理性的影响。于是，用户偏好的表达绝不能全部依赖于显性偏好。隐性偏好正像潜意识一样是一座座未知的宝库，探索用户在线行为的隐性偏好有着天然优势——可以对用户所有行为进行记录和挖掘。然而当前用户隐性行为的基本粒度过于宽泛，最小分析单元为用户浏览过的单个页面，这是远远不够的。人具有复杂需求的心理结构，用户不仅对不同页面关注的内容不同，同一个页面不同前后访问的重点也未必相同，但是当前偏好提取方法却无法反映这些差异，也就无法更为详细而准确地说明用户的真实欲求。因此，用户个性标识必须将行为识别尺度缩小至其实际关注的具体内容区域而非整篇网页。

3. 历史兴趣永远不能等同于用户的现实需求

实时、机动地洞悉用户需求。对于（但不限于）电子商务情境，用户浏览商品、挑选商品、订购商品及评价反馈过程本质上是一个个性化的认知过程，也是一种个性化的学习过程。记忆和经验是通过历史行为在大脑中建构并积累的，但无法以此获知或者预测用户当下的需求。对于用户而言，更关注其眼前的、即时的需求问题，网站拥有的历史数据只能作为对当下用户行为的参考而非衡量准则。因此，对用户即时偏好的获取将成为用户需求的突破口，对于提升用户对网站的信任和满意度、增强消费黏性、提高销量、扩大站点美誉度都具有非常重要的直接推动作用。

4. 用户即时行为是其即时偏好的科学数据来源

用户心理空间的复杂性决定了用户偏好表达的困难性，显性偏好的一大缺陷还在于情境无关性或情境伪制性，为了获取显性偏好用户通常需要回答网站提出的具体问题或自行标记特定的标签，然而这些行为都没有指明某种具体的情境，情境不只有外在的环境还包含用户内在的心境。用户在不同页面浏览时，外在环境和内在心境都不相同，显性偏好的回答只是用户心理统计性的一种平均估值，并不必然与当前行为相符。因此，用户的即时偏好不可能出自显性偏好，而只能来自于隐性偏好。用户行为是心理的表达，当前正在发生或刚刚发生的即时行为则是用户当前需求的表达，用户隐性偏好的提取需要基于即时行为。然而，考虑到用户对系统的期望以及其对于降低认知负荷寻求帮助的渴望，即时行为并不是独立存在的，而是在当前情境下与系统互动中体现出来的。借助即时交互行为，能够了解用户当前的实际需求，进而可以提供更为相符的结果，这是一种迭代往复的循环过程，自用户而起也因用户而终，用户在交互中逐渐明晰需求，推荐系统在交互中逐步缩小推荐集的备选项目，从而在整体上迅速行进到最优的契合点，继而再由用户策发进入新一轮交互过程，如此往复。

针对上述四个方面的重要问题，本书提出相应的具体解决方案或解决策略。综合本书前面各章的研究成果，提出完整的用户偏好体系：即时偏好、短期偏好和长期偏好。作为对即时偏好的重要参照依据，短期偏好与长期偏好通过第五章提出的基于商品特征自组织层次聚类方法实现，并确定了 7 天与 365 天的短期及长期偏好的时间分析阈值。即时偏好的获取是本书的主要内容也是重要创新内容之一，从用户网上浏览行为的心理学视角出发，第 4 章的实验发现并验证了屏幕视觉热区的存在及其分布区间，进而使用网页类别判定及短文本关键词提取方法便可以识别出目标网页并将目标网页目标区域内的文本进行关键词抽取，与注视时间一起作为即时行为信息予以保存。准确获知用户偏好只是提供个性化推荐服务的先决条件之一，个性化推荐系统一端连接"人"（用户）另一端连接"物"（商品），前述研究都是围绕人、理解人展开的。在接下来的第 7 章中，则对"物"进行了开创性的分析，尽管价值一词涉及主观感受，但是电子商务网站中用户评论却是除去商品描述本身之外的重要信息，并能够直接影响用户最终的购买意愿。通过对功能语言学中评价介入理论及话语标记两种工具，实现对商品评论真实性的修正，使其更为客观地反映出用户的真实体验，挤出"水分"而修正出真实客观的分数。

第 3 章已然指明：推荐系统的本质是认知助手，不是替代而是协助用户，是以用户为中心，以降低认知负荷提高决策能力为己任。因此，以基于内容的推荐算法为母本，本章将采用人机交互的方式在用户的引导下逐步明晰需求，渐次收敛推荐列表项目范围，直至用户重启一轮新的迭代过程。在提升推荐精确性的同时，为了避免用户陷入推荐算法产生的"相似性黑洞"（similarity hole）之中，在推荐列表两端设计并引入了体现推荐多样性、惊喜性的"跳出"机制，并以此在获得高精确性的同时而免于被"锁定"。接下来，将详细介绍交互收敛式个性化推荐方法的关键概念、具体实现及验证。

7.4　交互行为与约束条件

7.4.1　交互行为

交互是一种最基本的日常生活现象，在更为广义的层面上指的是交流，泛指人与外界事物的信息交流过程，表示两者之间的互相作用和影响。本书中的交互行为是一种狭义的层面——人机交互（human-computer interaction，HCI），即采用特定的交互方式，为实现某种目的由用户主导的人与计算机之间信息交流的一系列行为过程。在线人机交互中，人是交互行为的主体，网站是交互的载体，交互机制则是人机交流的规约与法则，人所处的真实情境始终影响着交互行为。

在用户心理理解用户的互动过程，可将其心智的变化过程分解为意图、计划、动作实施、感知反馈、认知、选择新意图六个阶段，如图 7-1 所示。

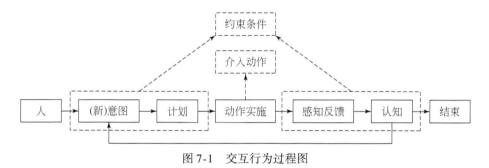

图 7-1　交互行为过程图

（1）意图：在使用一个产品之前，用户心理首先要形成操作意图。

（2）计划：操作意图确定后，用户会根据人机交互规约开始计划如何行动。

（3）动作实施：按意图和计划开始实施操作过程。

（4）感知反馈：在进行每一步操作时，知觉感知界面传递的信息。

（5）认知：用户对反馈信息进行解释，理解其与目标意图的差异。

（6）选择新意图：消费者根据反馈信息和其行动目的，决定下一步新的意图。

这个过程是个螺旋上升的过程，前一个过程的结尾便是下一个过程的开端，要完成一个任务往往需要多个过程的迭代才能实现。

在个性化推荐系统中，用户的（新）意图、计划、感知和认知等内心的心理状态无法直接获悉，但其实施的动作却是其内心想法的直接体现，是窥视心理活动的最佳通道。通过对用户即时动作的观察，便可探查其内心动态把握需求微妙的变化。将用户的意图、构想、感受及认知过程中所有的内心主观意向统称为约束条件（constraints），而将表达用户决策的行为称为介入动作（intervention）。约束条件和介入动作关系密切，约束条件是交互行为的起点和终点，介入动作既是用户当前需求的直接表达，又是约束条件进一步发生改变的施动力。在个性化推荐系统的人机交互中，用户介入动作的种类与约束条件相比较为单一，尽管用户的交互行为种类非常多，如页面浏览、点击、选中、收藏、复制、搜索、标注、评价等，然而大多数动作只是偏好提取的支撑，交互式个性化推荐算法更为关注的是决策行为，即用户在本轮和后续推荐列表中的选择。所以，介入动作主要是指用户在当前推荐列表中的选择行为。

7.4.2　约束条件

1. 约束条件的构成

与介入动作这一简单的操作相比，约束条件则更为复杂。约束条件是交互式个性化推荐算法的核心机制，涉及用户—商品—情境三个维度，具体而言：

（1）用户维度。用户维度即为用户偏好，分为即时偏好、短期偏好和长期偏好三种。即时偏好是用户维度上的关键部分，短期偏好和长期偏好的重要程度依次减弱仅起到参考的作用。

（2）商品维度。商品维度又可分为常规约束和特质约束两类，常规约束是指各类商品共有的通用属性，如商品的类型、名称、品牌、价格、外观、产地、颜色、货号、物流、评分等；特质约束则是指商品的特有属性及其值。

选取天猫女装裂帛品牌下的一款服装作为例子，则有：

常规约束
- ◆ 类型：女衬衫
- ◆ 品名：2015 春新款浪漫花色双层领灯笼长袖衬衫
- ◆ 品牌：裂帛
- ◆ 货号：51140393
- ◆ 价格：159.80 元
- ◆ 外观：（见左图）
- ◆ 产地：北京
- ◆ 颜色：白底

　　◆ 物流：顺丰、圆通、申通、EMS 等

特质约束

　　◆ 版型：直筒

　　◆ 风格：通勤

　　◆ 通勤：淑女

　　◆ 袖长：长袖

　　◆ 袖型：灯笼袖

　　◆ 领型：双层领

　　◆ 衣门襟：单排多扣

　　◆ 面料：印花梭织布

　　◆ 成分：79% 粘纤、21% 锦纶

　　（3）情境维度。情境维度是用户所处的外在环境及其内在心境的综合。外在环境包含时间、地点、场景、温度等方面，内在心境主要是用户的情绪和情感。

2. 约束条件的特征

　　人因性。人因性指的是约束条件产生的原因：约束条件不是由个性化推荐系统产生的而是由用户发起、执行的。

　　动态性。动态性是指约束条件的表现形式：约束条件是动态的、因人而异的，不同的用户拥有不同的约束条件，同一用户不同时间也具有不同的约束条件。

　　层级性。层级性指的是约束条件的组织方式：用户维度及情境维度的约束条件都可以转化为具体的商品维度，这也正是不同场景、不同心态、不同需求的用户在电子商务网站中追寻的结果。

　　相对性。相对性指的是层级与其值域的相对性：在本层属于层级性的维度是其父层级的值。例如，首层"手机"，第二层级值域便是"价格、版型、硬件、颜色"等，在"价格"中，其第三层级为"低端机、千元机、旗舰机"的值域分布。

7.5　交互收敛式的实时个性化推荐方法

7.5.1　收敛与发散

　　事实上，用户的电子商务网站浏览过程就是一种心理认知的过程，面对海量商品和自己显性及隐性需求，需要借助网站提供的搜索及分类功能在商品信息热浪的冲击下逐步聚焦，在这个过程中用户需要付出认知努力。当然，付出更多努力的同时也就意味着要承受更高的认知搜寻、处理和转移成本，认知负荷的增加将导致购买意愿的显著降低。在商品种类、数量、特性信息迅速增多的情况下，增加用户的感知商品线索可以有效提升用户的感知价值，同时避免用户被网站"锁定"（be locked in），最终增强其购买意愿。于是，貌似出现两难的窘境，一方面更多的线索导致更高的购买意愿，另一方面更多的线索引入更高的认知负荷会降低购买意愿。其实，问题不仅在于线索的数量，更在于线索的质量，高质量线索的数量越多才越能够降低认知负荷并提高购买意愿。

用户的购买行为本质上是一个学习和决策过程，在这个过程中的认知活动是通过逐步缩小选择范围而实现的。因此，采用与用户认知同向、甚至同步的过程才是最经济、最高效和最为省力的方式，这种方式就是待选商品集的逐步收敛。虽然用户可以自行根据网站商品组织形式进行筛选，但毕竟不是每个用户都具有高水准的信息处理素养，为用户主动提供推荐服务便成为首选策略。与其他推荐方法不同的是，本书所提方法并不需要对用户做任何假设和限定而让用户处于"被"推荐的被动地位，相反通过用户与网站及个性化推荐系统的互动，从用户即时行为出发，识别用户决策的倾向性进而实时改变推荐列表中的项目并逐渐缩小备选范围、逼近最终的合意商品，形成由用户主导的快速收敛的购买路径。

然而，任何事物都有两面性，如果一直遵从推荐的结果，单纯的快速收敛必定会使用户选择范围最终局限于某几个特定商品对象而无法脱身，虽然这些商品很可能是用户满意的结果，但购买行为本身还需要在与更多维度的其他商品进行对比后才能形成更强的购买理由，对比的商品过少即使第一次就看到最终要买到的商品，用户也未必会停止继续对比。于是，在收敛的同时也必须提供"跳出"机制，可以让用户在更多的维度上进行比较。这种"跳出"机制即本个性化推荐方法的发散功能，在推荐列表中将引入两种发散方式来扩大选取范围：一种是"返回"功能，即跳回当前推荐列表上一层特征维度；另一种是"多样性"，充分挖掘用户可能感兴趣的"暗信息"，将某些较新或较早的知名度、访问量低，却有独特特性的同类商品加入当前推荐项目列表。这样用户既可以选择继续缩小待选范围，又能够随时取消该层特征维度而退回上一层，还能方便地了解到更多多元化的特色商品。

7.5.2 形式化描述

综合用户偏好、推荐解释及交互式收敛与扩散方法的前述成果及思想，进行如下定义。

定义7.1 用户偏好模型：

用户偏好模型 M 包含三个要素<U，R，C>。U 指用户集合 $\{u_1，u_2，u_3，\cdots，u_m\}$。R 指偏好模型的类型集合 $\{r_1，r_2，r_3\}$，其中 r_1 为用户即时偏好，r_2 为用户短期偏好，r_3 为用户长期偏好。C 则是用户的具体特征项集合 $\{p，t\}$，p 为用户的注视对象集合，t 则是该偏好项目的注视时长集合。如果用户 u_i 存在非空集合 C，则称 $W（r_i）$ 为 u_i 当前的加权偏好。

定义7.2 推荐列表模型：

推荐列表模型 L 包含两个要素<U，G>，U 为用户集合，G 又包含三个要素 <K，E，F>，其中 K 为项目集合 $\{k_1，k_2，k_3，\cdots，k_n\}$，n 为项目列表长度，E 为与项目集合等长的推荐解释集合 $\{e_1，e_2，e_3，\cdots，e_n\}$，F 为与项目集合等长的记号集合 $\{f_1，f_2，f_3，\cdots，f_n | f=1，2，3\}$，f 值为 1 表示该项目处于当前维度，f 值为 2 表示该项目处于父维度具有"返回"作用，f 值为 3 表示其具有"多样化"作用。

定义7.3 推荐解释模型：

在推荐列表模型 L 中，对于任意给定的用户 u_i，如果存在一个非空集合 C，则存在推荐解释模型 E。推荐解释模型 E 含有两个要素<Q，B>，Q 为用户 u_i 的加权偏好 $W（r_i）$ 所对应的商品评论特征集合 $\{q_1，q_2，q_3，\cdots，q_o\}$，o 为特征数，B 为与特征集合等长的特征强度集合 $\{b_1，b_2，b_3，\cdots，b_o\}$。

定义7.4 用户交互模型：

用户交互模型 D 包含两个要素<I，H>，I 为交互行为集合，H 为约束条件集合。其中，交互行为集合 $I = \{i_1，i_2，i_3，\cdots，i_s\}$，s 为交互次数。约束条件集合 $H = \{h_1，h_2，h_3，\cdots，i_z\}$。

对于给定的交互次数 s，必定有 $s \leqslant z$。这是因为：

对于新用户和无 Cookie 记录的未登录用户 u_i，由于其只有即时偏好而不存在或无法提取短期偏好和长期偏好，因此 $R_i = \{r_1，\varnothing，\varnothing\} = r_1$。其约束条件的形成完全依赖于交互次数，此时有 s = z。

对于有 Cookie 记录的未登录或有历史访问记录的用户 u_i，其既具有即时偏好又具有短期和长期偏好，此时 r2≠∅ 且 r3≠∅，其约束条件的形成除交互行为之外，也同时受到短期偏好和长期偏好的影响，此时 s<z。

综合以上两点，s ≤ z 得证。

7.5.3 算法实现

出于对用户感知可控及满意度的考量，本算法只是呈现结果被动待选而非主动向用户弹出窗口或运用 CSS 样式做特别提醒。因此，可以将其视为一种被动性推荐，这种被动性实质上是用户主动性的影子：用户的操作触发反馈，反馈在特定商品类别下处于循环状态，如图 7-2 所示。

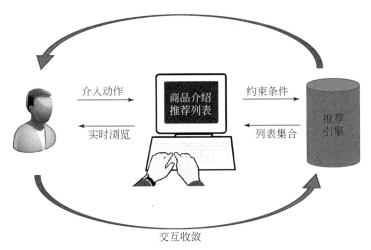

图 7-2　交互收敛循环示意图

具体而言，首先是 Web 服务器、数据库服务器及 Python 开发的监控守护进程服务启动，眼动追踪脚本则采用嵌入 XHTML 或浏览器插件两种形式以供调用。随后，系统等待用户介入（记为 Intervention），不同的介入动作将导致不同的约束条件（记为 Constraint）。如果用户进行登录，则登录这一介入动作 Intervention1 将被系统识别，从而自动根据用户浏览记录计算出其短期偏好和长期偏好，从而形成 Constraint1 与 Constraint2，同时该用户购买记录也被调出，构成第三个约束条件 Constraint3。

此时，有 Intervention［1］→ Constraint［1，2，3］，意为登录动作引发了短期偏好、长期偏好及购买记录三项约束条件。但是，如果用户并未登录，抑或无法使用 Session 或 Cookie 技术确定身份，那么 Intervention［Ø］→ Constraint［Ø］。

接下来，用户在页面上进行浏览并点击一款商品进入商品详情页面。则这一商品选择行为被推荐系统识别而将其作为第二个介入动作 Intervention2 将被系统识别，该商品的类别也即其本质特征即成为第四个约束条件 Constraint4。

这时，有 Intervention［1，2］→ Constraint［1，2，3，4］，由于 Intervention2 已经处于商品详情页面，因此推荐列表 hidden 属性被置为 True，令其在网页中出现。推荐列表 TOPN（N 值通常小于等于 6）中的项目来自个性化推荐引擎，计算的原理是不同权重的约束条件的交集。计算权重时，$W_{即时偏好}$ > $W_{购买记录}$ > $W_{短期偏好}$ > $W_{长期偏好}$。需要指出的是，约束条件也具有不同的类型，一种是独立性约束条件，如即时偏好、短期偏好和长期偏好一样分别独立其作用，相互之间不受影响；另一种是连带性约束条件，这种约束条件内含或关联着其他约束条件，如购买记录就是一种典型的连带性约束条件，因为购买记录中因商品类型不同其约束作用也不同，对于价格弹性极低的商品（如点卡充值、话费充值等），购买记录约束条件要将这些商品包括进来而直接推荐，但对于其他商品（如服装、手机、家电、家具等）用户一般不可能重复购买相同款式或型号的商品，此时购买记录约束条件将此类已购商品从推荐列表中剔除。而商品价格弹性即为一个触发器 Trigger1，决定着连带性约束条件参与集合运算时的符号。在这种情况下，推荐系统返回推荐列表集合 RSList1 的计算方式如下：

$$RSList1 = (Constraint［4］ \cdot W_4 \xrightarrow{Trigger1} Constraint［3］ \cdot W_3)$$
$$\cap Constraint［2］ \cdot W_2 \cap Constraint［1］ \cdot W_1 \qquad (7\text{-}1)$$

在推荐列表集合中将根据用户短期偏好、长期偏好的商品属性限定进行筛选。一般而言所有商品属性中价格最为敏感，因此返回列表中将按照价格而进行 N-2 个类别的聚类，从而得到每类类目的 TOP1，最后列表首位及末尾则分别是上一个访问的商品及用户短期偏好中或流行的一款商品（也可以在此放置广告位）。

当用户再次向系统发出介入动作后，如点击按照价格分类的推荐列表中的某项，抑或是浏览本页商品并于网页某处停留较长时间而研读参数，Intervention3 动作都将引发约束条件 Constraint5，即进行价格范围的限定或是关键词限定，此时 RSList2 将被实时重新计算：

$$RSList2 = RSList1 \cap (Constraint［5］ \cdot W_5) \qquad (7\text{-}2)$$

后续动作触发列表内容的改变均与此类似。用伪代码可表示如下：

输入：介入动作 Intervention

输出：推荐列表 RSList

各项服务启动，将列表 RSList 置空，进入循环 WHILE：

  {   取得当前约束条件集合 C [x]

     获取介入动作 Intervention

     Intervention [n] → Constraint [m]

     Constraint [m] $\cdot W_m \xrightarrow{\text{Trigger}}$ Constraint [x]

     RSList 集合运算

     显示 RSList_new }

7.6　原型系统构建

1. 搭建开发环境

硬件环境：HP Envy 17 NoteBook，主要参数如下：Intel Core i7-4700MQ，四核八线程；8G 内存；1TB 机械硬盘容量；AMD Radeon HD 7850M，1GB 显存容量。

软件环境：Windows8.1 专业版，64 位；Google Chrome 浏览器 38.0.2125；Jquery.min.js 1.7.2；SublimeText 3.0。

服务器环境：XAMPP for Windows1.8.3，其中 Apache 2.4.4，MySQL 5.6.11，PHP 5.5.1，PhpMyAdmin 4.0.4.1。

应用环境：由于只是将研究设想予以实现，不必从零开始重新开发一套在线商城系统。为了能够将主要精力集中到个性化推荐算法的开发中，本书选取灵宝简好网络科技有限公司开发的易用、稳定性较好且开源的 Phpshe 1.2 免费版作为开发母版。

法律风险声明：除 Windows、Sublime 和 Phpshe 外，上述所有软件都符合 GPL 或 LGPL 开源软件条款。其中 Phpshe 免费版仅供从事学习研究之用，不具备商业运作的合法性。本书完全遵从各软件版权要求，仅从事研究之用，无任何法律纠纷问题。

2. 数据导入

为了避免图片过多而可能产生的文字识别准确率降低的问题，研究选择图书类目，即打造一个网上图书商城。考虑到京东图书频道的分类和影响力，最终决定采用京东而非当当和淘宝的真实图书数据。为了减轻后续实验验证的被试认知难度，选择常见且接受性较好的 7 种书目类型：小说传记、经济管理、社会科学、计算机与互联网、科普读物、外语学习和杂志期刊。

Step1：登录网站管理后台，在商品分类中添加上述书目分类，如图 7-3 所示。

图 7-3　网站后台商品分类页面

Step2：在 MySQL 数据库查看商品表 pe_product 的字段设定及其类型，如表 7-1 所示。

表 7-1　pe_product 表字段设置

字段名	类型	整理	属性	空	默认	额外
product_id	smallint（5）		UNSIGNED	否	无	AUTO_INCREMENT
product_name	varchar（50）	utf8 _ general _ci		否	无	
product_text	text	utf8 _ general _ci		否	无	

续表

字段名	类型	整理	属性	空	默认	额外
product_logo	varchar（200）	utf8 _ general _ci		否	无	
product_money	decimal（10, 1）		UNSIGNED	否	0	
product_smoney	decimal（10, 1）		UNSIGNED	否	0	
product_wlmoney	decimal（5, 1）		UNSIGNED	否	0	
product_mark	varchar（20）	utf8 _ general _ci		否	无	
product_weight	decimal（7, 2）			否	无	
product_state	tinyint（1）		UNSIGNED	否	1	
product_atime	int（10）		UNSIGNED	否	0	
product_num	smallint（5）		UNSIGNED	否	无	
product_sellnum	int（10）		UNSIGNED	否	0	
product_clicknum	int（10）		UNSIGNED	否	0	
product_collectnum	int（10）		UNSIGNED	否	0	
product_asknum	int（10）		UNSIGNED	否	0	
product _ comment-num	int（10）		UNSIGNED	否	0	
product_istuijian	tinyint（1）		UNSIGNED	否	0	

续表

字段名	类型	整理	属性	空	默认	额外
category_id	smallint（5）		UNSIGNED	否	无	
rule_id	varchar（30）	utf8 _ general _ci		否	无	

Step3：提取京东图书频道相应 7 类图书的 URL 地址，及确定需要抓取的图书总册数。在 Python 程序开发中，首先利用随机函数计算各个类别下的分页页数及每页内图书数量，随后开启 Selenium 的 webdriver，利用 Chrome Agent 抓取图书的标题、参数、详情及评论等信息。最后，使用 BeautifulSoup 完成数据清洗并将全部数据按照指定格式写入至 Shop 数据库中的 pe_product 表中。抓取 7 类图书，共计 9784 件商品，在后台管理的商品列表中可以浏览到添加的书籍信息，如图 7-4 所示。

图 7-4　网站后台商品列表页面

至此，实验数据导入完毕。

3. 模版修改

Step1：确定公共参数，网站名称为"小铃铛网上书城"，为便于实验时及时反馈问题，将咨询热线和QQ联系方式登记为本人手机号码，制作网站Logo图标并替换源文件。

Step2：去除与实验无关且面积较大的广告栏目。对 template/default/index/header. html 模版文件进行编辑，注释掉源文件中<div class = "ad980">块中的内容，以及 index. html 文件内的<div class = "pro_tuijian">块中的内容。此时，商城首页如图 7-5 所示，网站已初步成型。

图 7-5　基于交互收敛的个性化推荐原型网站首页

Step3：修改 template/default/index/product_view. html 模版文件，在<div class = " fl proinfo" >块后添加个性化推荐系统展示模块，并设定 CSS 样式风格使之以块状呈现。特别是为展示商品的图片和解释信息预留版面位置，如图 7-6 所示。

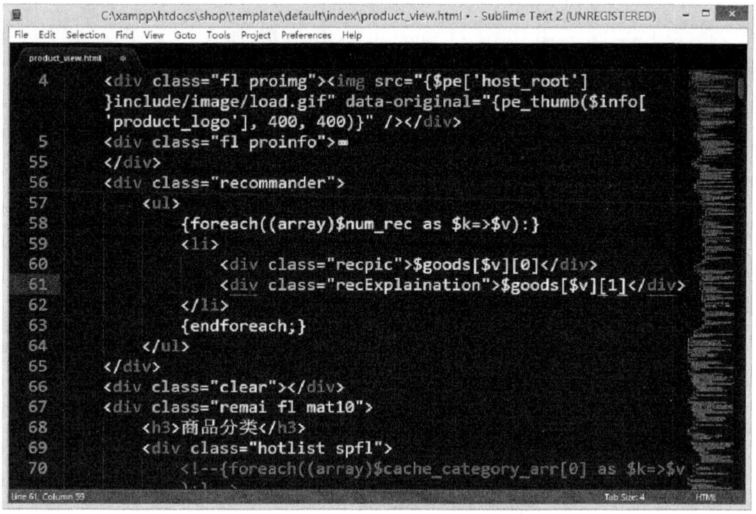

图 7-6　商品展示页面加入个性化推荐模块

4. JS 代码植入

在 header. html 文件中，加载 eyeTrace. js、charWeight. js 及 behaviorTrace 等文件，用于屏幕视觉热区的识别以及对屏幕视觉热区内文字所在的标签、字号、颜色等可视信息的提取。

5. 数据处理代码部署

在 MySQL 数据库 shop 中新建数据表 eye，用户存放用户 ID、注视关键字及注视时间等信息。使用 Python 新建 Windows 服务程序并注册，使其可对 MySQL 进行实时监控并准备调用相关的分词、短文本关键词提取、商品特征自组织层次聚类、约束条件判定及交互收敛式的实施个性化推荐算法等程序文件。最后，编写 MySQL 数据库中的 Trigger 触发器。上述工作依次全部进行完毕后，完成代码部署。

6. 系统测试

Step1：点击首页导航栏中的"计算机与互联网"进入该类别的商品列表页面，选择红色的《C 语言入门经典》一书，点击进入该商品详情页面。此时，左侧个性化推荐栏目中展示 6 种相关商品并按价格排序，还提供了用户较为敏感的好评及差评率同时进行了解释说明，如图 7-7 所示。说明不但个性化推荐系统运行正常，个性化推荐引擎也按照预想目的进行计算，接下来需要测试屏幕视觉热区对推荐结果的影响及跳出功能的效果。

图 7-7　个性化推荐系统测试图 I

　　Step2：向下滚动本页页面，保持目录的文字内容居于屏幕中央位置，停留 2s 以上时间，如图 7-8 所示。此时，左侧个性化推荐列表内容发生了变化，由于 step1 中用户人机互动的第一个操作中算法将价格作为敏感因素而产生一条约束条件，所以在 step2 里与当前书价 57.9 元便作为重要的约束条件参与运算，注视内容形成的用户偏好关键词为"程序"，因此个性化推荐系统返回了当前约束条件（价格）下的与"程序"有关的书。由于 step1 的待选结果也都含有"程序"这一关键内容，因此本次变动实际上并未受到注视内容的影响，实际上新增的两本和减少的两本书都只是价格约束的结果。第一个位置，作为跳回上层特征机制的实现，出现了上一个页面访问过的内容，如果再点击此书将重现与上次相同的推荐项目列表。然而，不足之处在于第六个也就是最后一个位置上，本是应该出现多样性选择的项目，却被精确性和约束条件限制而极大地降低了多样性出现的概率。其中一个重要原因在于本原型系统数据量还是比较稀疏，近 1 万条书目数据无法充分展现商品之间的联系与多样性。但是，总体功能都已实现，测试效果尚可，系统运转正常，再次补充数据后可以展开实验。

图 7-8　个性化推荐系统测试图 Ⅱ

7.7　评　价　指　标

通常的个性化推荐系统评价体系中，常见评价指标多为命中率（HR or BHR）、准确率（precision）、查全率（recall）以及综合准确率与查全率的 PRS。此外，也有诸如延迟时间、流量开销、加速比等性能指标。作为核心评价指标的准确率和查全率，一直是业内首选指标，在 MovieLens 等数据集的佐证下，便使其方法可以得到模式化的横向比较，因此一直受到学术界和产业界的青睐。

然而，该评价指标已然脱离了“人”的范畴。用户是系统的使用者和服务对象，系统功能优劣的评判不能脱离用户的感受。近期，以“用户为中心的评价”（user-centric evaluation）正在得到更多的认可与研究，Pearl Pu 与 Li Chen 在总结前人成果的基础上，提出以用户为中心的推荐系统评价框架（user-centric evaluation framework，UCEF）同时构建了 ResQue 问卷，其中评价框架如图 7-9 所示。其中，用户总体满意度（overall satisfaction）是用户与网站双赢的关键支点，对用户而言较高的满意度反映了使用体验、购买意向、持续购买意愿的积极性，对网站而言则意味着更高的销售量、忠诚度和影响力。为了不断提升用户满意水平，便需科学、准确地测量顾客满意度。但是，已有研究指出了用户满意度的另一个"陷阱"：用户满意测量的结果呈现"左偏"现象。其实，用户满意和不满意并非同一个构念的两个相互对立的极端。实际上，存在着同时既有某种程度满意，也有某种程度不满的情形，一如本书第 6 章中所提在线商品评论存在偏差，这样的情况相当普遍。用户对不满意的反应比对满意的反应更加极端（如愤怒、失望、疯狂、尴尬）。当用户对某一产品不满意时，倾向于更加关注产品核心部分而非产品的附加或延伸部分。不满意通常比满意持续更长时间（若公司不妥善处理）或者发生更快，这是因为消费者更关心产品是否存在缺陷。涂荣庭及赵占波将顾客满意和不满意视为两个潜在独立构念，验证得出双因素模型比单一构念模型更能反映实际情况的结论。

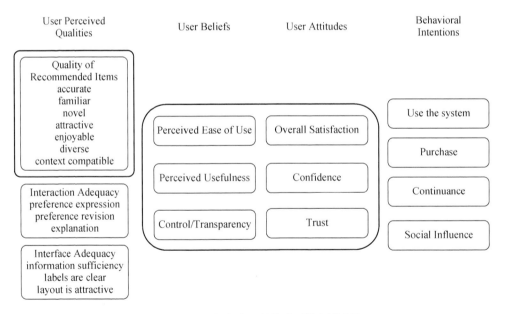

图 7-9　以用户为中心的推荐系统评价框架

　　结合本书的研究目的，为了充分说明本方法对用户感知的影响又同时有效控制研究复杂性，本书将 UCEF 模型与涂荣庭研究成果进行融合，在 UCEF 模型中仅抽取 User Perceived Qualities、User Beliefs 和 User Attitudes 模块中的红色部分，在问卷设计中引入涂荣庭所设计的 8 项题表并针对电子商务情境进行改编，得到 7 点量表。本书后面的部分对用户满意度测评都是基于此量表进行的。

7.8 实 验 验 证

在本小节中，将对系统进行整体测试与分析，包括性能分析（压力测试和实时性检验）、浏览策略分析、登录身份影响分析以及行为分析等四个部分。

7.8.1 性能测试

性能分析中将使用虚拟用户对系统进行模拟访问，通过短时间高压访问对系统承压性进行测验，继而得到个性化推荐模块反应时间检验算法的实时性能是否达到实际需要或在多大程度上满足电子商务网站生产环境的要求。

第 4 章已经指出，个性化推荐对实时性有较高的要求，偏好数据的动态获取及推荐应答必须在用户所能接受的容忍时域之内，用户不会花费更长时间的等待来换取更高的推荐精准度，而这个心理容忍阈值一般认为是 8 秒，用户最满意的时间则是 2 秒。与前文硬件平台与服务器平台一致，在 Web 服务器和数据库未做任何优化的情况下，使用开源压力测试框架 Multi-Mechanize 对算法进行测试。所不同的是，为了更真实模拟用户连续访问行为，虚拟用户将连续访问一组页面 P，第一个页面 p_1 为数据库中商品的随机选择，第二个页面 p_2 来自于第一个页面个性化推荐系统列表的中间项目的点击（奇数个商品取中间项，偶数个商品取中间两项的前者），第三个页面 p_3 则来源于 p_2 推荐列表中间项目的点击，后续页面依此类推。程序为执行时间设定为 300 秒，rampup 为 10 秒，时间序列间隔为 5 秒，模拟两个群组 A、B，每群 100 人共 200 人对 Web 服务器目标页面的并发持续访问。结论如表 7-2、图 7-10 及图 7-11 所示。

表 7-2 压力测试下算法性能汇总表

请求数量	最小耗时	最大耗时	平均耗时	标准差	错误
19 372	1.477	5.016	3.401	0.891	0

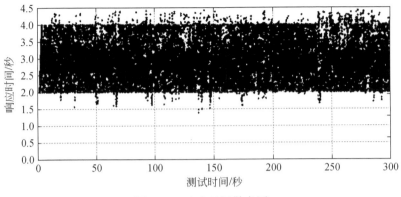

图 7-10　响应时间散点图

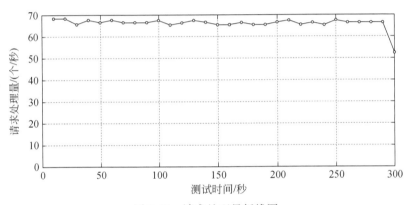

图 7-11　请求处理量折线图

300 秒内，A/B 两组共 200 人发出了 19 372 次访问请求，全部请求均被正确应答。虽然极差值较大为 5.016-1.477=3.539 秒，但从图 7-10 的散点图中可以看出，数据集中度较好，其标准差为 0.891，说明 3.601 秒的平均值具有代表性。需要关注度的是，3.401 秒平均响应时间虽然高于 2 秒的满意最低阈值，但依旧比 8 秒的最高阈值低得多，说明本算法的实时性已经接近用户非常满意的程度；另外，系统吞吐量则说明算法也具有良好的性能，持续处于 60～70 个会话/秒的稳定处理能力。更进一步地，如果需要将系统上线到生产环境中在数据库优化、算法优化、负载均衡优化等方面依然有相当大的提升潜力。即使未对服务器组件进行任何优化及负载均衡处理，也能基本满足中小型电子商务网站正常运营需求。

7.8.2　搜索策略

与虚拟用户相比，真实用户的直接参与将使得结论具有更佳的信度与效度。为了明确对比本书个性化推荐系统的效果，采用 2×2 实验方法。通过实验组与对照组的比较，揭示用户对本书个性化推荐系统的满意度。

首先，实验设计。本实验主要目的是检验本书所提出的基于屏幕视觉热区交互收敛式个性化推荐方法对被试满意度的影响。然而，特定任务场景下（如购买任务），用户主要采用关键词和借助网站分类的搜索策略，对个性化推荐系统的依赖性并不强。为了对比无推荐下的自由搜索（free search without RS，FS）和使用个性化推荐系统的推荐搜索（search with RS，RS）两种不同策略下的用户感受，设立第一个自变量 S，该变量具有自由搜索 FS 和推荐搜索 RS 两个水平。此外，和已有个性化推荐算法进行对比，设立第二个自变量 T，该变量同样具有两个水平：传统个性化推荐方法（conventional RS，CRS）及本书的交互收敛式个性化推荐方法（interactive and real-time RS，IRRS）。因此，本实验组成一个 2×2 的交叉实验，如表 7-3 所示。

表 7-3　不同搜索策略和推荐算法的双因素交叉实验配置表

项目	CRS	IRRS
FS	Test1：FS+CRS［A 先 B 后］	Test2：FS+IRRS［A 先 B 后］
RS	Test3：RS+CRS［B 先 A 后］	Test4：RS+IRRS［B 先 A 后］

其次，招募被试。为了招募到更为适合的被试，本实验从华中师范大学信息管理学院、信息技术学院及职业与继续教育学院的教师和学生中通过电子邮件、QQ 群及实地走访形式发放问卷和招募请求。由于时值寒假期间，仅收到 27 份参与反馈及其个人基本信息。为了使被试类型丰富，从 27 人中最终选取了 16 人作为最终被试。具体而言，最终被试的年龄分布为 22 ~ 45 岁，学历最低程度是大专，最高为博士，都具有较为熟练的计算机操作水平，已经具有或是基本具备国家计算机二级能力；而且，被试每天平均互联网使用程度在 3 ~ 8 小时不等，网购频率达到每月至少 2 次，全体具有淘宝网和京东网的网购经历；此外，所有被试都对本书所提的个性化推荐系统及其算法毫不知情。随机分为 A、B 两组，每组人数为 8 人。

再次，实验过程。实验前的导语向用户介绍此次任务：购买一本或多本

（最大数量为 5 本）被试当前喜爱的图书，也可以选择不购买。本次实验不涉及实际付款行为，最终购物篮中的商品即被认为购买。为了进一步提高实验的真实性，不论实验最后被试购物篮中是否有物品，实验结束后都会支付每位被试 5 张当当网价值 15 元的礼券可用于实际购物，这样便能够有效反映出被试的真实需求和行为，允许其在不满意的情况下不选购任何商品而非利用私利性或任务强制被试购买。对于自变量 S 的两个水平，自由搜索时利用动态 JS 实时注入方式隐藏个性化推荐 DIV 块使被试无法看到和使用任何个性化推荐功能，而在推荐搜索时插件将屏蔽网站本身提供的关键词搜索及商品类别列表页面，此时被试无法使用关键词搜索也无法看到商品二级和更细致的分类信息。对于自变量 T 的两个水平，传统个性化推荐方法下用户访问的是京东图书频道，本书方法下访问的是小叮当实验平台。实验开始时，用户使用已准备好的账号和密码进行登录完成书籍挑选任务，时间不限，但为了实验的顺利进行导语建议被试会话控制在 15分钟以内。A 组被试先完成 Test1 和 Test2 两项任务，B 组被试先完成 Test3 和Test4 两项任务，随后两组任务互换。每次任务完成后都需填写满意度调查问卷，待问卷填答完毕且经工作人员确认有效后方可进行后续任务。

最后，数据分析。每项任务的最后得分使用的是 A、B 两组被试满意度评分的平均值，如表 7-4 所示。在 1~7 分的评分段中，Test1 满意度最低为 2.00，Test4 满意度最高为 5.81，而且 Test4 的标准差在四者中最小说明 Test4 的数据具有良好的稳定性。

表 7-4 不同搜索策略和推荐算法的双因素交叉实验结果

项目	CRS		IRRS		平均
	均值	标准差	均值	标准差	
FS	2.01	0.730	4.56	0.629	3.29
RS	3.63	0.719	5.82	0.544	4.73
平均	2.82	—	5.19	—	—

与此同时值得注意的是：从横向上看，仅仅使用自由搜索的平均满意度3.29 低于仅仅使用推荐引擎的分值 4.73，然而两者相差并不算大，根据后续访谈得知仅使用一种策略被试感觉受到"极大的束缚"，其更接受先期使用自由搜索确定大致类别再结合个性化推荐列表进行细选的方式；从纵向看，IRRS 列不论在 FS 还是 RS 上都取得了更好的成绩，5.19 的分值已经快接近 CRS 分值的两倍，有几位被试（ID = 2、9、12、15）在 Test4 中不禁直接向实验人员表达了

惊喜之情，赞赏交互收敛式个性化推荐方法用得非常"贴心"和"爽"，事后访谈被试认为 IRRS 并不影响正常搜索动作，但对准确率和适用性上却具有极大促进，因为"这个推荐方法很有意思，它能实时根据我们的浏览内容而进行相应的改变，浏览时间越长效果越好，很灵活，真是非常不可思议"。进一步地，对满意度与任务执行时间进行统计汇总，如图 7-12 所示，可以发现在推荐系统的帮助下被试完成任务的时间大为缩短，但满意度却呈现上升的趋势，这一状况又再次说明前期研究中指出的减少用户搜索中的认知负担与提升用户满意度是一个问题的两个不同方面的写照。

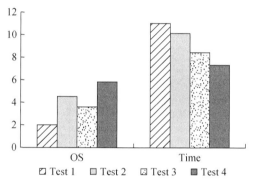

图 7-12　不同任务下的满意度与任务时间消耗统计图

为了进一步解释交互收敛式个性化推荐方法对用户满意度提升的具体作用，对"总体满意度、推荐质量、精确度、熟悉度、新颖度、兴趣度、喜爱度、多样度、内容适合度、感知易用性、感知可用性、可控与透明性"等 12 个变量进行分析，首先求得各变量之间的相关矩阵，如表 7-5 所示。

表 7-5　满意度相关变量相关矩阵

项目	总体满意度	推荐质量	精确度	熟悉度	新颖度	兴趣度	喜爱度	多样度	内容适合度	感知易用性	感知可用性	可控与透明性
总体满意度	1	0.573	0.647	0.767	0.825	0.825	0.640	0.534	0.647	0.904	0.880	0.904
推荐质量	0.573	1	0.980	0.776	0.634	0.634	0.806	0.385	0.554	0.625	0.751	0.625

项目	总体满意度	推荐质量	精确度	熟悉度	新颖度	兴趣度	喜爱度	多样度	内容适合度	感知易用性	感知可用性	可控与透明性
精确度	0.647	0.980	1	0.789	0.761	0.761	0.826	0.367	0.489	0.692	0.806	0.692
熟悉度	0.767	0.776	0.789	1	0.674	0.674	0.944	0.577	0.511	0.832	0.949	0.832
新颖度	0.825	0.634	0.761	0.674	1	00.984	0.636	0.389	0.398	0.866	0.853	0.866
兴趣度	0.825	0.634	0.761	0.674	00.984	1	0.636	0.389	0.452	0.866	0.853	0.866
喜爱度	0.640	0.806	0.826	0.944	0.636	0.636	1	0.389	0.604	0.663	0.853	0.663
多样度	0.534	0.385	0.367	0.577	0.389	0.389	0.389	1	0.721	0.655	0.609	0.655
内容适合度	0.647	0.554	0.489	0.511	0.398	0.452	0.604	0.721	1	0.674	0.765	0.377
感知易用性	0.904	0.625	0.692	0.832	0.866	0.866	0.663	0.655	0.674	1	0.956	0.942
感知可用性	0.880	0.751	0.806	0.949	0.853	0.853	0.853	0.609	0.765	0.956	1	0.956
可控与透明性	0.904	0.625	0.692	0.832	0.866	0.866	0.663	0.655	0.377	0.942	0.956	1

进行因子分析，基于主成分模型的主成分分析法，并采用最大方差法对因子载荷矩阵进行旋转，可提取 3 个主要成分，共解释所有方差的 91.52%，旋转成分矩阵如表 7-6 所示。

表 7-6 旋转成分矩阵表

项目	成分		
	1	2	3
总体满意度	0.948	−0.038	0.070
推荐质量	−0.256	0.796	0.481
精确度	−0.012	0.724	0.662
熟悉度	0.421	0.848	−0.005
新颖度	0.751	0.050	0.643
兴趣度	0.752	0.036	0.633
喜爱度	0.013	0.971	0.137
多样度	−0.003	−0.479	−0.801
内容适合度	−0.276	−0.082	−0.784
感知易用性	0.988	−0.052	0.003
感知可用性	0.837	0.497	0.023
可控与透明性	0.911	0.050	0.229

在成分 1 中，可以明显区分出：总体满意度、感知易用性、感知可用性及可控与透明度四个维度；成分 2 中，可以分为喜爱度、熟悉度、推荐质量和精确度四个维度；成分 3 中，提取负向的多样度和内容适合度。本实验的数据结论完全支撑前述理论假设，即总体满意度受感知易用性、感知可用性和可控与透明度三个变量的直接影响，这三个变量一起构成用户信念（user beliefs）因子，其余维度中喜爱度、熟悉度、推荐质量和精确度内部更为相关，与多样度、新颖度、内容适合度等复杂多面的变量一起构成用户感知质量（user perceived qualities）因子的主要组成部分而间接对用户总体满意度产生影响。

至此，不仅证明本章提出的交互收敛式个性化推荐方法的有效性，同时也分析了该方法成立的主要原因：感觉容易使用、列表精确、用户自身可控与信息透明、形式新颖令人兴致勃勃等，并对 UCEF 模型进行了结构验证。

7.8.3 登录身份

当前主流个性化推荐系统除了准确性、冷启动、同质化等理论性问题外，在生产环境中还存在一个更为致命的现实问题，即如果用户未登录系统或不写入Cookie存档，将无法确定此人身份，继而无从分析其浏览或购买记录，也无法得知其社交亲疏信息，使推荐引擎完全丧失了推断的依据，致使推荐结果质量大幅下降。对于这个问题学术界尚没有较好的解决方案，而本书提出的交互收敛式个性化推荐方法却可以在无身份访问时依旧起效。这是因为，交互收敛式个性化推荐方法推荐依据源于用户与系统交互过程中的介入，本书将不同的介入动作转化为不同的约束条件，从而根据约束条件进行实时协助推荐。其中约束条件从时间上看可以分为即时约束条件、短期约束条件和长期约束条件三类。当用户登录时，三类约束条件都参与计算，推荐列表产生的基础更为坚实，如果用户未能登录，则短期和长期约束条件不起作用，唯有即时约束独自发生效力。前文已经说明，即时偏好在用户偏好体系中具有极为重要的作用，然而该结论毕竟只是从理论和访谈中得到，尚未进行检验，因此，需要用实验对交互收敛式个性化推荐方法在用户登录与未登录时购买行为的满意度进行比较。

在搜索策略实验基础上，安排16位被试进行本实验。16位被试被再次随机抽选分入A、B两个组中，A组为未登录组，B组为登录组。实验开始后，A、B两组访问小叮当网上书城，不同的是B组使用实验员配给的账号和密码（与其上一个实验完全一致）而A组则不进行登录直接浏览。实验任务是为自己重新挑选一本满意的图书。A组停留在选定商品页面即可，B组则需将其放入购物篮中方可完成实验。实验进行完毕后，所有被试填答满意度调查问卷。

如表7-7所示，在方差不等的情况下均值方程t检验的Sig双侧检验为0.441，远大于0.05水平，因此接受零假设而认为登录组与未登录组的满意度没有统计差异，即交互收敛式个性化推荐方法对于是否登录并不敏感，即使在用户未登录以及缺少Cookie的情形下依旧可以正常运作最终令用户满意。

表 7-7　登录组与未登录组满意度 T 检验表

项目		Levene 检验		均值方程的 t 检验					95% 置信区间	
		F	Sig.	t	df	Sig.（双侧）	均值差值	标准误	下限	上限
满意度	假设方差相等	1.471	0.245	-0.798	14	0.438	-0.375	0.470	-1.383	0.633
	假设方差不等	—	—	-0.798	11.778	0.441	-0.375	0.470	-1.401	0.651

7.9　总　　结

　　本章以用户即时偏好为基础，以加权的用户短期和长期偏好以及其他情境因子为约束条件，引入人机互动模式实现对用户的引导，从个性化推荐系统与用户的实时互动中进行个性化推荐，通过不断叠加约束条件而迅速收敛到用户满意的结果范围。最后，上述三项实验对交互收敛式个性化推荐方法检测的结果充分说明：本方法不仅具有良好的性能与实时性，同时能够应对更为复杂的消费情境（登录与否）并使得推荐列表的准确性、多样性大为增强，最终提升用户的满意度。

8 总结与展望

8.1 总 结

8.1.1 研究贡献

本书围绕"如何为电子商务用户提供更为满意和精确的推荐服务"这一现实问题而展开，将其分解为"了解用户"和"个性化推荐"两大核心问题。其中，"了解用户"是"个性化推荐"的前提和基础，而"个性化推荐"则是"了解用户"的归属和落脚点。与其他传统的推荐系统研究所不同的是，本书在"人"的意义上真正向前跨出了一步，出发点和落脚点都放在"人"本身而非"算法"之上。离开了"人"，再"大"的数据、再精致的"算法"也无用武之地，因为"认知的意义"已然游离。为了对"人"进行科学、系统和谨慎的观察，本书以认知心理学作为底层架构，用来解释"算法""数据"、研究的"视角"及结论的"判定"等内容。

本书的主要贡献和创新之处：

第一，通过系统深入的文献搜集与分析，较为完整地展现了个性化推荐系统现阶段研究的全景图，并指出在当前研究框架内经典推荐算法存在极大局限，未来研究的突破口必须回到用户本身，对用户的行为及心理进行反思和剖析。

第二，构建以用户为中心的个性化服务推荐系统理论体系。用户偏好代表着对"人"的了解，但本质上用户偏好属于心理范畴，是用户主观的、个性的和情境的意识及情感、决策倾向。对内在心理的探察只能通过用户外在行为去了解，用户的行为就是心理的直接、间接或扭曲的体现，由于行为只是心理的结果，根本不存在比心理更早能够获悉心理的实在或方法，而且心理倾向不但一直处于变动中，甚至用户也不总能知晓心理倾向发生的原因，因此个性化推荐系统并不能替代用户进行决策，本质上只是认知助手而已。站在用户心理角度，个性化推荐系统的任务是向用户提供满意的商品、相关知识及决策理由，个性化推荐的完整体系应该包含四个部分：What—即推荐对象，How—即推荐策略，Why—即推荐解释，When—即推荐时机。三个 W 中，What 是基础，How、Why 与 When 必须在 What 问题解决的前提下才有意义。因此，本书着力解决 What，即推荐什么的问题，同时也尝试提供合理的推荐解释。

第三，基于屏幕视觉热区的即时偏好提取方法。高质量的推荐一定是与用户偏好契合度更高的商品或服务，用户偏好的获取便成为关键突破口。与其他基于标注或仅依靠日志分析的偏好提取方法不同，本书利用眼动实验证明了屏幕视觉热区的存在，并使用屏幕视觉热区对用户注视动作进行监控，实时提取用户浏览的真实关注点。毕竟在用户浏览过程中，眼部运动所形成的浏览而非鼠标、键盘的动作才数量更多、更为频繁，也才是走入用户心理的更优之路。

第四，构建即时、短期和长期偏好一体化的用户偏好模型。该模型是对用户行为画像的完整刻画。经过实证研究，发现用户兴趣和记忆深刻程度高度相关而与时间无关，用户偏好的构建是一段时间内同类商品共同构建的结果，服务于某个特定目的而逐渐沉淀成为知识，在用户的记忆中呈现网状结构，可用聚类树图的方式进行可视化呈现。短期、长期偏好模型与即时偏好模型不同，7 天内的访问记录标识出用户的短期偏好，即时偏好则依赖于屏幕视觉热区的关键词提取技术。

第五，以在线商品评分修正为基础提取推荐解释。利用功能语言学的评价介入理论构筑分析体系，利用话语标记理论构建语料库，设计了在线商品评分修正的方案，使后续推荐解释的内容建立在更为真实的信源之上。

第六，提出了基于屏幕视觉热区的交互收敛式个性化推荐方法。电子商务中用户需求初期往往只是存在一个较为模糊的倾向，在与系统互动的过程中需求才渐渐明晰，因此用户的每一个交互动作对后续认知有着具体的影响，而且其即时偏好并不必然与短期和长期偏好直接相关。本书将用户短期、长期偏好以及即时动作序列都作为用户需求的约束条件，从而为用户提供不同约束条件下推荐项目的待选集合，通过互动逐步缩小待选范围而明晰需求。在范围缩小过程中，为防止陷入死循环，同时引入跳出机制实现推荐项目的多样化。

8.1.2　尚待改进之处

研究属于多学科交叉研究问题，所涉及的内容较为庞杂，加之本书视角、理论构建和实现方法的独创性，研究难度非常之高，在取得较为理想成果的同时也存在一些不足之处有待进一步完善和改进，单就本书已经进行的研究而言：

第一，对于个性化推荐系统理论体系的认识还有待进一步深化。本书从总体上指出了推荐系统的本质、内部结构、评价体系和理论瓶颈，但细节有待进一步完善，理论体系也有待进一步深化。

第二，即时偏好识别中还存在其他现实应用问题有待解决。例如，以图片或视频形式呈现的商品介绍中的文本提取问题；由于商品介绍中文字字号越大、密度越低其重要程度越高，而由此产生的不同文字 CSS 样式差异而产生的字号识别和比较，以及文字密度识别等问题。

第三，偏好建模中由于实证研究需要数据支持，而获取浏览记录属于个人极为敏感的隐私信息，加之浏览器种类过多无法有效识别历史记录文件，导致被试人数较少，发放 198 张招募联系卡在实验者电话主动联系后也仅有 47 人同意参与，参与的 47 人中只有 8 人数据合格。

第四，本书提出许多创新的观点和方法，如个性化推荐系统的本质、屏幕视觉热区、基于商品聚类的偏好建模、交互收敛式个性化推荐方法等，在观点论述及方法有效性的论证中由于出发点和视角的差异，无法与现有理论和方法直接比对，即根本无法运用已有验证方式对上述创新点进行衡量，在这种情况下，本书都是基于用户的直观感受进行评价的。虽然这些不是不足，但从学术角度来看却是种遗憾，有待于在日后的研究工作中加以改进。

8.2 展　　望

过去一段时间，心理学一度认为互联网往往是个人心理夸张、扭曲的表现场所，许多人在网络中的表现与现实中截然相反。然而，随着互联网对个体生活的全面渗透，如今已经不再只是虚拟而是实实在在的真实生活，网络的隐蔽性和开放性使得用户敢于表达自己内心的想法，不论是现实中夸张或相反的表达，本质上都是用户完整心理的写照，是线下无法看到或看全面的特质。于是，对网络心理学的研究步入了主流快车道。

虽然心理学中采用实验方法得到了许多有价值的成果，但毕竟实验内部信度高但外部效度低，近年来，越来越多的学者倾向于基于用户的真实行为数据分析个体、群体的心理特征及其变化。其中，有三个流派值得关注。

社会计算学派（social computing sciences），国内代表人是王飞跃（复杂系统智能控制与管理国家重点科学重点实验室主任，代表作《社会计算的基本方法与应用》，浙江大学出版社，2013）和刘红岩（清华大学经济管理学院，代表作《社会计算：用户在线行为分析与挖掘》，清华大学出版社，2014）。其主要思想是对用户网络行为进行分析计算。

行为计算学派（behavior computing sciences），代表人是操龙兵（Longbing Cao，本科就读于辽宁工程技术大学，现就职于悉尼科技大学），代表作"Behavior Computing：Modeling，Analysis，Mining and Decision"（Springer，2012）。其主要思想是对用户网络行为进行从"行为"到"行为"的计算。

计算行为学派（computational behavioral sciences），代表人是 Marios Belk 和朱廷劭。其主要思想是对用户网络行为进行更深层次的心理分析，进行"行为"到"心理"的计算。

尽管三个学派都是对人的网络行为进行分析，但却泾渭分明。社会计算和行为计算学派不考虑心理，而计算行为学派则是基于心理分析。社会计算和行为计算学派的学者大多是纯计算机科学和统计学出身，而计算行为学派则有着更多心理学底蕴，这是对同一问题的不同解释层面，在未来需要一个统一的理论框架将其融合，如图 8-1 所示，这既是学科发展的趋势也是发展的必然。

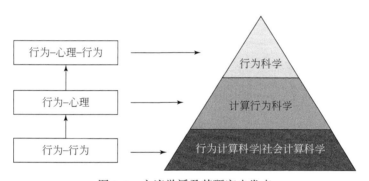

图 8-1   主流学派及其研究出发点

从研究目标而言：

首先，行为计算学派发现从"行为"到"行为"具有预测稳定性，而同时计算行为学派的结论也显示能够通过"行为"把握个体"心理"，这些都是前沿研究，尚缺乏足够的验证。但是，目前并没有人对"行为"到"心理"再到"行为"进行完整研究，对于确定用户心理特征后的行为预测也无人进行，这是前沿研究的一块较为空白的区域。

其次，心理特征变量选取差异较大。例如，朱廷劭选取的是人格，虽然人格这一特征在心理学中的确是比较稳定的变量，然而该变量只有长期稳定性，对时间较短的行为没有预测性。

再次，研究方法上，仍然不能逃离日志分析、微博动作等传统偏好获取的固有套路，未来将屏幕视觉热区的行为跟踪与心理学 EEG、fMRI 等方法相结合。

最后，已有研究的理论性较强，与实践结合并不紧密，未来研究必须结合某一具体的应用领域（如电子商务领域）。

从具体研究路径而言，未来研究计划如图 8-2 所示。

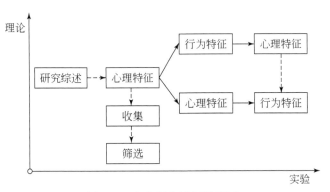

图 8-2 未来研究计划路线图

（1）研究现状分析。

（2）对认知心理学和行为心理学进行详细研究，寻找所有对用户行为具有显著预测性能的心理特征（如认知风格、情绪风格、认知闭合需要等），记为集合 N_{phy}。

（3）对集合 N_{phy} 再次聚焦，对 N_{phy} 中所有元素进行文献梳理，选择出行为预测稳定性、表现型最好的 m 个，记为集合 $N_{phy-stable}$，对 $N_{phy-stable}$ 进行体系化并写作第二篇综述。

（4）对 $N_{phy-stable}$ 选定若干具体实证方向 N_{test} 集合（如认知闭合需要），设计实验并利用真实用户行为数据集挖掘 t 个用户心理特征，通过与量表的比对验证效果。

（5）招募另一批 t 个心理特征稳定的被试，研究其是否具有特定的行为特征，或是在特定变量控制下（如购买时间、评论信息倾向性、图片文字比例等）是否能够明显表现出预期行为。

（6）对于 t 中的 p 个（$p \leqslant t$）"行为—心理—行为"双向稳定的特征，再次设计统一实验进行证明，选出 z 个一致性好（$z \leqslant p$）的特征。

（7）对 z 个特征进行社会实验，在电商网站上进行 AB 组实际测试，验证（推荐策略和推荐实际、网站利润提升等）效果。

参 考 文 献

Glimcher P W, Fehr E, Camerer C F, et al. 2014. 神经经济学：决策与大脑. 周晓林, 刘金婷, 译. 北京：中国人民大学出版社.

Searle J. 2006. 心、脑与科学. 杨音莱, 译. 上海：上海译文出版社.

安维, 刘启华, 张李义. 2013. 个性化推荐系统的多样性研究进展. 图书情报工作, 57 (20)：127-135.

白学军, 等. 2008. 位置和内容对网页广告效果影响的眼动评估. 应用心理学. 3：208-219.

毕继东. 2009. 网络口碑对消费者购买意愿影响实证研究. 情报杂志, 11：46-51.

别汶倩. 2010. 从评价理论的介入角度分析买家的网络购物评论. 东北师范大学学位论文.

蔡浩, 等. 2009. Web 日志挖掘中的会话识别算法. 计算机工程与设计, 30 (6)：1321-1323.

蔡宗发. 2012. 基于用户-产品-标签三元关系的个性化推荐系统研究. 价值工程, 31 (19)：234, 235.

曹蒙, 袁小群, 曾元祥. 2014. 数字出版用户偏好模型的构建. 科技与出版, (3)：56-58.

车文博. 2001. 当代西方心理学新词典. 吉林：吉林人民出版社.

陈翰, 李弼程, 周杰. 2012. 一种基于综合特征的网页类型识别方法. 信息工程大学学报, 12 (6)：738-744.

陈涛, 谢丽莎. 2012. 在线评论文本信息质量等级的测量探析——基于模糊综合评价法. 科技创业月刊, 7：50-52.

陈婷, 韩伟力, 杨珉. 2009. 基于隐私保护的个性化推荐系统. 计算机工程, 35 (8)：283-285.

陈欣, 等. 2011. 一种面向中文敏感网页识别的文本分类方法. 测控技术, 30 (5)：27-40.

陈一峰, 等. 2010. 基于本体的用户兴趣模型构建研究. 计算机工程, 36 (21)：46-48.

成卫青, 等. 2013. 基于页面分类的 Web 信息抽取方法研究. 计算机技术与发展, 1：16.

崔丽莉. 2007. 人工心理在无信号交叉口中的应用研究. 交通标准化, 9：160-163.

戴智丽, 王鑫昱. 2010. 一种基于动态时间阈值的会话识别方法. 计算机应用与软件, 27 (2)：244-246.

邓小昭, 阮建海, 李健. 2010. 网络用户信息行为研究. 北京：科学出版社.

邓晓懿, 韩庆平, 金淳. 2013. 基于情境聚类和用户评级的协同过滤推荐模型. 系统工程理论实践, 33：2945-2953.

丁乃鹏, 方萍. 2012. 电子商务环境下"信用炒作"现象分析及对策探讨. 经济与社会发展, 4：17-19.

董兵, 吴秀玲. 2008. 基于语义扩展的个性化知识推荐系统. 图书馆学研究, (11)：44-49.

杜建刚, 王琳. 2012. 神经营销学研究现状——fMRI 成果评述. 经济管理, (3)：189-199.

方锦清. 2007. 网络科学的诞生与发展前景. 广西师范大学学报（自然科学版）, 3：2-6.

方元康, 等. 2009. 基于框架网页与页面阈值的会话识别算法. 计算机应用与软件, 26 (1)：

18，19，27．

冯大辉．2010-01-28．信息过载．http：//dbanotes. net/geek/information_overload. html ［2014-12-30］．

冯智明，等．2014．基于遗传算法的聚类与协同过滤组合推荐算法．计算机技术与发展，24（1）：35-38．

高丽，王宏光．2014．多指标决策框架下图书馆用户偏好变化分析．图书馆论坛，（2）：22-26．

耿修林．2006．管理科学原理．北京：科学出版社．

耿耘，等．2013．基于组合验证的 Web 页面抽取算法研究．江西师范大学学报（自然科学版），37（2）：142-147．

宫玲玲，乔鸿．2014．个性化新闻推荐系统中用户兴趣建模研究．情报科学，32（5）：127-130．

龚诗阳，等．2012．网络口碑决定产品命运吗——对线上图书评论的实证分析．南开管理评论，（4）：118-128．

顾犇．2000．信息过载问题及其研究．中国图书馆学报，（5）：42．

郭留柱．1993．也谈什么是本质．山西大学学报（哲学社会科学版），（1）：56-60．

韩客松，王永成．2000．一种用于主题提取的非线性加权方法．情报学报，19（6）：650-653．

贺桂和．2013．基于用户偏好挖掘的电子商务协同过滤推荐算法研究．情报科学，31（12）：38-42．

贺涛，曹先彬，谭辉．2009．基于免疫的中文网络短文本聚类算法．自动化学报，35（7）：896-902．

胡波．2013．基于视觉语义块的网页正文提取算法研究．浙江大学学位论文．

胡慕海，蔡淑琴，张宇．2010．面向个性化推荐的情境化用户偏好研究．情报杂志，29（10）：157-162．

黄硕，周延泉．2013．基于知网和同义词词林的词汇语义倾向计算．软件，（2）：73，74．

黄文亮，等．2013．一种基于自适应信任计算的推荐系统算法．计算机应用与软件，30（11）：42-44．

黄雪娥．2011．巴赫金"互文性"思想对评价理论的影响．汕头大学学报（人文社会科学版），2：52-56，95．

黄永光，等．2007．面向变异短文本的快速聚类算法．中文信息学报，21（2）：63-68．

回雁雁．2005．互动理论在图书馆信息服务工作中的应用研究．高校图书馆工作，25（4）：22-24．

姜巍，等．2013．面向用户需求获取的在线评论有用性分析．计算机学报，36（1）：119-131．

蒋昌金，彭宏，陈建超．2010．基于组合词和同义词集的关键词提取算法．计算机应用研究，27（8）：2853-2856．

蒋艳，舒少龙，辛菊琴．2013．综合用户偏好模型和 BP 神经网络的个性化推荐．计算机工程与应用，49（2）：57-60.

焦东俊．2015. 基于用户人口统计与专家信任的协同过滤算法．计算机工程与科学，37（1）：179-183.

金春霞，周海岩．2012 动态向量的中文短文本聚类．计算机工程与应用，47（33）：156-158.

靳健，季平．2014. 用于在线产品评论质量分析的 Co-training 算法．上海大学学报（自然科学版），3：289-295.

孔繁超．2009. 个性化信息服务中用户偏好的动态挖掘．情报理论与实践，（6）：111-113.

李艾丽莎，张庆林．2006. 决策的选择偏好研究述评．心理科学进展，14（4）：618-824.

李聪，梁昌勇，杨善林．2011. 电子商务协同过滤稀疏性研究：一个分类视角．管理工程学报，25（1）：94-101.

李枫林，张景．2010. 基于用户标注行为的相关性分析及重排序．情报理论与实践，10：57-61.

李改，李磊．2011. 基于矩阵分解的协同过滤算法．计算机工程与应用，（30）：4-7.

李冠强，陈雅，李强．2004. 中国互联网用户网络使用行为分析．中国图书馆学报，30（5）：43-46.

李恒．2013. B2C 电子商务客户体验实证分析——以鞋类电子商务为例．嘉兴学院学报，（2）：139-144.

李恒锐，万杨亮，周继华．2013. UCM 算法及其在电子政务网页分类系统中的应用．计算机应用与软件，30（1）：213-215.

李宏，喻葵，夏景波．2011. 负面在线评论对消费者网络购买决策的影响：一个实验研究．情报杂志，5：202-207.

李华，张宇，孙俊华．2013. 基于用户模糊聚类的协同过滤推荐研究．计算机科学，39（12）：83-86.

李慧，胡云，施珺．2013. 社会网络环境下的协同推荐方法．计算机应用，33（11）：3067-3070.

李敏乐．2010. 在线评论对消费者从众行为的影响机制研究——神经科学视角．浙江大学学位论文．

李念武，岳蓉．2009. 网络口碑可信度及其对购买行为之影响的实证研究．图书情报工作，22：133-137.

李世国．2008. 体验与挑战——产品交互设计．南京：江苏美术出版社．

李骁．2011. 管理科学的应用．东方企业文化，16：230.

李绪，曹磊，付磊．2014. 社交网络数据个性化推荐的可视化方法．计算机工程，40（3）：46-50.

李亚男，王詠，康丽婷．2013. 影响个性化推荐系统的用户采纳的因素．人类工效学，2：78-81.

李雨洁，等．2013. 在线商品评论可信吗——在线商品评论的偏差分析及矫正策略．营销科学学报，2：111-125.

李雨洁.2014. C2C 模式下在线商品评论偏差的成因与影响机理研究. 重庆大学学位论文.

李兆飞.2011. 在线消费者产品评论发表动机的研究. 哈尔滨：哈尔滨工业大学.

李稚楹，杨武，谢治军.2011. PageRank 算法研究综述. 计算机科学，38（B10）：185-188.

李中良.2014. 基于 Web 日志挖掘和关联规则的个性化推荐系统模型研究. 西南大学学位论文.

李宗伟，张艳辉.2013. 体验型产品与搜索型产品在线评论的差异性分析. 现代管理科学，8：42-45.

栗觅，钟宁，吕胜富.2011. Web 页面视觉搜索与浏览策略的眼动研究. 北京工业大学学报，5：773-779.

梁伟明.2010. 中文关键词提取技术. 上海交通大学学位论文.

林满山，韩雪娇，宋威.2013. 基于多线程多重因子加权的关键词提取算法. 计算机工程与设计，34（7）：2398-2402.

刘蓓琳.2009. 电子商务用户个性化推荐技术接受影响因素研究. 北京：中国矿业大学.

刘德喜，万常选.2013. 社会化短文本自动摘要研究综述. 小型微型计算机系统，34（12）：2764-2771.

刘锋.2012. 互联网进化论. 北京：清华大学出版社.

刘海藩，郑谦，何平，等.2008. 现代领导百科全书·法律与哲学卷. 北京：中共中央党校出版社.

刘慧君，等.2009. 基于用户兴趣的 Web 日志挖掘算法. 计算机集成制造系统，15（11）：2209-2215.

刘立华.2010. 评价理论研究. 北京：外语教学与研究出版社.

刘枚莲，刘满凤.2005. 电子商务环境下的消费者偏好冲突研究. 当代财经，（9）：10-13，21.

刘青.2010. 基于 Web 日志挖掘的个性化推荐系统研究. 天津大学学位论文.

刘庆华.2010. 消费者心理学. 北京：机械工业出版社.

刘群，陈阳，易佳.2013. 一种改进的基于物质扩散理论的 Item-based 协同过滤算法. 数字通信，（2）：11-14.

刘世生，刘立华.2012. 评价研究视角下的话语分析. 清华大学学报（哲学社会科学版），2：134-141，160.

刘树成.2005. 现代经济词典. 江苏：凤凰出版社.

刘微.2013. 基于交互系统理论的手机游戏产品设计研究. 沈阳：沈阳航空航天大学.

刘晓力.2014. 心灵–机器交响曲：认知科学的跨学科对话. 北京：金城出版社.

陆春，洪安邦，宫剑.2014. 基于 PSO 的协同过滤推荐算法研究. 计算机工程与应用，5：23.

陆敏玲，曹玉枝，鲁耀斌.2012. 基于移动商务特征视角的移动购物用户采纳行为研究. 情报杂志，31（9）：202-206.

罗繁明，杨海深.2013. 大数据时代基于统计特征的情报关键词提取方法. 情报资料工作，

（3）：64-68.

罗英，李琼 . 2013. C2C 信用评价体系的存在问题及对策 . 现代管理科学，8：83-86.

马庆国，王小毅 . 2006. 认知神经科学、神经经济学与神经管理学 . 管理世界，10：139-149.

马艳丽 . 2014. 冲突的在线评论对消费态度的影响 . 经济问题，3：9.

毛新武 . 2013. 基于组合特征的中文新闻网页关键词提取研究 . 北京：北京林业大学 .

茅琴娇，等 . 2010. 一种基于概念格的用户兴趣预测方法 . 山东大学学报（工学版），40（5）：
    159-163.

孟玲玲 . 2014. 基于 WordNet 的语义相似性度量及其在查询推荐中的应用研究 . 上海：华东师
    范大学 .

孟美任，丁晟春 . 2013. 虚假商品评论信息发布者行为动机分析 . 情报科学，10：100-104.

聂卉 . 2014. 基于内容分析的用户评论质量的评价与预测 . 图书情报工作，13：83-89.

庞秀丽，冯玉强，姜维 . 2008. 电子商务个性化文档推荐技术研究 . 中国管理科学，16：
    581-586.

蒲德祥 . 2009. 从科学管理到神经管理 . 技术经济与管理研究，4：70-72，88.

齐伟杰 . 2013. 基于感知风险的消费者主观知识对外部信息搜索行为的影响研究 . 东北大学学
    位论文 .

邱均平，文庭孝 . 2010. 评价学：理论·方法·实践 . 北京：科学出版社 .

任庆磊 . 2014. 浅谈哲学思想的可移植性 . 科技风，21：230.

邵秀丽，等 . 2009. 用户个性化推荐系统的设计与实现 . 计算机工程与设计，30（20）：
    4681-4685.

盛峰，徐菁 . 2013. 神经营销：解密消费者的大脑 . 营销科学学报，1：2.

施聪莺，徐朝军，杨晓江 . 2009. TFIDF 算法研究综述 . 计算机应用，29（6）：27-30.

搜狐娱乐 . 2013- 06- 28. 《小时代》引极端争议：这是好（坏）电影吗？http：//
    yule. sohu. com/2013/0628/n380133121. shtml ［2014-11-09］.

苏雪阳，左万利，王俊华 . 2014 基于本体与模式的网络用户兴趣挖掘 . 电子学报，42（8）：
    1556-1563.

孙林，等 . 2010. 基于二分图资源分配动力学的推荐排序研究 . 计算机工程与设计，31（23）：
    532-505.

孙林辉，等 . 2010. 大学生网页浏览的眼动行为及影响因素研究 . 人类工效学，（2）：69-71.

谈晓勇，任永梅 . 2008. C2C 电子商务网站信用评价中的主要问题及其对策研究 . 全国商情，
    19：39-40.

谭磊 . 2013. NewInternet 大数据挖掘 . 北京：电子工业出版社 .

唐琪 . 2014. 网页缩略图矩阵对消费者浏览的影响 . 信阳师范学院学位论文 .

唐晓波，张昭 . 2013. 基于混合图的在线社交网络个性化推荐系统研究 . 情报理论与实践，
    36（2）：91-95.

唐晓玲 . 2013. 基于本体和协同过滤技术的推荐系统研究 . 情报科学，（12）：90-94.

涂荣庭, 赵占波. 2008. 顾客满意度测量探讨: 量表设计, 信度和效度. 管理学报, 5 (1):
   33-39.

汪英姿. 2012. 基于本体的个性化图书推荐方法研究. 现代图书情报技术, (12): 72-78.

王海艳, 周洋. 2014. 基于推荐质量的信任感知推荐系统. 计算机科学, 41 (6): 119-124.

王洪伟, 邹莉. 2013. 考虑长期与短期兴趣因素的用户偏好建模. 同济大学学报 (自然科学
   版), 41 (6): 953-960.

王华秋. 2012. 一种基于和声搜索的协同过滤算法研究. 现代图书情报技术, (12): 79-84.

王军. 2005. 词表的自动丰富——从元数据中提取关键词及其定位. 中文信息学报, 19 (6):
   36-43.

王立才, 孟祥武, 张玉洁. 2012. 移动网络服务中基于认知心理学的用户偏好提取方法. 电子
   学报, 39 (11): 2547-2553.

王连喜. 2013. 微博短文本预处理及学习研究综述. 图书情报工作, 57 (11): 125-131.

王平, 代宝. 2012. 消费者在线评论有用性影响因素实证研究. 统计与决策, (2): 118-120.

王平. 2013. 反馈排序学习模型在个性化推荐系统中的应用研究. 电子科技大学学位论文.

王全民, 等. 2015. 基于矩阵分解的协同过滤算法的并行化研究. 计算机技术与发展, (2):
   52-57.

王善民. 2009. 电子商务网站用户跟踪与访问数据分析研究. 吉林大学学位论文.

王盛, 樊兴华, 陈现麟. 2010. 利用上下位关系的中文短文本分类. 计算机应用, 30 (3):
   603-606.

王伟军, 刘凯, 杨光. 2013. 大数据分析: 点 "数" 成金. 北京: 人民邮电出版社.

王新房, 邓小刚. 2009. Web 使用挖掘中的会话识别算法研究. 计算机工程与设计, 30 (7):
   1685-1687.

王雨果. 2013. 基于本体的个性化信息检索系统研究. 电子科技大学学位论文.

王远怀, 于洪彦, 李响. 2013. 网络评论如何影响网络购物意愿? 中大管理研究, 2: 1-19.

王振华, 路洋. 2010. "介入系统" 嬗变. 外语学刊, 3: 51-56.

王正平. 2013. 基于评价理论的课堂教师话语介入研究. 运城学院学报, 3: 79-82.

文俊浩, 舒珊. 2014. 一种改进相似性度量的协同过滤推荐算法. 计算机科学, 41 (5):
   68-71.

翁律纲. 2009. 由交互行为引导的用户体验研究. 江南大学学位论文.

吴秋琴, 等. 2012. 互联网背景下在线评论质量与网站形象的影响研究. 科学管理研究, 1:
   81-83, 88.

吴月萍, 王娜, 马良. 2011. 基于蚁群算法的协同过滤推荐系统的研究. 计算机技术与发展,
   21 (10): 73-76.

伍之昂, 王有权, 曹杰. 2014. 推荐系统托攻击模型与检测技术. 科学通报, (7): 551-560.

郗亚辉, 等. 2011. 产品评论挖掘研究综述. 山东大学学报 (理学版), 5: 16-23, 38.

肖根胜. 2012. 改进 TFIDF 和谱分割的关键词自动抽取方法研究. 华中师范大学学位论文.

辛乐等. 2014. 基于服务信誉评价的偏好分析与推荐模型. 计算机集成制造系统, 20（12）：
　　3170-3181.

徐易. 2010. 基于短文本的分类算法研究. 上海交通大学学位论文.

许波, 张结魁, 周军. 2009. 基于行为分析的用户兴趣建模. 情报杂志, （6）：166-169.

许应楠. 2014. 网络经济中的消费者在线购物决策知识推荐服务需求研究. 商业经济, 8：
　　83-87.

薛永大. 2012. 网页分类技术研究综述. 电脑知识与技术：学术交流, 8（9）：5958-5961.

阎宇婷. 2012. 基于 FCM 改进算法的快递配送区域划分问题研究. 大连海事大学学位论文.

杨林. 2013. 基于文本的关键词提取方法研究与实现. 安徽工业大学学位论文.

杨铭, 等. 2012. 在线商品评论的效用分析研究. 管理科学学报, 15（5）：65-75.

杨爽. 2013. 信息质量和社区地位对用户创造产品评论的感知有用性影响机制——基于 Tobit
　　模型回归. 管理评论, 5：136-143, 154.

杨阳, 等. 2014. 基于词向量的情感新词发现方法. 山东大学学报（理学版）, 11：51-58.

叶海琴, 尹世君. 2010. 个性化推荐预测模型性能指标研究. 软件导刊, （8）：31, 32.

于振. 2012. 网络购物中口碑对消费者行为的影响研究. 曲阜师范大学学位论文.

余荣军, 周晓林. 2007. 神经经济学：打开经济行为背后的“黑箱”. 科学通报, 9：992-998.

余肖生, 孙珊. 2013. 基于网络用户信息行为的个性化推荐模型. 重庆理工大学学报（自然科
　　学版）, 27（1）：47-50.

袁汉宁, 等. 2015. 基于 MI 聚类的协同推荐算法. 武汉大学学报（信息科学版）, 40（2）：
　　253-257.

战学刚, 吴强. 2014. 基于 TF 统计和语法分析的关键词提取算法. 计算机应用与软件, 31
　　（1）：47-49, 92.

张娥, 郑斐峰, 冯耕中. 2004. Web 日志数据挖掘的数据预处理方法研究. 计算机应用研究,
　　（2）：58-60.

张富国, 徐升华. 2010. 基于信任的电子商务推荐多样性研究. 情报学报, （2）：350-355.

张海涛, 靖继鹏. 2004. 根据用户的浏览行为确定网页页面等级的方法. 情报学报, 23（3）：
　　303-306.

张佳乐, 等. 2014. 基于行为和评分相似性的关联规则群推荐算法. 计算机科学, 41（3）：
　　36-40.

张建娥. 2012. 基于 TFIDF 和词语关联度的中文关键词提取方法. 情报科学, 30（10）：
　　1542-1544.

张静. 2009. 自动标引技术的回顾与展望. 现代情报, 29（4）：221-225.

张丽. 2011. 在线评论的客户参与动机与评论有效性研究. 南开大学学位论文.

张莉, 滕丕强, 秦桃. 2014. 利用社会网络关键用户改进协同过滤算法性能. 情报杂志,
　　33（4）：196-200.

张念照. 2013. 信息过载环境下网络消费者购买意愿形成过程研究. 北京邮电大学学位论文.

张宁.2011.在线评论对经济型酒店顾客购买决策的研究.东北财经大学学位论文.

张倩,刘怀亮.2013.一种基于半监督学习的短文本分类方法.现代图书情报技术,（2）：30-35.

张晓,王红.2015.一种改进的基于超网络的高维数据聚类算法.山东师范大学学报（自然科学版),（1）：24-28.

张新猛,蒋盛益.2012.基于加权二部图的个性化推荐算法.计算机应用,32（3）：654-657.

张秀伟,等.2013.Web服务个性化推荐研究综述.计算机工程与科学,9：132-140.

张彦.2010.基于用户认知与个性化推荐的购物系统用户体验度研究.北京邮电大学学位论文.

张云秋,安文秀,冯佳.2012.探索式信息搜索行为研究.图书情报工作,56（14）：67-72.

赵衍.2014.网络虚假评论研究述评.上海管理科学,4：85-88.

郑家恒,卢娇丽.2005.关键词抽取方法的研究.计算机工程,31（18）：194-196.

郑庆华,等.2010.Web知识挖掘：理论、方法与应用.北京：科学出版社.

中国互联网络信息中心.2014-12-10.第35次中国互联网络发展状况统计报告.http：//www.cnnic.cn/hlwfzyj/hlwxzbg/201502/P020150203551802054676.pdf［2015-02-10］.

周浩,焦艺.2014.基于消费者语义感性信息的新产品方案评价研究.工业工程与管理,19（6）：110-116.

周华任,等.2009.网络科学发展综述.计算机工程与应用,24：7-10.

周丽平.2012.基于用户兴趣群集模型的个性化元搜索研究.安徽工业大学学位论文.

周明强.2014.埋怨性话语标记语语用功能的认知探析.浙江外国语学院学报,4：54-61.

周明强.2013.坦言性话语标记语用功能探析.当代修辞学,5：57-64.

朱芬芬,濮丽萍,张思聪.2014.实习护生人格特征和心理状况对其评判性思维的影响.中国护理管理,8：839-841.

朱国纬.2012.神经营销学：认知,购买决策与大脑.湖南：湖南大学出版社.

朱晋华,陈俊杰.2008.Web日志预处理中会话识别的优化.太原理工大学学报,39（2）：111-114.

朱亮,陆静雅,左万利.2014.基于用户搜索行为的query-doc关联挖掘.自动化学报,40（8）：1654-1666.

朱效良.2011-02-02.购买行为分析的内容（上）.http：//blog.sina.com.cn/s/blog_7641f2cb0100os2w.html［2014-11-18］.

庄力可,寇忠宝,张长水.2005.网络日志挖掘中基于时间间隔的会话切分.清华大学学报（自然科学版),45（1）：115-118.

Abbassi Z,Aperjis C,Huberman B A.2013.Friends versus the crowd：tradeoff and dynamics.HP Report.

Abbassi Z,Mirrokni V S,Thakur M.2013.Diversity maximization under matroid constraints//ACM.Proceedings of the 19th ACM SIGKDD international conference on Knowledge discovery and data mining.

Adomavicius G, Kwon Y O. 2012. Improving aggregate recommendation diversity using ranking-based techniques. Knowledge and Data Engineering, IEEE Transactions on, 24 (5): 896-911.

Adomavicius G, Kwon Y. 2011. Maximizing aggregate recommendation diversity: A graph-theoreticapproach//ACM. Proceedings of the 1st International Workshop on Novelty and Diversity in Recommender Systems (DiveRS 2011).

Adomavicius G et al. 2005. Incorporating contextual information in recommender systems using a multidimensional approach. ACM Transactions on Information Systems (TOIS), 23 (1): 103-145.

Adomavicius G, Tuzhilin A. 2011. Context-aware recommender systems//ACM. Recommender systems handbook. Springer US.

Adomavicius G, Tuzhilin A. 2005. Toward the next generation of recommender systems: A survey of the state-of-the-art and possible extensions. Knowledge and Data Engineering, IEEE Transactions on, 17 (6): 734-749.

Agichtein E, et al. 2006. Learning user interaction models for predicting web search result preferences//ACM. Proceedings of the 29th annual international ACM SIGIR conference on Research and development in information retrieval.

Ahn H J. 2008. A new similarity measure for collaborative filtering to alleviate the new user cold-starting problem. Information Sciences, 178 (1): 37-51.

Ajzen I, Fishbein M. 1980. Understanding attitudes and predicting socialbehaviour. 12 (2): 223-234.

Basili R, Moschitti A, Pazienza M. 1999. A test classifier based on linguistic processing//IJCAI. Proceedings of IJCAI99, Machine Learning for Information Filtering.

Berjani B, Strufe T. 2011. A recommendation system for spots in location-based online social networks. Proceedings of the 4th Workshop on Social Network Systems.

Bilgic M, Mooney R J. 2005. Explaining recommendations: Satisfaction vs. promotion//ACM. Beyond Personalization Workshop.

Bobadilla J, et al. 2013. Recommender systems survey. Knowledge-Based Systems, 46: 109-132.

Bogdanov D, et al. 2013. Semantic audio content-based music recommendation and visualization based on user preference examples. Information Processing & Management, 49 (1): 13-33.

Boim R, Milo T, Novgorodov S. 2011. Diversification and refinement in collaborative filtering recommender//ACM. Proceedings of the 20th ACM international conference on Information and knowledge management.

Bradley K, Smyth B. 2001. Improving recommendation diversity. Proceedings of the Twelfth National Conference in Artificial Intelligence and Cognitive Science (AICS-01).

Brown B, et al. 1970. Sharing the square: Collaborative Leisure in the City Streets. To Appear in the 9th European Conference on Computer-Supported Cooperative Work.

Brown P J, Bovey J D, Chen X. 1997. Context-aware applications: from the laboratory to the market-place. Personal Communications, IEEE, 4 (5): 58-64.

Brunie L, et al. 2010. Extracting User Interests from Search Query Logs: A Clustering Approach// IEEE. Database and Expert Systems Applications (DEXA), 2010 Workshop on.

Byström K, Järvelin K. 1995. Task complexity affects information seeking and use. Information processing & management, 31 (2): 191-213.

Cacheda F, et al. 2011. Comparison of collaborative filtering algorithms: Limitations of current techniques and proposals for scalable, high-performance recommender systems. ACM Transactions on the Web (TWEB), 5 (1): 2.

Cahn B R, Polich J. 2006. Meditation states and traits: EEG, ERP, and neuroimaging studies. Psychological bulletin, 132 (2): 180.

Campos P G, Díez F, Cantador I. 2014. Time-aware recommender systems: a comprehensive survey and analysis of existing evaluation protocols. User Modeling and User-Adapted Interaction, 24 (1-2): 67-119.

Cantador I, Castells P. 2011. Extracting multilayered communities of interest from semantic user profiles: Application to group modeling and hybrid recommendations. Computers in Human Behavior, 27 (4): 1321-1336.

Capocci A, Caldarelli G. 2008. Folksonomies and clustering in the collaborative system CiteULike. Journal of Physics A: Mathematical and Theoretical, 41 (22): 224016.

Chau P Y K, et al. 2007. Examining customers' trust in online vendors and their dropout decision: an empirical study. Electronic Commerce Research and Applications, 6 (2): 171-182.

Chen C C, Tseng Y D. 2011. Quality evaluation of product reviews using an information quality framework. Decision Support Systems, 50 (4): 755-768.

Chen J, et al. 2014. An Optimized Tag Recommender Algorithm in Folksonomy// Springer. Intelligent Information Processing VII. Springer Berlin Heidelberg.

Chen L, Pu P. 2012. Critiquing-based recommenders: survey and emerging trends. User Modeling and User-Adapted Interaction, 22 (1-2): 125-150.

Chen L, Pu P. 2010. Eye-tracking study of user behavior in recommender interfaces//Springer. User Modeling, Adaptation, and Personalization. Springer Berlin Heidelberg.

Chen L, Pu P. 2009 Interaction design guidelines on critiquing-based recommender systems. User Modeling and User-Adapted Interaction, 19 (3): 167-206.

Chen X, Candan K S. 2014. LWI-SVD: low-rank, windowed, incremental singular value decompositions on time-evolving data sets//ACM. Proceedings of the 20th ACM SIGKDD international conference on Knowledge discovery and data mining.

Chen X, et al. 2013. Personalized qos-aware web service recommendation and visualization. Services Computing, IEEE Transactions on, 6 (1): 35-47.

Chen Y. 2009. User issues in social group recommender systems//Edic Research Proposal. Lausanne: Swiss Federal Institute Press.

Chernev A. 2003. When more is less and less is more: The role of ideal point availability and assortment in consumer choice. Journal of consumer Research, 30 (2): 170-183.

Cheung C M K, Thadani D R. 2012. The impact of electronic word- of- mouth communication: A literature analysis and integrative model. Decision Support Systems, 54 (1): 461-470.

Choi J, Lee H J, Kim Y C. 2009. The Influence of Social Presence on Evaluating Personalized Recommender Systems. PACIS 2009 Proceedings: 49.

Chowdhury M, Thomo A, Wadge W W. 2009. Trust- Based Infinitesimals for Enhanced Collaborative Filtering. COMAD: 35-47.

Dai C, et al. 2014. A personalized recommendation system for netease dating site. Proceedings of the VLDB Endowment, 7 (13): 187.

Das A S, et al. 2007. Google news personalization: scalable online collaborative filtering//ACM. Proceedings of the 16th international conference on World Wide Web.

Data B. 2014. IK-SVD: Dictionary learning for spatial big data via. Computing in Science & Engineering, 16: 41.

David S, Pinch T J. 2005. Six degrees of reputation: The use and abuse of online review and recommendation systems. Available at SSRN 857505: 65-77.

Deshmukh C R, Shelke R R. 2015. URL mining using agglomerative clustering algorithm. International Journal of Computer Science Engineering and Technology, 5 (2): 24-26.

DeyAK, AbowdG D. 1999. Towards a better understanding of context and context-awareness. Lecture Notes In Computer Science, 17 (7): 304-307.

Duan W, Gu B, Whinston A B. 2008. Do online reviews matter? —An empirical investigation of panel data. Decision support systems, 45 (4): 1007-1016.

Ehrsson H H. 2007. The experimental induction of out-of-body experiences. Science, 317 (5841): 1048.

Ekstrand M D, Riedl J T, Konstan J A. 2011. Collaborative filtering recommender systems. Foundations and Trends in Human-Computer Interaction, 4 (2): 81-173.

Elberse A. 2008. Should you invest in the long tail? Harvard business review, 86 (7/8): 88.

Eppler M J, Mengis J. 2004. Side-effects of the e-society: The causes of information overload and possible countermeasures. Proceedings of IADIS international conference e-society, 2: 1119-1124.

Ercan G, Cicekli I. 2007. Using lexical chains for keyword extraction. Information Processing & Management, 43 (6): 1705-1714.

Fodor N et al. 2013. Crop nutrient status and nitrogen, phosphorus, and potassium balances obtained in field trials evaluating different fertilizer recommendation systems on various soils and crops in Hungary. Communications in Soil Science and Plant Analysis, 44 (5): 996-1010.

Frank E, et al. 1999. Domain-Specific Keyphrase Extraction//Proceedings of the Sixteenth

International Joint Conference on Artificial Intelligence. SanFrancisco: Morgan Kaufmann.

Frias-Martinez E, Chen S Y, Liu X. 2008. Investigation of behavior and perception of digital   library users: A cognitive style perspective. International Journal of Information   Management, 28 (5): 355-365.

Gan M, Jiang R. 2013. Improving accuracy and diversity of personalized recommendation through power law adjustments of user similarities. Decision Support Systems, 55 (3): 811-821.

Ge M, Delgado-Battenfeld C, Jannach D. 2010. Beyond accuracy: evaluating recommender systems by coverage and serendipity//ACM. Proceedings of the fourth ACM conference on Recommender systems. ACM: 257-260.

Ge M, Jannach D, Gedikli F. 2013. Bringing Diversity to Recommendation Lists-An Analysis of the Placement of Diverse Items//Springer. Enterprise Information Systems. Springer Berlin Heidelberg.

Ghani R, Fano A. 2002. Building recommender systems using a knowledge base of product semantics//IEEE. Proceedings of the Workshop on Recommendation and Personalization in ECommerce at the 2nd International Conference on Adaptive Hypermedia and Adaptive Web based Systems.

Ghose A, Ipeirotis P G. 2007. Designing novel review ranking systems: predicting the usefulness and impact of reviews//ACM. Proceedings of the ninth international conference on Electroni-ccommerce.

Ghoshdastidar D, Dukkipati A. 2015. Spectral Clustering Using Multilinear SVD: Analysis, Approximations and Applications (2014-11-23). Twenty-Ninth AAAI Conference on Artificial Intelligence, http://clweb. csa. iisc. ernet. in/res12/debarghya. g/slide/AAAI15. pdf [2015-01-01].

Goldberg L R. 1993. The structure of phenotypic personality traits. American psychologist, 48 (1): 26.

Gong S. 2012. Learning user interest model for content-based filtering in personalized recommendation system. International Journal of Digital Content Technology and its Applications, 6 (11): 155-162.

Gotz D, Wen Z. 2009. Behavior-driven visualization recommendation//ACM. Proceedings of the 14th international conference on Intelligent user interfaces.

Grant Ingersoll. 2009-09-08. Introducing Apache Mahout: Scalable, commercial-friendly machine learning for building intelligent applications. http://www. ibm. com/developerworks/library/j-mahout/index. html [2014-10-08].

Gretzel U, Kyung H Y. 2008. Use and Impact of Online Travel Reviews, Information and Communication Technologies in Tourism 2008, Innsbruck. Springer Vienna, 26 (1): 35-46.

Gruber T R. 1995. Towards principles for the design of ontologies used for knowledge sharing. International Journal of Human-Computer Studies, 43: 907-928.

Guo G, Zhang J, Thalmann D. 2014. Merging trust in collaborative filtering to alleviate data sparsity and cold start. Knowledge-Based Systems, 57: 57-68.

Gupta J, Gadge J. 2014. A framework for a recommendation system based on collaborative filtering and demographics//Circuits, Systems, Communication and Information Technology Applications (CSCITA), IEEE, 2014 International Conference on.

Hankin L. 2007. The effects of user reviews on online purchasing behavior across multiple product categories (2014-12-17). Master's final project report, UC Berkeley School of Information, http: //www. ischool. berkeley. edu/files/lhankin/report. pdf [2015-01-01].

Hauser J R, et al. 2009. Website morphing. Marketing Science, 28 (2): 202-223.

He K, Niu J, Sha C. 2014. DivRec: A Framework for Top-N Recommendation with Diversification in E-commerce. Web Technologies and Applications. Springer International Publishing.

Hen R C, et al. 2012. A recommendation system based on domain ontology and SWRL for anti-diabetic drugs selection. Expert Systems with Applications, 39 (4): 3995-4006.

Herlocker J L, et al. 2004. Evaluating collaborative filtering recommender systems. ACM Transactions on Information Systems (TOIS), 22 (1): 5-53.

Herreras E B. 2010. Cognitive neuroscience: the biology of the mind. Cuadernos de neuropsicología, 4 (1): 87-90.

Heylighen F. 2014-10-12. Complexity and information overload in society: why increasing efficiency leads to decreasing control. http: //pespmc. lvub. ac. be/papers/info-overload. pdf.

Ho S Y, Bodoff D, Tam K Y. 2011. Timing of adaptive web personalization and its effects on online consumer behavior. Information Systems Research, 22 (3): 660-679.

Hoens T R, Blanton M, Chawla N. A private and reliable recommendation system using a social network//IEEE. Proc of the 2nd International Conference on Social Computing. Washington DC: IEEE Computer Society.

Hu N, Koh N S, Reddy S K. 2014. Ratings lead you to the product, reviews help you clinch it? The mediating role of online review sentiments on product sales. Decision Support Systems, 57: 42-53.

Hu N, Liu L, Sambamurthy V. 2011. Fraud detection in online consumer reviews. Decision Support Systems, 50 (3): 614-626.

Hu N, Pavlou P A, Zhang J. 2006. Can online reviews reveal a product's true quality? Empirical findings and analytical modeling of Online word-of-mouth communication//ACM. Proceedings of the 7th ACM conference on Electronic commerce.

Hu R, Pu P. 2011. Helping users perceive recommendation diversity//Workshop on novelty and diversity in recommender systems. Chicago: 43-50.

Huang L T, Kao W S. 2011. Exploring intention to reuse recommendation agents from accessibility-diagnosticity perspective: the moderating effect of domain knowledge. Exploring Intention to Reuse Recommendation Agents From Accessibility, 201 (1): 47-55.

Huang W, Hong S H, Eades P. 2006. Predicting graph reading performance: a cognitive approach// Proceedings of the 2006 Asia-Pacific Symposium on Information Visualisation-Volume 60. Inc. Australian Computer Society.

Huang X, et al. 2004. Dynamic web log session identification with statistical language models. Journal of the American Society for Information Science and Technology, 55 (14): 1290-1303.

Huang Yu-xia, Bian Ling. 2009. A Bayesian network and analytic hierarchy process based personalized recommendations for tourist attractions over the Internet. Expert Systems with Applications, 36 (1): 933-943.

Hulth A, et al. 2001. Automatic keyword extraction using domain knowledge// Springer. Computational Linguistics and Intelligent Text Processing. Springer Berlin Heidelberg.

Hulth A. 2003. Improved automatic keyword extraction given more linguistic knowledge//Proceedings of the 2003 conference on Empirical methods in natural language processing. Stroudsburg: Association for Computational Linguistics.

Hurley N, Zhang M. 2011. Novelty and diversity in top-n recommendation—analysis and evaluation. ACM Transactions on Internet Technology (TOIT), 10 (4): 14.

Iyengar S S, Lepper M R. 2000. When choice is demotivating: Can one desire too much of a good thing? Journal of personality and social psychology, 79 (6): 995.

Jäschke R, et al. 2007. Tag recommendations in folksonomies//Knowledge Discovery in Databases: PKDD 2007. Springer Berlin Heidelberg.

Jia D, Zhang F, Liu S. 2013. A robust collaborative filtering recommendation algorithm based on multidimensional trust model. Journal of software, 8 (1): 11-18.

Johnston R. 1995. The determinants of service quality: satisfiers and dissatisfiers. International Journal of Service Industry Management, 6 (5): 53-71.

Jones G. 2014. Clickology: What Works in Online Shopping and How Your Business Can Use Consumer Psychology to Succeed. Nicholas Brealey Publishing.

Jones N, Pu P. 2007. User technology adoption issues in recommender systems. Proceedings of NAEC, ATSMA: 379-339.

Kang, J. 2011. Choi, An Ontology-Based Recommendation System Using Long-Term and Short-Term Preferences. IEEE CS, Proc. of Int'l Conference on Information Science&Applications.

Kapoor G, Piramuthu S. 2009. Sequential bias in online product reviews. Journal of Organizational Computing and Electronic Commerce, 19 (2): 85-95.

Kesorn K, Liang Z K, Poslad S. 2009. Use of granularity and coverage in a user profile model to personalize visual content retrieval. Second International Conference on Advances in Human-oriented and Personalized Mechanism, Technologies, and Service. Porto.

Kim C, Kim J. 2003. A recommendation algorithm using multi-level association rules. Web Intelligence, 2003. WI 2003. Proceedings. IEEE. IEEE/WIC International Conference on.

Kim H L, et al. 2008. The state of the art in tag ontologies: A semantic model for tagging and folksonomies. International Conference on Dublin Core and Metadata Applications.

Kim S M, et al. 2006. Automatically assessing review helpfulness//ACL. Proceedings of the 2006

Conference on Empirical Methods in Natural Language Processing. Association for Computational Linguistics.

Knijnenburg B P, et al. 2012. Explaining the user experience of recommender systems. User Modeling and User-Adapted Interaction, 22 (4-5): 441-504.

Komiak S Y X, Benbasat I. 2006. The effects of personalization and familiarity on trust and adoption of recommendation agents. Mis Quarterly: 941-960.

Konstan J A, Riedl J. 2012. Recommender systems: from algorithms to user experience. User Modeling and User-Adapted Interaction, 22 (1-2): 101-123.

Krapivin M, et al. 2010. Keyphrases extraction from scientific documents: improving machine learning approaches with natural language processing. Springer Berlin Heidelberg.

Kujala S, et al. 2011. UX Curve: A method for evaluating long-term user experience. Interacting with Computers, 23 (5): 473-483.

Kumar N, Srinathan K. Automatic keyphrase extraction from scientific documents using N-gram filtration technique//ACM. Proceedings of the eighth ACM symposium on Document engineering.

Kundra K, Kaur U, Singh D. Efficient Web Log Mining and Navigational Prediction with EHPSO and Scaled Markov Model//Springer. Computational Intelligence in Data Mining.

Kushwaha H K, Jeysree J. 2014. Personalized recommender system. International Journal of Computer Applications, 93: 1-6.

Lam S K, Riedl J. 2004. Shilling recommender systems for fun and profit//ACM. Proceedings of the 13th international conference on World Wide Web.

Lathia N et al. 2010. Temporal diversity in recommender systems//ACM. Proceedings of the 33rd international ACM SIGIR conference on Research and development in information retrieval.

Lau R Y K, et al. 2011. Text mining and probabilistic language modeling for online review spam detecting. ACM Transactions on Management Information Systems, 2 (4): 1-30.

Lee G, Lee W J. 2009. Psychological reactance to online recommendation services. Information & Management, 46 (8): 448-452.

Lee J G, Thorson E. 2009. Cognitive and emotional processes in individuals and commercial web sites. Journal of Business and Psychology, 24 (1): 105-115.

Lee J, Lee J N, Tan B C Y. 2012. Antecedents of cognitive trust and affective distrust and their mediating roles in building customer loyalty. Information Systems Frontiers: 1-17.

Lee S, Koubek R J. 2010. The effects of usability and web design attributes on user preference for ecommerce web sites. Computers in Industry, 61 (4): 329-341.

Leichter J. 2015. Simulated annealing in recommendation systems: U. S. Patent 8, 930, 392.

Leskovec J, Adamic L A, Huberman B A. 2007. The dynamics of viral marketing. ACM Transactions on the Web (TWEB), 1 (1): 5.

Leung C, et al. 2011. A probabilistic rating inference framework for mining user preferences from reviews. World Wide Web, 14 (2): 187-215.

Li X X, Hitt L M. 2008. Self-selection and information role of online product reviews. Information Systems Research, 19 (4): 456-474.

Lin C Y, Fang K, Tu C C. 2010. Predicting consumer repurchase intentions to shop online. Journal of Computers, 5 (10): 1527-1533.

Linden G, Smith B, York J. 2003. Amazon. com recommendations: Item-to-item collaborative filtering. Internet Computing, IEEE, 7 (1): 76-80.

Liu J G, Zhou T, Guo Q. 2011. Information filtering via biased heat conduction. Physical Review E, 84 (3): 37-101.

Liu J, et al. 2007. Low-Quality Product Review Detection in Opinion Summarization// Proceedings of the 2007 Joint Conference on Empirical Methods in Natural Language Processing and Computational Natural Language Learning, Prague. Association for Computational Linguistics.

Liu M, Liu T, Li X. 2011. Recommendation algorithm on feature extraction based on user interests. Application Research of Computers, 28 (5): 1664-1667.

Liu Y, et al. 2004. Comparison of two schemes for automatic keyword extraction from MEDLINE for functional gene clustering//Computational Systems Bioinformatics Conference, 2004. IEEE, CSB 2004. Proceedings.

Liu Z, Shi C, Sun M. 2010: 231-240. FolkDiffusion: A graph-based tag suggestion method for folksonomies//Information Retrieval Technology. Springer Berlin Heidelberg.

Longbing C, Philip Y. 2012. Behavior Computing: Modeling, Analysis, Mining and Decision. Springer-Verlag.

Loos P, et al. 2010. NeuroIS: neuroscientific approaches in the investigation and development of information systems. Business & Information Systems Engineering, 2 (6): 395-401.

Lorigo L, et al. 2008. Eye tracking and online search: Lessons learned and challenges ahead. Journal of the American Society for Information Science and Technology, 59 (7): 1041-1052.

Lu L, Liu W. 2011. Information filtering via preferential diffusion. Physical Review E, 83 (6): 66-119.

Ma F, Wang W, Deng Z. 2013. TagRank: A New Tag Recommendation Algorithm and Recommender Enhancement with Data Fusion Techniques. Social Media Retrieval and Mining. Springer Berlin Heidelberg.

Mackey L W, Weiss D, Jordan M I. 2010. Mixed membership matrix factorization. Proceedings of the 27th international conference on machine learning (ICML-10), 711-718.

Madhak N N, Varnagar C R, Chauhan S G. 2014. A Novel Approachfor improving the recommendation system by knowledge of semantic web in web usage mining. International Journal of Engineering Research and Development, 10 (5): 32-40.

Magerman D M, Marcus M P. 1990. Parsing a natural language using mutual information statistics.

AAAI, 90: 984-989.

Manchanda R, Hirsch S. 1986. (Des-tyrl) -gamma-endorphin (DTγE) in the treatment of depression: Double-blind placebo-controlled trial. Human Psychopharmacology: Clinical and Experimental, 1: 99-102.

Mao X, He J, Yan H. 2010. A survey of web page cleaning research. Journal of Computer Research and Development, 47 (12): 2025-2036.

Martin J R. 2000. Beyond exchange: Appraisal systems in English. Evaluation in text: Authorial stance and the construction of discourse, 175.

Massa P, Avesani P. 2009. Trust metrics in recommender systems//Computing with social trust. Springer London.

Mayzlin D, Dover Y, Chevalier J A. 2012. Promotional reviews: An empirical investigation of online review manipulation. National Bureau of Economic Research.

McGinty L, Reilly J. 2011. On the evolution of critiquing recommenders. Recommender Systems Handbook. Springer US.

McNee S M, Riedl J, Konstan J A. 2006. Being accurate is not enough: how accuracy metrics have hurt recommender systems//ACM. CHI'06 extended abstracts on Human factors in computing systems.

Medo M, Zhang Y C, Zhou T. 2009. Adaptive model for recommendation of news. EPL (Europhysics Letters), 88 (3): 38005.

Miao Q, Li Q, Dai R. 2009. AMAZING: A sentiment mining and retrieval system. Expert Systems with Applications, 36 (3): 7192-7198.

Mihalcea R, Tarau P. 2004. TextRank: Bringing order into texts. Association for Computational Linguistics.

Miller B N, Konstan J A, Riedl J. 2004. Pocketlens: toward a personal recommender system. ACM Transactions on Information Systems (TOIS), 22 (3): 437-476.

Miller G. 2007. Out-of-body experiences enter the laboratory. Science, 317 (5841): 1020-1021.

Moghaddam S, Jamali M, Ester M. 2011. Review recommendation: personalized prediction of the quality of online reviews//ACM. Proceedings of the 20th ACM international conference on Information and knowledge management.

Moin A. 2012. Recommendation And Visualization Techniques For large Scale Data. French: Université Rennes1.

Mokbel M F, Levandoski J J. 2009. Toward context and preference-aware location-based services. The Eighth ACM International Workshop on Data Engineering for Wireless and Mobile Access: 25-32.

Murray K B, Häubl G. 2009. Personalization without interrogation: Towards more effective interactions between consumers and feature-based recommendation agents. Journal of Interactive Marketing, 23 (2): 138-146.

Naini M M, Naini J F. 2009, N-dimensions, parallel realities, and their relations to human perception and development. Journal of Integrated Design and Process Science, 13（1）: 49-61.

Oh K J, Jung J G, Jo G S. 2014. Discovering frequent patterns by constructing frequent pattern network over data streams in E-marketplaces. Wireless Personal Communications, 79（4）: 2655-2670.

Oku K, et al. 2006. Context-Aware SVM for Context-Dependent Information Recommendation. // Mobile Data Management. MDM 2006. IEEE. 7th International Conference on.

Palmisano C, Tuzhilin A, Gorgoglione M. 2008. Using context to improve predictive modeling of customers in personalization applications. Knowledge and Data Engineering, IEEE Transactions on, 20（11）: 1535-1549.

Palshikar G K. 2007. Keyword extraction from a single document using centrality measures//Pattern Recognition and Machine Intelligence. Springer Berlin Heidelberg.

Pan B, et al. 2004. The determinants of web page viewing behavior: an eye-tracking study// Proceedings of the 2004 symposium on Eye tracking research & applications. ACM: 147-154.

Pan R, Dolog P, Xu G. 2013. KNN-based clustering for improving social recommender systems// Agents and data mining interaction. Springer Berlin Heidelberg.

Park H S, Yoo J O, Cho S B. 2006. A context-aware music recommendation system using fuzzy bayesian networks with utility theory. Fuzzy systems and knowledge discovery. Springer Berlin Heidelberg.

Park H, Yoo J, Cho S. 2006. A Context-Aware Music Recommendation System Using Fuzzy Bayesian Networks with Utility Theory. Fuzzy Systems and Knowledge Discovery: 21-36.

Park S T, Pennock D M. 2007. Applying collaborative filtering techniques to movie search for better ranking and browsing//ACM. Proceedings of the 13th ACM SIGKDD international conference on Knowledge discovery and datamining.

Peterson R A, Wilson W R. 1992. Measuring customer satisfaction: fact and artifact. Journal of the academy of marketing science, 20（1）: 61-71.

Pommeranz A, et al. 2012. Designing interfaces for explicit preference elicitation: a user-centered investigation of preference representation and elicitation process. User Modeling and User-Adapted Interaction, 22（4-5）: 357-397.

Pouli V M, Baras J S, Arvanitis A. 2014. Increasing recommendation accuracy and diversity via social networks hyperbolic embedding//IEEE. Consumer Communications and Networking Conference （CCNC）, 2014 IEEE 11th.

Prahalad C K. 2004. Beyond CRM: CK Prahalad predicts customer context is the next big thing. American Management Association MwWorld.

Pronoza E, Yagunova E, Volskaya S. 2014. Corpus-Based Information Extraction and Opinion Mining for the Restaurant Recommendation System//Statistical Language and Speech Processing. Springer

International Publishing.

Pu P, Chen L, Hu R. 2011. A user-centric evaluation framework for recommender systems// ACM. Proceedings of the fifth ACM conference on Recommender systems.

Pu P, Chen L, Hu R. 2012. Evaluating recommender systems from the user's perspective: survey of the state of the art. User Modeling and User-Adapted Interaction, 22 (4-5): 317-355.

Qi X, Davison B D. 2009 Web page classification: Features and algorithms. ACM Computing Surveys (CSUR), 41 (2): 12.

Rabin M, Schrag J L. 1999. First impressions matter: a model of confirmatory bias. The Quarterly Journal of Economics, 114 (1): 37-82.

Rao D, Ravichandran D. 2009. Semi-supervised polarity lexicon induction//ACL. Proceedings of the 12th Conference of the European Chapter of the Association for Computational Linguistics. Association for Computational Linguistics.

Ren Y, Li G, Zhou W. 2014. A survey of recommendation techniques based on offline data processing. Concurrency and Computation: Practice and Experience.

Resnick P, et al. 1994. GroupLens: an open architecture for collaborative filtering of netnews// ACM. Proceedings of the 1994 ACM conference on Computer supported cooperative work.

Resnick P, et al. 2000. Reputation systems. Communications of the ACM, 43 (12): 45-48.

Rho S, et al. 2009. COMUS: Ontological and Rule-based Reasoning for Music Recommendation System// Proceedings of the 13th Pacific-Asia Conference on Advances in Knowledge Discovery and Data Mining (PAKDD'09) . Heidelberg, Berlin: Springer-Verlag.

Ricci F. 2010. Mobile recommender systems. Information Technology & Tourism, 12 (3): 205-231.

Ridderinkhof K R, et al. 2004. The role of the medial frontal cortex in cognitive control. science, 306 (5695): 443-447.

Riedl R. 2009. Zum Erkenntnispotenzial der kognitiven Neurowissenschaften für die Wirtschaftsinformatik: Überlegungen anhand exemplarischer Anwendungen. NeuroPsychoEconomics, 4 (1): 32-44.

Rokach L, Shapira B, Kantor P B. 2011. Recommender systems handbook. New York: Springer.

Shishehchi S, et al. 2010. A Proposed Semantic Recommendation System for E-Learning: A Rule and Ontology Based ELearning Recommendation System. IEEE CS. Proc. of Int'l Sym. in Information Technology.

Salton G, Fox E A, Wu H. 1983. Extended boolean information retrieval. Communications of the ACM, 26 (11): 1022-1036.

Salton G, Wong A, Yang C S. 1975. A vector space model for automatic indexing. Communications of ACM, 18 (5): 613.

Salton G, Yu C T. 1973. On the construction of effective vocabularies for information retrieval. ACM. SIGPLAN Notices.

Scaffidi C, et al. 2007. Red opal: product-feature scoring from reviews//ACM. Proceedings of the 8th

ACM conference on Electronic commerce.

Schilit B N, Theimer M M. 1994. Disseminating active map information to mobile hosts. IEEE NETWORK, 8 (5): 22-32.

Schwartz B. 2000. Self-determination: The tyranny of freedom. American psychologist, 55 (1): 79.

Senecal S, Nantel J. 2004. The influence of online product recommendations on consumers' online choices. Journal of retailing, 80 (2): 159-169.

Shen D, et al. 2004. Web-page classification through summarization //ACM. Proceedings of the 27th annual international ACM SIGIR conference on Research and development in information retrieval.

Shih H P. 2012. Cognitive lock - in effects on consumer purchase intentions in the context of B2C web sites. Psychology & Marketing, 29 (10): 738-751.

Shrestha S, Lenz K. 2007. Eye gaze patterns while searching vs. browsing a Website. Usability News, 9 (1): 17.

Shrestha S, Owens J W. 2008. Eye movement patterns on single and dual-column web pages. Usability News, 10 (1): 1-7.

Shrestha S, Owens J W. 2009. Eye movement analysis of text-based web page layouts. Usability News, 11 (1): 34-37.

Sikora R T, Chauhan K. 2012. Estimating sequential bias in online reviews: a Kalman filtering approach. Knowledge-Based Systems, 27: 314-321.

Sinha R, Swearingen K. 2002. The role of transparency in recommender systems. ACM. CHI'02 extended abstracts on Human factors in computing systems.

Smidts A. 2002. Kijken in Het Brein: Over De Mogelijkheden Van Neuromarketing. http: // papers. ssrn. com/sol3Delivery. cfm/308. pdf [2015-01-01].

Smyth B, Cotter P. 1999. Surfing the Digital Wave//Case-Based Reasoning Research and Development. Springer Berlin Heidelberg.

Staddon J, Chow R. 2008. Detecting reviewer bias through web-based association mining. ACM. Proceedings of the 2nd ACM workshop on Information credibility on the web.

Su X, Khoshgoftaar T M. 2009. A survey of collaborative filtering techniques. Advances in artificial intelligence.

Sundaram D S, Mitra K, Webster C. 1998. Word-of-mouth communications: A motivational analysis. Advances in consumer research, 25 (1): 527-531.

Tam K Y, Ho S Y. 2006. Understanding the impact of web personalization on user information processing and decision outcomes. Mis Quarterly, 30 (4): 865-890.

Tan D S, Lee J C. 2009. Using electroencephalograph signals for task classification and activity recognition: U. S. Patent 7, 580, 742.

Tintarev N, Dennis M, Masthoff J. 2013. Adapting Recommendation Diversity to Openness to Experience: A Study of Human Behaviour. User Modeling, Adaptation, and Personalization.

Springer Berlin Heidelberg.

Tintarev N, Masthoff J. 2007. A survey of explanations in recommender systems. IEEE. Data Engineering Workshop, 2007 IEEE 23rd International Conference on.

Tintarev N, Masthoff J. 2011. Designing and evaluating explanations for recommender systems//Recommender Systems Handbook. Springer US.

Tintarev N, Masthoff J. 2012. Evaluating the effectiveness of explanations for recommender systems. User Modeling and User-Adapted Interaction, 22 (4-5): 399-439.

Tkalcic M, et al. 2013. Emotion-aware recommender systems—a framework and a case study. Advances in Intelligent Systems and Computing, 207: 141-150.

Tomokiyo T, Hurst M. 2003. A language model approach to keyphrase extraction//ACL. Proceedings of the ACL 2003 workshop on Multiword expressions: analysis, acquisition and treatment-Volume 18. Association for Computational Linguistics.

Tonella P, et al. 2003. Using keyword extraction for web site clustering//Web Site Evolution, 2003. Theme: Architecture. Proceedings. IEEE, Fifth IEEE International Workshop on.

Torres-Júnior R D. 2004. CIP-CATALOGAÇÃO NA PUBLICAÇÃO. Brazil: Universidade Federal do Paraná.

Turney P D. 2000. Learning algorithms for keyphrase extration. Information Retrieval, 2 (2): 303-336.

Vallet D, et al. 2011. Applying soft links to diversify video recommendations//IEEE. Content-Based Multimedia Indexing (CBMI), 2011 9th International Workshop on.

Van Setten M, Pokraev S, Koolwaaij J. 2004. Context-aware recommendations in the mobile tourist application COMPASS//Adaptive hypermedia and adaptive web-based systems. Springer Berlin Heidelberg.

Vargas S, Castells P. 2011. Rank and relevance in novelty and diversity metrics for recommender systems//ACM. Proceedings of the fifth ACM conference on Recommender systems.

Veres C. 2006. Concept modeling by the masses: Folksonomy structure and interoperability// Conceptual Modeling-ER. Springer Berlin Heidelberg.

Vijayasarathy L R, Jones J M. 2001. Do Internet shopping aids make a difference? An empirical investigation. Electronic Markets, 11 (1): 75-83.

Voigt M, Pietschmann S, Grammel L, et al. 2012. Context-aware recommendation of visualization components//eKNOW. The Fourth International Conference on Information, Process, and Knowledge Management.

Wang B, Wang H. 2008. Bootstrapping Both Product Features and Opinion Words from Chinese Customer Reviews with Cross-Inducing. IJCNLP.

Wang X, et al. 2004. Discovery of user frequent access patterns on Web usage mining// IEEE. Computer Supported Cooperative Work in Design. Proceedings. The 8th International

Conference on.

Wang Y Y, et al. 2014. Understanding the moderating roles of types of recommender systems and products on customer behavioral intention to use recommender systems. Information Systems and eBusiness Management：1-31.

Wang Y, Wang H, Li X. 2013. An Intelligent Recommendation System Model Based on Style for Virtual Home Furnishing in Three-Dimensional Scene//IEEE. Computational and Business Intelligence (ISCBI), 2013 International Symposium on.

Wartena C, Brussee R, Slakhorst W. 2010. Keyword extraction using word co-occurrence//Database and Expert Systems Applications (DEXA), IEEE, 2010 Workshop on.

Wei S, Ye N, Zhang S, et al. 2012. Collaborative filtering recommendation algorithm based on item clustering and global similarity//IEEE. Business Intelligence and Financial Engineering (BIFE), 2012 Fifth International Conference on.

Weinschenk S M. 2009. Neuro Web Design：What Makes Them Click Berkeley：New Riders Publishing.

Wetzker R, Umbrath W, Said A. 2009. A hybrid approach to item recommendation in folksonomies// ACM. Proceedings of the WSDM'09 Workshop on Exploiting Semantic Annotations in Information Retrieval.

Wheelwright G. 1995. Information overload. Communications International, 22 (1)：55-58.

White R W, Bailey P, Chen L. 2009. Predicting user interests from contextual information// ACM. Proceedings of the 32nd international ACM SIGIR conference on Research and development in information retrieval.

White R W, Roth R A. 2009. Exploratory search：Beyond the query-response paradigm. Synthesis Lectures on Information Concepts, Retrieval, and Services, 1 (1)：1-98.

Willemsen M C, et al. 2011. Using latent features diversification to reduce choice difficulty in recommendation lists. RecSys, 11：14-20.

Williams G K, Anand S S. 2009. Predicting the Polarity Strength of Adjectives Using WordNet// AAAI. Third International AAAI Conference on Weblogs and Social Media.

Witten I H, Paynter G W, Frank E, et al. 1999. KEA：Practical automatic keyphrase extraction// ACM. Proceedings of the fourth ACM conference on Digital libraries.

Wu B, Ye C. 2012. Personalized Recommendation Method Based on Utility. Computer Engineering, 38 (4)：49-51.

Wu D, Yuan Z, Yu K, et al. 2012. Temporal Social Tagging Based Collaborative Filtering Recommender for Digital Library//The Outreach of Digital Libraries：A Globalized Resource Network. Springer Berlin Heidelberg.

Wu Q, Forsman A, Yu Z, et al. 2014. A Computational Model for Trust-Based Collaborative Filtering// Springer. Web Information Systems Engineering-WISE 2013 Workshops. Springer Berlin

Heidelberg: 266-279.

Xue G R, Lin C, Yang Q, et al. 2005. Scalable collaborative filtering using cluster-based smoothing//ACM. Proceedings of the 28th annual international ACM SIGIR conference on Research and development in information retrieval.

Yang C C, Ng T D. 2007. Terrorism and crime related weblog social network: Link, content analysis and information visualization//IEEE. Intelligence and Security Informatics, 2007 IEEE.

Yap G E, Tan A H, Pang H H. 2007. Discovering and exploiting causal dependencies for robust mobile context-aware recommenders. Knowledge and Data Engineering, IEEE Transactions on, 19 (7): 977-992.

Yi C, Shang M S, Zhang Q M. 2015. Auxiliary domain selection in cross-domain collaborative filtering. Appl. Math, 9 (3): 1375-1381.

Yu C, Lakshmanan L V S, Amer-Yahia S. 2009. Recommendation diversification using explanations// IEEE. Data Engineering, 2009. ICDE'09. IEEE 25th International Conference on.

Zafra A, Romero C, Ventura S. 2011. Multiple instance learning for classifying students in learning management systems. Expert Systems with Applications, 38 (12): 15020-15031.

Zauder K, Lazic J L, Zorica M B. 2007. Collaborative tagging supported knowledge discovery// IEEE. Information Technology Interfaces. ITI 2007. 29th International Conference on.

Zhang K, et al. 2006. Keyword extraction using support vector machine// Springer. Advances in Web-Age Information Management. Springer Berlin Heidelberg.

Zhang Y C, Blattner M, Yu Y K. 2007. Heat conduction process on community networks as a recommendation model. Physical review letters, 99 (15): 154-301.

Zhang Z K, Zhou T, Zhang Y C. 2010. Personalized recommendation via integrated diffusion on user-item-tag tripartite graphs. Physica A: Statistical Mechanics and its Applications, 389 (1): 179-186.

Zhang Z K, Zhou T, Zhang Y C. 2011. Tag-aware recommender systems: a state-of-the-art survey. Journal of computer science and technology, 26 (5): 767-777.

Zhang Z. 2008. Weighing stars: Aggregating online product reviews for intelligent e-commerce applications. Intelligent Systems, IEEE, 23 (5): 42-49.

Zheng Y, Burke R, Mobasher B. 2013. Recommendation with differential context weighting//User Modeling, Adaptation, and Personalization. Springer Berlin Heidelberg.

Zhou T, et al. 2010. Solving the apparent diversity-accuracy dilemma of recommender systems. Proceedings of the National Academy of Sciences, 107 (10): 4511-4515.

Zhou T, et al. 2007, Bipartite network projection and personal recommendation. Physical Review E, 76 (4): 46-115.

Zhou Tao, et al. 2008. Effect of initial configuration on network-based recommendation. Europhysics Letters, 81 (5): 1-6.

Zhou Tao, et al. 2010. Solving the apparent diversity- accuracy dilemma of recommender systems. Proceedings of the National Academy of Sciences of the USA, 107 (10): 4511-4515.

Zhuang L, Jing F, Zhu X Y. 2006. Movie review mining and summarization//ACM. Proceedings of the 15th ACM international conference on Information and knowledge management.

Ziegler C N, Lausen G, Georges-Köhler-Allee G. 2009. Making product recommendations more diverse. IEEE Data Eng. Bull, 32 (4): 23-32.

Ziegler C N, et al. 2005. Improving recommendation lists through topic diversification//ACM. Proceedings of the 14th international conference on World Wide Web.

索　引